高等学校规划教材

物理化学实验教程

主　编　邵水源

副主编　张润兰

西北工業大學出版社

【内容简介】 物理化学实验是化学、化工、材料及相关专业的一门重要的必修课，其内容涉及物理化学的各个分支：热力学、动力学、电化学、胶体化学、结构化学和表面化学等。本书在编写过程中吸收了新仪器、新技术的应用，并对实验内容进行了修改和更新。

在“仪器部分”以较大的篇幅将物理化学实验中的重要仪器和典型的实验方法介绍给读者，并提供实验安全操作、物理化学实验文献资料的查阅方法和常用数据等内容。

本书除可供高等学校相关专业选作教材外，还可作为实验技术方面的参考书。

图书在版编目(CIP)数据

物理化学实验教程/邵水源主编．—西安：西北工业大学出版社，2011.1
ISBN 978-7-5612-3001-5

Ⅰ.①物…　Ⅱ.①邵…　Ⅲ.①物理化学—化学实验—教材　Ⅳ.①064-33

中国版本图书馆 CIP 数据核字(2011)第 015818 号

出版发行：西北工业大学出版社
通信地址：西安市友谊西路 127 号　**邮编**：710072
电　　话：(029)88493844　88491757
网　　址：www.nwpup.com
印 刷 者：陕西百花印务有限责任公司
开　　本：787 mm×1 092 mm　1/16
印　　张：12.25
字　　数：296 千字
版　　次：2011 年 1 月第 1 版　2011 年 1 月第 1 次印刷
定　　价：24.00 元

前 言

物理化学实验是涉及化学领域中许多基本实验方法和实验技术的一门专业基础课程，它包括热力学、动力学、电化学、胶体和表面化学等方面。物理化学实验的内容十分广泛，为了能在有限的实验学时内获得最大的收益，除要求完成必要的实验外，其中还穿插一些实验讲座、综合实验以及介绍一些物理化学实验方法和实验技术，以扩大知识面，提高学生的综合实验能力和创新思维能力。

根据最新教育部关于该课程教学大纲和教学任务的发展与变化，为满足不同学科、不同专业对物理化学实验的不同要求，本书将实验内容进行了调整。第 2 章为基础实验部分，该部分内容适合化工、化学、矿物加工、材料科学、环境工程等专业的学生。第 3 章是选做实验，该部分内容适合化学、化工、材料学等专业的学生，使用本教材的教师也可以根据教学实践自行调整实验内容。第 4 章中对部分仪器作了更新，增加了计算机在实验过程和数据处理的应用，改进了一些实验设备，使学生尽可能地掌握现代的方法和实验技术。教材附录部分增加了 Excel 和 Origin 两种作图软件的有关内容，以便学生和老师查阅使用。

通过学习本实验课程，学生应能初步了解物理化学测量方法，实验条件的选择、实验数据的最终处理、表达以及对误差来源的分析，从而进一步提高分析问题和解决问题的能力。为此，要求学生做到：①实验前做好预习，充分了解实验的要求和操作；②在实验过程中必须详细记录原始数据；③观察实验现象和控制实验条件，课前教师作适当的讲解和提问。学生必须备有预习报告并作原始记录，实验结束后将原始记录数据交给教师审阅。每次实验必须写实验报告，且于下次实验前完成，交给教师批阅。实验报告内容包括实验目的、简单原理、仪器装置、数据处理和结果讨论等方面，实验的原始测量数据应列表记录在报告内。每一个实验，教师根据所用仪器、试剂和测定条件，提出一定的误差要求。如果学生的实验结果超出误差范围则必须在指定时间内重做。

本书由邵水源任主编，张润兰任副主编。参加本书编写工作的人员及分工是邵水源、彭龙贵编写第 1 章；邵水源、张润兰、彭龙贵编写第 2 章；邵水源、张润兰、黄婕编写第 3 章；邵水源、黄婕、李颖编写第 4 章；李颖编写附录。

由于水平有限，书中错误及不妥之处在所难免，敬请广大读者批评指正。

编 者

目　录

第 1 章　误差理论及数据处理

1.1　误差理论的基本内容及要求

在物理化学实验中，我们是以测定各种物理量为目的的。因各种原因，如测定仪器、测定方法、环境和人的观察力等等，都不可能做到完美无缺，故在实验过程中，或多或少地总是有误差。

认识误差产生的原因，力求避免人为误差，减少客观误差，以及掌握处理误差的正确方法，无疑对提高实验数据的准确性和有效性具有重要意义。误差理论的基本内容包括测量方法的选择、有效数据的处理、精密度与准确度的区分和误差与偏差的计算等内容。

1.2　测量及其数据描述

测量的方法很多，可归纳为两类：

1. 直接测量

例如用标尺测量长度，用温度计量测温度等，都可以直接读出数据。

2. 间接测量

不能用直接测量法而需要引用一些原理、算式、图表等，把直接测量的数值，通过这些原理、算式、图表等推算得出，如平衡常数、热焓、比热、加速度等。

在直接测量中，每一种仪器都有它可能达到的精密度，这个精密度就是仪器的最小分度，如 50 mL 的滴定管，它的最小分度是 0.1 mL，就说明它的精密度是 0.1 mL。在分度之间，还可以进行估计，显然这个估计是不一定可靠的，如图 1.2.1 所示。滴定管内液面处在 22.2 mL 和 22.3 mL 之间，读取 22.25 mL，其中前面三位是可以读准的，而第四位数是估计出来的，可能读取“6”，也可能读取“4”，因此是可疑的。就是说，这个 22.25 mL 只是准确值的近似值。在物理化学的实验中，常常要处理很多这样的近似值。因此，有必要掌握实验数值的记录和计算的方法。这在以后几节中将会讨论。

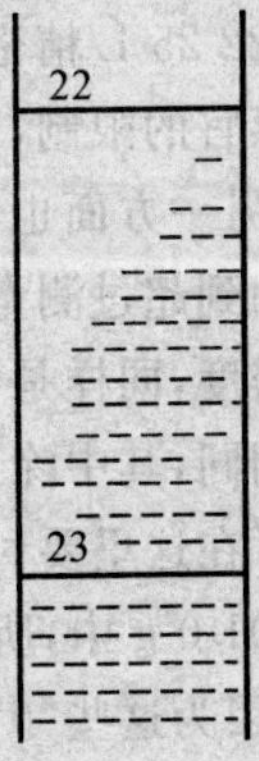

图　1.2.1

做一次实验，往往要用几件仪器进行测量，然后分别进行运算，才能得到最后的结果。例如要配制某浓度 c 的溶液，则需要用天平称好固体质量 m 放入一定体积 V 的容量瓶中，加水到刻度，摇匀而得，其浓度按公式 $c=\frac{m}{MV}$ 计算（M 为固体物质的摩尔质量）。质量 m 及体积 V 的误差，都会给由此算出的 c 带来误差。这样，各种仪器直接测量得到的数据精密度以及运算方法，对实验结果有哪些影响，或者说直接测量数据的精密度如何才能不影响实验结果所要求的精密度，就成为实验工作中常要解决的问题。除此之外，对于实验结果的表达，除用公式、表格的形式外，还可以用图线的形式来表达实验数据的相互关系，这种方法称为图解法。使用图解法可以求出一些物理量，以及特征常数，因而图解法在数据处理中是很重要的，也是实验中要掌握的。

1.3 有效数据

一、有效数据

在测量各物理量时，如何正确地记录数据呢？例如用 50 mL 的滴定管来进行滴定，它的最小分度为 0.1 mL。由图 1.2.1 所示的液面读取数据为 22.25 mL，这四个数字中，除末位"5"可疑外，其余的三位都是确切知道的，故 22.25 mL 的四位数字都是有效数字，我们说它有四位有效数字。又如用一个米尺来测量书本长度，尺子最小分度为 0.1 cm，如果测出的书本长度恰好在 18.1 cm 的刻度上，则记录时应写为 18.10 cm，说明小数后第二位估读为"0"，即不是别的数，在此数据中前三位数字是确定的，第四个数字是可疑的，这四个数字也称有效数据。因此，一个数据中除了末位数字是可疑的，其余的各位数字都是确切、可靠的，这个数据中的所有数字，都叫有效数字。从上例可知，有效数据的表达式与测量方法、仪器的精密度相适应。从滴定管的最小分度 0.1 mL，可得到记录数字(22.25 mL)为小数点后第二位，反过来，从测量的长度 18.10 cm，可看出尺子最小分度为 0.1 cm。

在测量和数值的计算中，往往有这样的想法：

(1)在一个数值中，小数点后面的位数愈多，则精密度愈大。

(2)在计算结果中，保留的位数愈多，这个结果就愈精密。

实际上这两个想法都是错误的，第一种想法的错误在于没弄清楚小数点的位置不是决定精密度的标准，小数点的位置仅仅与所用的单位大小有关。例如，记容积为 22.25 mL 与 0.022 25 L 精密度完全相同。第二种想法的错误在于不了解所有的测量过程。由于仪器和我们感官的限制，只能做到一定的精密度，这个精密度，一方面决定于所用仪器的刻度的精细程度，另一方面也与所用的方法有关。因此，在计算结果中，无论写多少位数，绝不可能使精密度增加到超过测量所能允许的范围。反之，表示一个数字时书写位数过少，低于测量所能达到的精密度，同样是错误的，因为它不能正确反映实验的精密度。正确的写法是所书写的数据与精度相同，其中除末位数字为可疑或不确定外，其余各位数字都是确切知道的。

在这里要讨论关于"0"是否是有效的数字问题，例如滴定管读数 30.05 mL，天平称量为 1.201 0 g 中，所有"0"都是有效数字，而在长度为 0.003 20 m 中，则前面三个"0"均非有效数字，因为这些"0"只与所取的单位有关，而与测量的精确度无关。若改用 mm 为单位，则前面三个"0"全消失，变为 3.20 mm，故有效数字实际位数为 3 位。

在转换单位时，有效数据的数目不会减少或增加，例如，298.0 L 等于 298 000 mL。显然，这后面的三个"0"中头一个"0"是有效数字，第二个、第三个"0"则不是有效数字。单写 298 000 mL，这两个"0"是不是有效数字？这就不清楚了。为了分清后面的"0"是不是有效数字，一般采用这样的记录方法：将小数点移至第一个有效数字之后，再乘 10 的若干次方。例如，29.8 L$=2.98\times10^4$ mL，29.80L$=2.980\times10^4$ mL，这样就显示出前者有三个有效数字，后者则有四个有效数字。对数的首数就等于所乘的 10 的指数。如 $\lg(2.98\times10^4)=4.474\ 2$。

有一个问题需要说明。有些数值写的虽然是有限的有效数据，但它是完全正确的，其有效数字可看做无限多。例如 H_2O 摄氏温度和开氏温度的关系式 $T=273+22$ 中的“273”等。手册中常列出某种数据随温度或浓度的变化关系。如水在 20℃时的密度 0.998 23 g/cm^3，这个 20℃也不能看做只有两个有效数字，而应看做所谓“给定值”，没有误差。诚然，温度的测量是有误差的，但现在说明的是在 20℃时的密度是多少。所有的实验误差都算在密度上，用密度的数据来反映实验的精密程度。同样，在讨论具体问题时，常说“在 2 L 的容器中”“用 10 mol 水”中的 2，10 同样也是“给定值”，当做没有误差。

二、有效数据的计算法则

在计算有效数据时，一般遵循如下法则：

(1)记录测量数据时，一般只保留 1 位可疑数据。

(2)有效数据确定后，其余数字应按四舍五入进行取舍。

(3)加减运算中，计算结果的有效数据末位应与各项中绝对误差最大的那项相同，或者说计算结果所保留的小数点后的位数，应与各数中小数点后位数最少的相同。例如将 13.65，0.108 2，1.632 三个数据相加，倘各数末位都有±1 个单位的误差，则：

13.65 的绝对误差为±0.01，小数点后有两位数；

0.108 2 的绝对误差为±0.000 1，小数点后有四位数；

1.632 的绝对误差为±0.001，小数点后有三位数。

绝对误差最大的，也就是小数点后位数最少的是 13.65 这个数，所以，取得的结果其有效数字的末位应在小数点后第二位。这可列成纵式证明：

$$\begin{array}{r} 13.65? \\ 0.018\ 2? \\ +1.632\ ? \\ \hline 15.39?\ ?? \end{array}$$

“9”为有效数字，“?”表示未知数。未知数加确切数仍得未知数，可疑数加确切数仍是可疑数，其结果应为 15.39。

又如给出氯的相对原子质量为 35.453，氢的相对原子质量为 1.007 97，则 HCl 相对分子质量应为

$$35.453+1.008=36.461$$

(4)乘除运算，计算结果的有效数据的位数，以各项中相对误差最大的那项为标准。或者说计算结果的有效数据的位数，以各项中有效数据的位数最少的那项为标准。

例如：$20.03\times0.20=?$

设末位都有一个单位的误差，则：

20.03 相对误差为 $\dfrac{0.01}{20.03}=0.05\%$，有效数据的位数为四位。

0.20 相对误差为 $\dfrac{0.01}{0.20}=5\%$，有效数据的位数为两位。

可知结果的有效数据应为两位：$20.03\times0.20=4.0$

$$\begin{array}{r} 20.03? \\ \times 0.20? \\ \hline 4.0????? \end{array}$$

一个未知数乘一个确切数仍得未知数。

一个可疑数乘一个确切数仍得可疑数。

若小数点后第一位是可疑数,第二位就是未知数了,所以结果应为4.0。

又如: $0.0121 \times 25.64 \times 1.05782 = ?$

从各项中可知0.012 1的有效数字数最少(也就是其相对误差最大),所可写成:

$$0.0121 \times 25.6 \times 1.06 = 0.328$$

值得说明一点,若运算数的第一位有效数字大于7时,则要注意数与得数非常接近,因而使结果的有效数字多保留一位。例如,0.9÷0.9=1.0,而不应是等于1。

(5)对数运算。

1) 真数有几个有效数字,则其对数的尾数也应有几个有效数字。如:

$$\lg 4.49 = 0.652$$

2)对数的尾数有几个有效数字,则其反对数也应有几个有效数字。如:

$$0.652 = \lg 4.49$$

(6)在所有计算中,当常数π,e的数值乘以诸如2,1/2等的有效数字时,其结果可认为位数是无限的,在计算中,需要多少位就可以写多少位。

(7)记录和处理数字时,在大多数情况下,只保留一位可疑数字,但有时为避免由于计算而引起的误差,可以保留两位可疑数字,而把第二位可疑数字写小一些,低一些,以示区别。

1.4 测量的精密度与准确度

所谓测量的精密度是指在测量中所测数据重复性的大小。

准确度是所测数据与准确值符合的程度。

精密度与准确度的区别,可以用打靶的例子来说明。

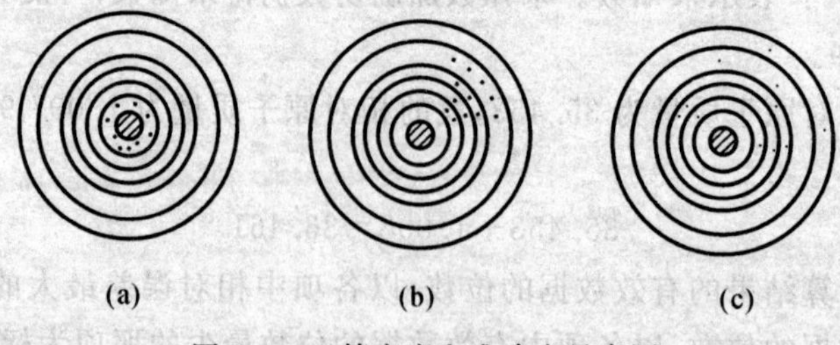

图1.4.1 精密度和准确度示意图

图1.4.1表示三个打靶情况。中心斜线是靶心,表示准确值,各点则为实验测定值。图中,(a)表示精密度和准确度都高,(b)表示精密度高但准确度不高,(c)表示精密度和准确度都不高。也可以这样说,(a)的偏差和误差都小,(b)的偏差小而误差大,(c)的偏差和误差都大。可知,精密度是对平均值而言,其大小用偏差这个概念表示,准确度是对准确值而言,其大小用误差这个概念表示。但是习惯上在讨论问题时,常将这两个概念混同起来,即误差与偏差同用。

1.5 误差与偏差

正如前面所述，进行各种实验所得的结果，只是正确值的近似值而已，这就是所谓的误差。误差的表示有两种：绝对误差与相对误差。

实验测定值与正确值之差，叫做绝对误差。

$$绝对误差=测定值-正确值$$

正确值是从哪里来的呢？一般可取认为比较正确可靠的数据。

例如，关于水的密度，前人做过多次实验，认为比较正确可靠的可当做正确值。设测定水的密度在 25℃时为 0.999 0 g/cm^3。从手册中查得 0.997 07 g/cm^3，则

$$绝对误差=0.999\ 0-0.997\ 07=0.001\ 9\ g/cm^3$$

又如，用精度为 0.1 g 的天平去称一个小烧杯，得质量为 48.51 g，而用分析天平称则质量为 48.523 5 g，认为分析天平较精密可靠，可作为正确值，则前一数据的绝对误差为：48.51－48.523 6 = 0.013 6 g，通常表示误差时只用 1～2 位数字，所以上述绝对误差可写成－0.014 g。

由上可知：

(1)绝对误差有正误差和负误差。

(2)若数据有单位，则绝对误差也要写清单位。

但是，仅仅知道绝对误差还不够，还不能充分说明测量的精度如何。例如，称一烧杯，质量为 40 g，绝对误差为 0.1 g；再称药品重 4 g，绝对误差也是 0.1 g，很显然，前者的测量比后者的测量要好得多。因此，又引用相对误差：

$$相对误差=\frac{绝对误差}{正确值}\times 100\%$$

相对误差常用百分数表示。

上例中：称烧杯时的相对误差为

$$\frac{0.1}{40}=0.002\ 5=0.25\%$$

称药品时的相对误差为

$$\frac{0.1}{4}=0.025=2.5\%$$

两者相比，即可看出前者比后者的测量好得多。

在讨论问题时，常笼统地只说“误差”，没指明是绝对误差或相对误差。相对误差是没有单位的，并且一般也是用%表示。如果用单位来表示误差，则指的是绝对误差。造成误差的原因很多，但就其误差来源来说，有两类性质不同的误差来源：系统误差与不定误差。

系统误差是重复实验时总是带来大小、正负相同的误差，通常是由于仪器不准、药品不纯、方法不妥等引起的。例如，用一个 250 mL 容量瓶配制溶液，但这个容量瓶的刻度不准，不是等于 250 mL，而是 250.5 mL，体积总是有 2‰的误差，所配得的溶液总是稀了一些，其大小也总是一定。又如，在测定丙酮的密度时，如果所用的丙酮不纯而含有水，则其测得的密度总比纯丙酮的大些。若移取同样的丙酮多次测定，则由于不纯而带来的误差总是有一定的大小和正负。

很明显，用重复实验的方法是不能消除由于系统误差带来的误差的。系统误差可以用校正仪器、提纯药品、改善实验方法等来减少或消除。有时可以在测量之后，找出误差原因，算出误差大小而加以修正。

不定误差或称偶然误差，是重复实验时它的出现可正可负、可大可小的误差，通常是由于受到仪器的灵敏度或方法的精密度而带来的。例如，滴定管刻度为 0.1 mL，估计到 0.05 mL 就难免估计差了一些，估计大了还是估计小了，差得多些还是少些都不一定。又如移液量管中液体流出时，总会残留一些在管内，虽然每次采用标准的方法可以使残留量尽可能地固定，但总会有时稍多，有时稍少，这也将引起不定误差。

由于不定误差有正有负，在多次重复实验时，正负出现的机会相等，多次重复实验取的平均值，就可能由于正负误差相抵消而大大减少了由于不定误差所带来的误差。除了误差这个概念外，我们还常遇到偏差这个概念。偏差是指每次测定值与平均值的差别。

偏差同样有绝对偏差和相对偏差之分。

$$\text{绝对偏差} = \text{测量值} - \text{平均值}$$

$$\text{相对偏差} = \frac{\text{绝对偏差}}{\text{平均值}}$$

在实验结果中，写出每次测定值的偏差通常是不必要的，而要写出多次实验的平均偏差。所谓平均偏差，就是每次测定值的偏差，取其绝对值而加以平均所得的值(取绝对值的意思就是把负数也改为正数)。例如，两次滴定所得的数据是 13.51 mL 与 13.55 mL，则平均值为 13.53 mL。

第一次测定值的偏差为

$$13.51 - 13.53 = -0.02\ \text{mL}$$

第二次测定值的偏差为

$$13.55 - 13.53 = 0.02\ \text{mL}$$

$$\text{平均偏差} = \frac{|-0.02| + 0.02}{2} = 0.02\ \text{mL}$$

平均偏差作为实验结果时，前面要加一个±号(正负号)，如上例的实验结果可写为(13.53±0.02)mL(或 13.53 mL±0.15%)。前一项是平均值，后一项是平均偏差。

1.6 间接测量的精密度

数据的测定，除了少数可在仪器上直接读出外，绝大多数都要将直接测量所得的数据，经过某种函数关系，推算出所需的量。由于直接测量都会产生误差，则会给由此算出的结果带来误差，从前面例子可以看出，这就是自变量 X 的变化引起因变量 N 的变化的问题。当自变量有无限小的变化 $\mathrm{d}X$ 时，由此而引起因变量 N 发生无限小的变化 $\mathrm{d}N$，两者之关系是 $\mathrm{d}N = N'\mathrm{d}X$。误差虽然不是无限小的变化，但可做同样的近似处理，即

$$\mathrm{d}N = \Delta N,\quad \mathrm{d}X = \Delta X$$

当直接测量所得的数据 X 有 ΔX 的误差时，由此运算而得的间接测量值 N 就有 ΔN 的误差，基关系仍是 $\Delta N = \left(\frac{\mathrm{d}N}{\mathrm{d}X}\right)\Delta X$。在有一个自变量的简单情况下举几个具体的应用例子：

加减运算 $$N = a \pm X$$

因为
$$\frac{dN}{dX}=\pm 1$$
所以
$$\Delta N=\pm\Delta X$$
即在加减运算中，因变量的绝对误差等于自变量的绝对误差，这个知识常要用到。

例如，绝对温度 T，它是由直接测量摄氏温度 t 而得的。$T=t+273.16$，可知当摄氏温度 t 有多少度的绝对误差，则 T 也必然有多少度的绝对误差。

$$N=aX$$

因为
$$\frac{dN}{dX}=a$$
所以
$$\Delta N=a\Delta X$$
两边除以 N，则得
$$\frac{\Delta N}{N}=\frac{\Delta X}{X}$$

对于
$$\frac{dN}{dX}=-\frac{a}{X^2}$$
可得
$$\frac{\Delta N}{N}=-\frac{\Delta X}{X}$$
即在乘除运算中，因变量的相对误差等于自变量的相对误差。

例如，测量圆周长，当测得半径 r 有 2% 的误差时，则计算出的周长 $L=2\pi r$ 也将有 2% 的误差。

对于只有一个自变量的函数，一般可以用微分的方法来处理。又如用 pH 计（即酸度计）测定氢离子的浓度，其关系为 $\mathrm{pH}=\lg m\mathrm{H}^+$，若 pH 计读数有 Δ pH 的误差，则氢离子的浓度会有多少误差。具体地说，当 $\Delta\,\mathrm{pH}=0.02$，$\mathrm{pH}=-4.3$ 时，则如何估计氢离子浓度的误差。可以将 $\mathrm{pH}=-\lg m\mathrm{H}^+=-\dfrac{1}{2.302\,6}\ln m\mathrm{H}^+$ 微分，计算误差取两位有效数据，得
$$\mathrm{dpH}=-\frac{1}{2.3}\frac{\mathrm{d}m\mathrm{H}^+}{m\mathrm{H}^+}$$
可写为
$$\Delta\,\mathrm{pH}=-\frac{1}{2.3}\frac{\Delta m\mathrm{H}^+}{m\mathrm{H}^+}$$
$$\frac{\Delta m\mathrm{H}^+}{m\mathrm{H}^+}=-2.3\Delta\,\mathrm{pH}=-2.3\times 0.02=-0.046=-4.6\%$$
就是说，氢离子浓度将有 4.6% 的误差，只是其符号和 pH 的误差相反，即当 pH 有正误差时，$m\mathrm{H}^+$ 的误差有负误差。

又知 $\mathrm{pH}=4.14$，所以 $\lg m\mathrm{H}^+=-4.14$
$$m\mathrm{H}^+=7.4\times 10^{-5}$$
由此可以求出 $m\mathrm{H}^+$ 的绝对误差为

$\Delta m\mathrm{H}^+=-4.6\%\times 7.4\times 10^{-5}=-0.34\times 10^{-5}=-3.4\times 10^{-6}$

前面介绍的是比较简单的情况下对间接测量精密度的估计。但是实验中要处理的数据，常有两个或两个以上自变量的函数关系。例如：摩尔体积浓度 c 和溶质质量 m、体积 V 的关

系：$c=\frac{m}{MV}$，$pV=nRT$ 等。如何估计计算结果的误差呢？最简单的方法是将各个自变量对结果带来的误差，在数学上即因变量对每个自变量做偏微分，取其绝对值，相加起来，这就是计算结果的最大误差。这在实际情况下常常是偏高的。根据霍尔定律，得出如下的关系，来计算间接测量的精密度。

设有 $N=N(x,y,z,\cdots)$，则有

$$\mathrm{d}N=\sqrt{\left(\frac{\partial N}{\partial x}\mathrm{d}x\right)^2+\left(\frac{\partial N}{\partial y}\mathrm{d}y\right)^2+\left(\frac{\partial N}{\partial z}\mathrm{d}z\right)^2+\cdots}$$

式中，$\frac{\partial N}{\partial x}\mathrm{d}x$ 是自变量 x 有 $\mathrm{d}x$ 的误差时带给 N 的误差；$\frac{\partial N}{\partial y}\mathrm{d}y$，$\frac{\partial N}{\partial z}\mathrm{d}z$ 是 y 和 z 分别有 $\mathrm{d}y$ 和 $\mathrm{d}z$ 的误差时带给 N 的误差。上式可写成

$$\Delta N=\sqrt{\left(\frac{\partial N}{\partial x}\Delta x\right)^2+\left(\frac{\partial N}{\partial y}\Delta y\right)^2+\left(\frac{\partial N}{\partial z}\Delta z\right)^2+\cdots}$$

两边除以 N，就是相对误差。

上述公式很重要，在估算误差时常常用到，下面从几方面来举例。

1. 加减运算

设有 $N=x\pm y$，x 有 Δx 的绝对误差，y 有 Δy 的绝对误差。则

因为
$$\frac{\partial N}{\partial x}=1,\quad \frac{\partial N}{\partial y}=\pm 1$$

所以
$$\Delta N=\sqrt{(1\cdot\Delta x)^2+(\pm 1\cdot\Delta y)^2}=\sqrt{(\Delta x)^2+(\Delta y)^2}$$

即和或差的绝对误差等于各绝对误差的二次方和的开方。

2. 乘法

设 $N=kxy$，k 为常数，则

$$\frac{\partial N}{\partial x}=ky,\quad \frac{\partial N}{\partial y}=kx$$

$$\Delta N=\sqrt{(ky\Delta x)^2+(kx\Delta y)^2}$$

两边用 $N=kxy$ 来除，得相对误差

$$\frac{\Delta N}{N}=\sqrt{\left(\frac{ky\Delta x}{kxy}\right)^2+\left(\frac{kx\Delta y}{kxy}\right)^2}=\sqrt{\left(\frac{\Delta x}{x}\right)^2+\left(\frac{\Delta y}{y}\right)^2}$$

即积的相对误差等于各相对误差的二次方和的开方。

3. 除法

设有 $N=k\frac{x}{y}$，k 为常数，则

$$\frac{\partial N}{\partial x}=\frac{k}{y},\quad \frac{\partial N}{\partial y}=-\frac{kx}{y^2}$$

$$\Delta N=\sqrt{\left(\frac{k}{y}\Delta x\right)^2+\left(\frac{-kx}{y^2}\Delta y\right)^2}$$

两边用 $N=k\frac{x}{y}$ 相除，得相对误差。

$$\frac{\Delta N}{N}=\sqrt{\left(\frac{\Delta x}{x}\right)^2+\left(\frac{\Delta y}{y}\right)^2}$$

即商的相对误差等于各相对误差二次方和的开方。

例 1　在实验中，测量一个电热器的功率，测得电流 $I=(7.50\pm 0.04)$ A，电压 $U=(8.0\pm 0.1)$ V，求此电热器的功率及其偏差。

功率

$$P=IU=7.50\times 8.0=60\ \text{W}$$

$$\frac{\Delta I}{I}=\frac{0.04}{7.50}=0.5\%$$

$$\frac{\Delta U}{U}=\frac{0.1}{8.0}=1.25\%$$

功率的相对误差为

$$\frac{\Delta P}{P}=\sqrt{(0.5\%)^2+(1.25\%)^2}=1.3\%$$

功率的绝对误差为

$$\Delta P=1.3\%\times 60=0.8\ \text{W}$$

所求电热器的功率为

$$P=(60\pm 0.8)\text{W}\quad 或\quad P=60\ \text{W}\pm 1.3\%$$

例 2　测定气体的分子量一般用公式

$$M=\frac{mRT}{PV}$$

要使所得的分子量 M 准确至 0.2% 以下，试求质量 m，温度 T，压力 p 及体积 V 的测量误差要限制在多少以下才行。

$$\frac{\Delta M}{M}=\sqrt{\left(\frac{\Delta m}{m}\right)^2+\left(\frac{\Delta T}{T}\right)^2+\left(\frac{\Delta p}{p}\right)^2+\left(\frac{\Delta V}{V}\right)^2}=0.2\%$$

设各直接测量值 m,T,p,V 的相对误差相等，都等于 x，则

$$\sqrt{4x^2}=0.2\%$$

即

$$2x=0.2\%$$

$$x=0.1\%$$

这就是说，只要 m,T,p,V 的相对误差在 0.1% 以下，即可满足分子量的相对误差不超过 0.2%，实际上，有一些直接测量值是比较容易读准的。如例 2 中，当

$m=100$ mg，可以用分析天平称准至 0.1 mg，误差为 0.1%。

$T=373$ K，可以用普通的水银温度计读至 0.2，误差为 0.05%。

$V=15$ mL，可以读至 0.02 mL，误差为 0.1%。

$p=760$ mmHg，可以读至 0.5 mm，误差为 0.007%。

有一点要加以说明，即直接测量中，当某一种测量值 x 的误差大于另一种测量值 y 的误差达 3 倍以上时，则结果主要由 x 决定，而可将 y 引起的误差忽略不计。

例如，x 的误差为 0.3%，y 的误差为 0.1%，则两者引起的误差为 $\sqrt{(0.3)^2+(0.1)^2}=0.316\%$，显然可以将 y 引起的误差忽略不计。

例如，按 $c=\dfrac{m}{MV}$ 配制 1 mol·L^{-1} 的 KCl 溶液 1L，要求误差不超过 0.1%，已知体积有 0.1% 的误差。这时只要称重(KCl) 时其误差不超过 0.03% 即可。

KCl 的分子量查表得 39.100 + 35.457 = 74.557，亦为 KCl 的摩尔质量。称重时允许有 0.03% 的误差，即是说等于 74.557×0.03% = 0.02 g，而不须使用分析天平也可达到要求。此时，体积的误差 0.1% 决定了溶液浓度的误差，而称重的允许误差 0.03% 所引起的溶液浓度的误差可忽略不计。

1.7 图 解 法

一、图解法

用什么方式来表达实验所得的结果呢？除了用表格、公式之外，还常用图形来表示，其优点在于形式简明直观，便于比较，容易看出数据中的最高点与最低点、转折点、周期性变化以及两个变量间关系及其他特点。利用图形可以内插、外推。例如借蒸气密度的测定，外推至压力等于零以求分子量。利用图形，可以决定某些常数和物理量。例如测定不同温度 T 下某物质的蒸气压 p，作 $\lg p$ -$\dfrac{-1}{T}$ 图，可决定方程式 $\lg p = bT + a$ 中的常数 a 和 b，从 b 还可以得出蒸发热 ΔH。又如电化学分析中常用图形的转折点来决定终点，相图中根据图形来判断某些合金的形成，性质和晶形转变等。

作图应注意以下几个问题：

1. 纵横坐标

习惯上自变量为横坐标，因变量为纵坐标，如某种物质的饱和蒸气压和温度 T 的关系，以气压为纵坐标，温度为横坐标。但有时自变量和因变量不是绝对的，饱和蒸气压与温度的关系，从另一个角度来看，也是沸点 T 与压力 p 的关系。此时，沸点 T 为纵坐标，压力 p 为横坐标。图 1.7.1 和图 1.7.2 是由同一组数据绘成的。

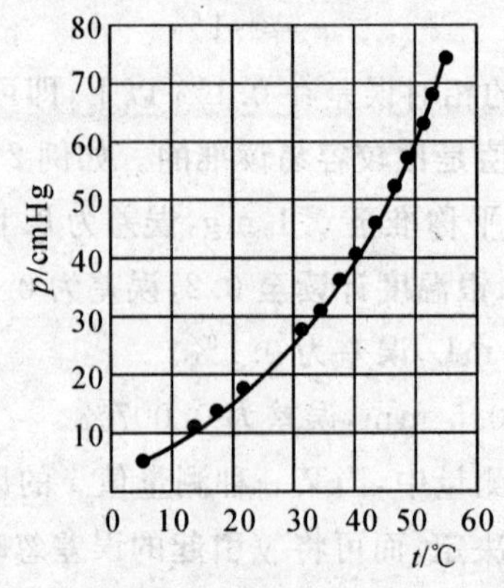

图 1.7.1　丙酮在不同温度下的饱和蒸气压

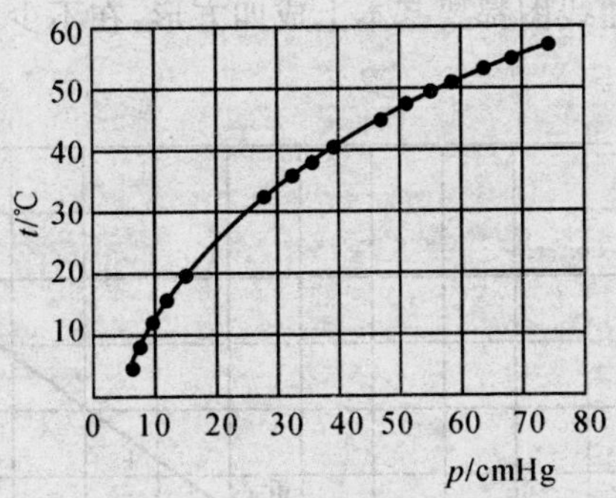

图 1.7.2　丙酮在不同压力下的沸点

2. 坐标值的范围

注意以下三点：

(1) 坐标轴上的刻度值须要恰能包括全部测量数据或稍有余地。例如从手册中查得水在不同温度下的黏度如下：

t/℃：	15	16	17	18	19	20
η/(Pa·s)：	$1.140\ 4\times10^{-3}$	$1.111\ 1\times10^{-3}$	$1.082\ 8\times10^{-3}$	$1.055\ 9\times10^{-3}$	$1.029\ 9\times10^{-3}$	$1.005\ 0\times10^{-3}$

要绘成 η-t 曲线时，横坐标应包括 15～20℃ 的所有温度值，纵坐标应包括 $1.005\ 0\times10^{-3}$～11.404 Pa·s的所有黏度值。

坐标值的起点，不一定从 0 开始，应视具体的数据而定。在上例中，t 可以从 15.0℃ 起，η 则可从 $1.000\ 0\times10^{-3}$Pa·s起。

再举一个例子，甲烷在戊烷中的分蒸气压，如图 1.7.3 所示在温度为 37.8℃ 时，其摩尔分数 x_2 与其分蒸气压 p_2(atm) 的关系数如下：

x_2	0.001 48	0.008 54	0.015 4	0.022 1	0.028 8
p_2	0.029 4	1.66	3.02	4.38	5.75

从图 1.7.3 中可知：横坐标 x_2 应包括 0.001 48～0.028 8 的所有数据，纵坐标 p_2 应包括 0.294～5.75 大气压的所有数据（从 x_2 的数据来看，横轴改为 $x_2\times10^3$ 更好）。此时的起点，从所得的数据来看，纵、横坐标都应从 0 开始。

(2) 坐标轴刻度的每小格所代表的数值，应为 1，2 或 5，或者是 1，2，5 的 10^n（n 为正或负整数），因为这些数值容易描点和读出。在任何情况下，都不能用 3，6，7，9 这样的数值及其 10^n，因为这些数值不易描点和读出，极易造成错误。

在前面所举的 x_2-p_2 关系中，x_2 可取每小格代表 0.000 2，p_2 每小格代表 0.05atm，读起来方便，描点也容易，绘成曲线后，要内插、外推也容易读取数值。此外，还要将完整的数据标注在坐标轴 10 个小格的粗线上，不要用零碎数据。

(3) 如何调节纵、横方向坐标轴的长短，一般来说，要调节至曲线部分使其不至于大于垂直或水平坐标轴。这只是使纵向长度和横向长度相差不太远，则曲线和坐标轴自然就不太垂直或水平。如上例 x_2-p_2 坐标图，x_2 长约 140 小格，p_2 长约 120 小格，曲线基本上和两轴都成 45° 角左右。

但是，并不是说所有的曲线图都要基本上成四方形，在不少场合，也常要使图形成矩形，主要是由其实验数据来决定的。

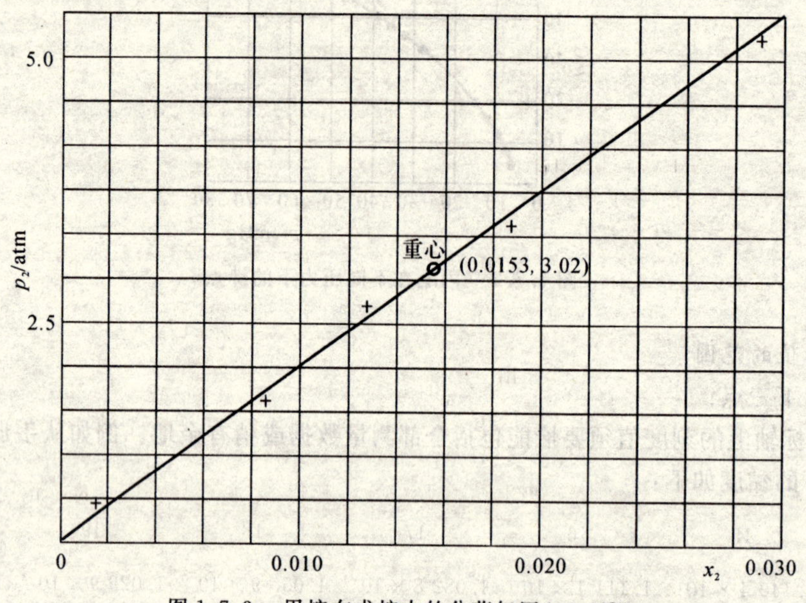

图 1.7.3 甲烷在戊烷中的分蒸气压(37.8℃)

3. 图的精密度

作图时也会产生误差，所以当将所得的实验数据绘成曲线时，应考虑到作图的误差，使它不损害实验数据的精密度，至少也不至于显著地损害实验数据的精密度。从前面所学的知，已知当一个量的误差小于另一个量的误差的 1/3 以下时，则第一个量的误差对结果所引起的误差可以忽略不计。

在将所测数据作成曲线后，其结果的误差将由两个因素所引起，即实验数据本身的误差及作图时带来的误差。为使作图时不至损害实验数据的精密度，须将作图的误差尽量减少到实验数据误差的 1/3 以下，这样作图带来的误差就可以忽略不计了。但是，也要看具体的情况，有时也要注意，要使作图误差小于实验数据误差 1/3 以下，则绘成的图就会变得太大，所以一般来说，按上述原则绘成的图太大时，则可适当地缩小，只要作图误差为实验误差的 1/3 左右时(不一定是以下)，即可算符合要求。图纸上每小格所代表的量，叫做比例尺。上例 x_2-p_2 图中，x_2 轴的比例尺 $r_{x_2}=0.000\,2$/格，p_2 轴的比例尺 $r_{p_2}=0.05$atm/格。

一般认为，作图时每小格会引起 0.2 格的误差。因此，当 x_2 轴的比例尺 $r_{x_2}=0.000\,2$/格时，则作图带来的误差为 $0.000\,2\times 2=0.000\,4$。倘若实验数据的误差有 $\pm 0.000\,1$ 时，则作图带来的误差为实验数据误差的 1/2.5。这样的比例已属适用。如果 r_{x_2} 取 0.000 1/格，则虽然作图误差为实验误差的 1/5，但按此比例尺绘成的图，x_2 轴长达 30cm，p_2 轴长达 25 cm，这样作图未免太大了。

作图时有纵、横两个坐标，究竟先决定哪一个轴的比例尺呢？一般来说，可以先决定两个物理量在整个变化中相对不精密的一个，例如 x_2-p_2 中 x_2 的变化为 0.001 48～0.028 8，即有 $0.028\,8-0.001\,48=0.027\,4$ 的变化，p_2 的变化为 0.294～5.75 atm，即有 $5.75-0.294=5.46$ atm 的变化。两者相比可知，x_2 的变化为相对地不精密，所以要先考虑 x_2 的比例尺。决定比例尺，一般有三种方法：

(1) 因为每小格有 0.2 格的误差，而作图时要求其误差为实验数据误差的 1/3，所以当比例尺为 r 时，

$$r_x\ 作图误差=实验误差\times\frac{1}{3}$$

$$上例中\ r_x\ 作图误差=实验误差\times\frac{1}{3}=\frac{实验误差\times\frac{1}{3}}{作图误差}=$$

$$\frac{0.000\,1\times\frac{1}{3}}{0.2}=0.000\,17/\ 格$$

这是零碎数值不能用。当 $r_{x_2}=0.000\,1$/ 格时，虽然作图的误差为实验误差的 1/5，但是绘成的图太大了。取 $r_{x_2}=0.000\,2$/ 格，则图的大小适中，作图误差为实验误差的 1/2.5，可应用。

(2) 利用逐步推算的方法，以达到图纸引起的误差可忽略不计。

取 $r_{x_2}=0.001$/ 格，作图误差为 $0.001\times0.2=0.000\,2$，为实验误差的 2 倍。

$r_{x_2}=0.000\,5$/ 格，作图误差为 $0.000\,5\times0.2=0.000\,1$，与实验误差相等。

$r_{x_2}=0.000\,2$/ 格，作图误差为 $0.000\,2\times0.2=0.000\,04$，为实验误差的$\frac{1}{2.5}$。

$r_{x_2}=0.000\,1$/ 格，作图误差为 $0.000\,1\times0.2=0.000\,2$，为实验误差的$\frac{1}{5}$。

从而可从 $r_{x_2}=0.000\,2$/ 格或 $r_{x_2}=0.000\,1$/ 格两者之间选择，如上所述，以 $r_{x_2}=0.000\,2$/ 格为宜。

(3) 把每小格当做 x_2 的有效数字末位的一个单位或两个单位，这是最方便的方法。x_2 的前两个数据为 0.001 48 和 0.008 54，后三个数据为 0.001 54，0.022 1，和 0.028 8。当考虑前两个数据时，则 r_{x_2} 应取 0.000 1/ 格或 0.000 2/ 格，按此比例尺绘图，则做的图太大。当考虑后三个数据时，则 r_{x_2} 应取 0.000 1/ 格或 0.000 2/ 格，取 $r_{x_2}=0.000\,1$/ 格，图还是太大。所以取 $r_{x_2}=0.000\,2$/ 格，才合适。

上述三种方法中，第三种方法最简便。在决定了一个轴的比例尺后，就可估计这一个轴的长度。如上例，当决定了 x_2 的比例尺为 $r_{x_2}=0.000\,2$/ 格时，则 x_2 的变化范围为 $0.028\,8-0.001\,48=0.027\,4$，则 x_2 轴的长度为 $0.02\,74/0.000\,2=140$/ 格。为使图形近似方形，则 p_2 轴的长度也应在 140/ 格左右，而 p_2 的变化范围为 $5.75-0.294=5.46$ atm，所以 p_2 轴每格代表的量，即 r_{p_2} 应为 $5.46/140=0.04$ atm/ 格。这个数值在不得已的情况下，还可以用做比例尺，但最好改为 $r_{p_2}=0.05$ atm/ 格，描点或读数值时比 $r_{p_2}=0.04$ atm/ 格要方便得多。

到此，两个坐标的比例尺已确定了。确定比例尺是作图的关键，只有确定好比例尺后，才能开始描点。

4. **点的描绘**

描点时，最常用“+”号，因为比较容易描得正确，交叉点就是坐标点的位置。在图纸上点上一点来描点，是不妥当的，一是容易看不清，二是在画曲线时容易被线遮盖住而看不见。在文献上常用圆点来表示，但画得较大些，也看到 ○·，○，×，△，等等符号，其中心就是点的位置，在同一图纸上要画 2 条或 2 条以上的曲线时，就用不同的点符号来表示，以作区别。在有

充分的理由认为数据中的某一点可靠程度差时，则可将这点描得大些，以和其他各点区别开来，否则各点的符号应大小整齐均匀。

5. 线的描绘

把点描好后，就可以根据点的分布画出曲线来。画好后，没有必要使曲线都通过每一点，但要注意做到：一要平滑，二要尽量接近各点。要尽量接近各点，就是说使曲线对于各点来说，具有平均的意义。要全面照顾每一个点，不能在没有充分理由的情况下忽略或偏废某一点，靠近曲线各部分的点，应在曲线两边占有同样的分量。

如果理论上已说明自变量和因变量是直线关系，或理论上来说明，但描点后各点的走向看来是一直线，就应画一条直线，否则，应根据各点的走向来画线以反映这些点。画出直线时，一般先取各点的重心，此重心的位置就是两个变量的平均值。上例 x_2-p_2 中 $x_2=0.0153$，$p_2=3.02$ atm，则重心的位置是(0.015 3,3.02)，然后通过此重心画直线，调节各点均匀分布在直线两边，要求各点尽量接近直线。

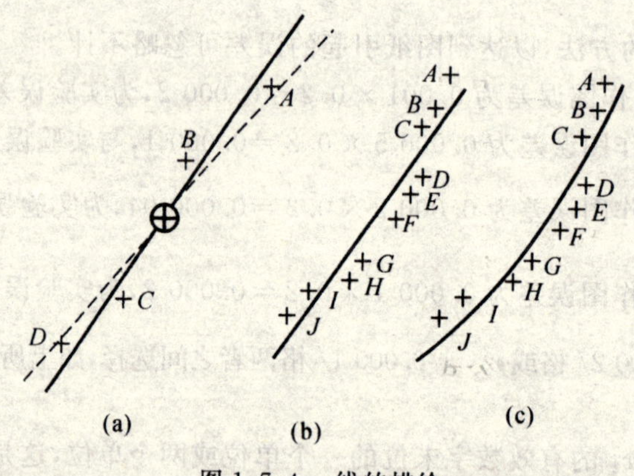

图 1.7.4　线的描绘

又如，图 1.7.4(a) 画一直线重心，四点都均匀地分布在两边，线的上端 A，B 二点分布在线的两边，线下端 C，D 两点也分布在线的两边。倘若将 A，D 连接起来，如虚线所示，B，C 两点也均匀地分布在线的两边，但是对直线上端来说，只有左边有点，右边无点，而对下端，则右边有点，左边无点。所以虚线对 A，B，C，D 四点来说，缺乏其平均意义，应取实线所示。图 1.7.4(b) 和(c) 是同一组的点，画成直线时如(b)，画成曲线时如(c)，不论画成直线或曲线，点的分布都要求分散在线的两边。

画曲线的工具，常用曲线板和曲线尺。在曲线上作切线，通常应用下述两个方法：

若在曲线的指定点 Q 上作切线，可应用镜像法，先作该点法线，再作切线。方法是取一个平而薄的镜子，使其边缘 AB 放在曲线的横断面上，绕 Q 转动，直到镜外曲线与镜像中曲线成一光滑的曲线时，沿 AB 边画出直线就是法线，通过 Q 作 AB 的垂线即为切线，如图 1.7.5(a) 所示。在所选择的曲线段上作两条平行线 AB 及 CD，作两线段中点的连线，交曲线于 Q，通过 Q 作与 AB 或 CD 之平行线即为 Q 点之切线，如图 1.7.5(b) 所示。

最后，图是科学语言的形象表达，作图时应注意联系基本原理。例如，恒沸混合物，其组成随外界条件而变化，在 $T-x$ 图上并不出现奇异点，因此这时气相线和液相线在恒沸点时是光滑地相切，而不是突变地相交。

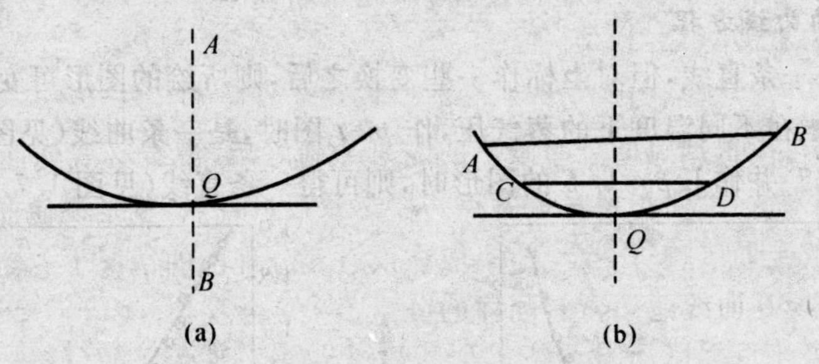

图 1.7.5　作切线的方法

6. 标题和说明

作好图后应加标题，应写上必要的说明。纵、横坐标各代表什么量，单位是什么，都要明确地写在坐标附近。如果图中有几条曲线，则应分别说明它们各代表什么，有几种符号时，则要说明几种符号各代表什么。倘若图中有不只一个横坐标或纵坐标并各有一些曲线相应时，就注明哪些曲线属于哪个坐标。如果有引用他人的实验数据绘成的曲线，也应加以说明作者与出处。

二、用图解法决定方程式

用方程式来表示实验结果所获得的规律，是建立在图形的基础上的。即从曲线的形状，引出方程来。由于测定过程中，一定会带来一些误差，所绘的曲线也会有或多或少的误差，因此，由此而得的方程式自然也只是近似公式，也只是两个物理量之间的关系这个客观存在的近似模拟，所以我们也常称它为经验公式。它只有一般数学上方程的意义。它的优点是能简明扼要地把全部数据都包括进去，并且能在实验范围内，对任何与自变量相对应的函数值都可以运算出来，而更重要的是，可对它数学上的进一步处理分析达到进一步研究、分析的目的。应当指出，虽然曲线都可以用公式来表示出来，但并不是所有曲线都要化成公式，对那些不具有普遍意义以及不规则的曲线，可不必化成公式。下面举几个由图形决定方程式的例子。

1. 直线

如图 1.7.6 所示，直线的方程是 $y=a+bx$，其中 a 为截距，b 为斜率。在直线上两个末端附近，选 A，B 两点，其坐标分别为(x_1, y_1)与(x_2, y_2)，则

$$b=\frac{(y_2-y_1)}{(x_2-x_1)}$$

所取的 A，B 两点，尽可能相距远些，并且其坐标容易读出来，即 y_2，x_2，y_1，x_1，都是比较完整的数据。不能从实验数据中直接取两组数据按公式求斜率 b，因为任何两组数据都不能代表全部的观察值。但是绘成的直线是介于各点之间而具有平均意义，故以直线上取两点的斜率才是合理的。当然，如果实验数据恰落在直线上，则这点也可用来作为求斜率的坐标点。b 值求出后，可代入方程 $y_1=a+bx_1$ 或 $y_2=a+bx_2$ 算出 a 值来。或在图上将直线延长至 $x=0$，读取 y 轴的值，就是 a 值，即对于 $y=a+bx$，当 $x=0$ 时，则 $y=a$。

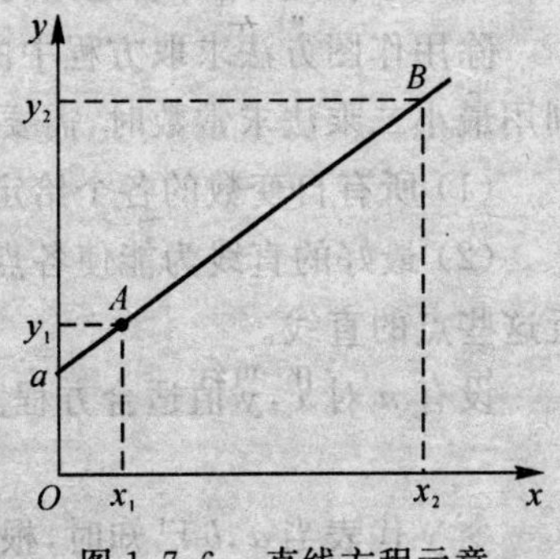

图 1.7.6　直线方程示意

2. 能变直线的曲线方程

有些图形不是一条直线，但对坐标作一些变换之后，则所绘的图形可变为直线。例如前面曾举过的例子，丙酮在不同温度下的蒸气压，作 $p-t$ 图时，是一条曲线(见图 1.7.6)，但当把温度 t 改用绝对温度 T 并作 $\lg p-1/T$ 的图形时，则可得一条直线(见图 1.7.8)。

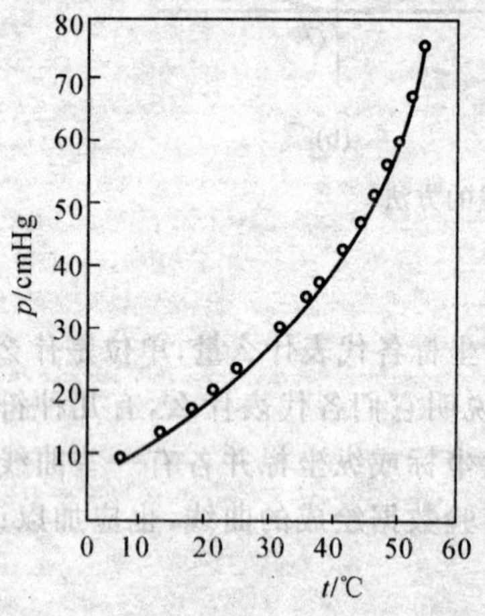

图 1.7.7 丙酮的蒸气压与温度的关系

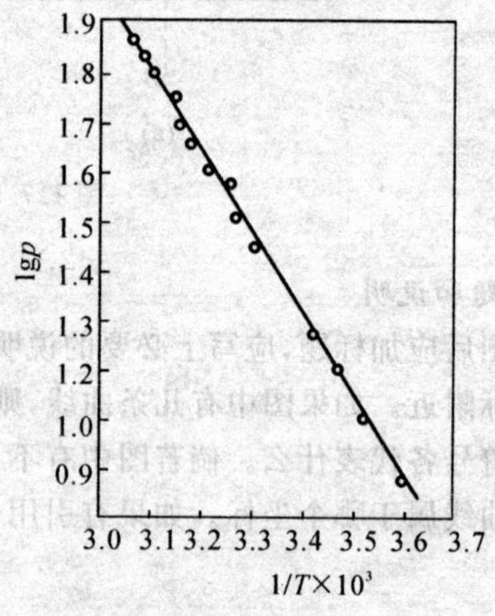

图 1.7.8 $\lg p-\frac{1}{T}\times 10^3$

如图 1.7.8 所示为依 $\lg p-\frac{1}{T}\times 10^3$ 的关系画出一直线，即按前所述，$\lg p=\frac{b}{T}\times 10^3+a$。此例中 $b=-1.662$，$a=6.929$，所以

$$\lg p=\frac{-1.662}{T}\times 10^3+6.929$$

除上例外，又如 $y=ax+\frac{b}{x}$，可乘以 x 得 $xy=ax^2+b$，则作 $xy-x^2$ 图，可得直线，a 为斜率，b 为截距。

也可将 $y=ax+\frac{b}{x}$ 两边除以 x，则得 $\frac{y}{x}=a+\frac{b}{x^2}$，作 $\frac{y}{x}-\frac{1}{x^2}$ 图，亦得一条直线，此时的斜率为 b，截距为 a。

用图形决定方程式，是颇为简便的方法，一是较简单，二是也可得到较准确的结果。

除用作图方法求取方程中的常数外，最小二乘法也是常用的方法之一，在此作简要介绍。利用最小二乘法求常数时，需要作以下两个假定。

(1) 所有自变数的各个给定值，均无误差，因变数的各值，则带有测量误差。

(2) 最好的直线为能使各点同直线的偏差的二次方和为最小，故最佳直线将为尽可能靠近这些点的直线。

设有 n 对 x，y 值适合方程。

$$y=a+bx$$

令 y 代表当 a，b 已知时，根据 x 值计算的 y 值，则

$$y_1=a+bx_1$$

测量值与直线的偏差为

$$d_1=y_1-y'_1=y_1-(a+bx_1)$$

或 $$d_1 = y_1 - a - bx_1$$

同样 $$d_2 = y_2 - a - bx_2$$

则

$$(y_1 - a - bx_1)^2 + (y_2 - a - bx_1)^2 + \cdots + (y_n - a - bx_n)^2 = Q \tag{1.1}$$

在数学上设函数

$$P = f(t, W, Z, \cdots)$$

则 P 有最小值的必要条件为

$$\frac{\partial P}{\partial t} = 0, \quad \frac{\partial P}{\partial W} = 0, \quad \frac{\partial P}{\partial Z} = 0, \cdots$$

因式(1.1) 中 y_n, x_n 为测量中已固定的值，故式中只有 a 和 b 为复数。

令 $$\frac{\partial Q}{\partial a} = 0, \quad \frac{\partial Q}{\partial b} = 0$$

则可求出 x 为最小时 a 及 b 的值，由式(1.1) 得

$$\frac{\partial Q}{\partial a} = -2(y_1 - a - bx_1) - 2(y_2 - a - bx_2) - \cdots - 2(y_n - a - bx_n) = 0$$

或 $$(y_1 - a - bx_1) + (y_2 - a - bx_2) + \cdots + (y_n - a - bx_n) = 0$$

即

$$\sum y_i - na - b\sum x_i = 0 \tag{1.2}$$

同理得

$$\frac{\partial Q}{\partial b} = -2x_1(y_1 - a - bx_1) - 2x_2(y_2 - a - bx_2) - \cdots - 2x_n(y_n - a - bx_n) = 0$$

即

$$\sum x_i y_i - a\sum x_i - b\sum x_i = 0 \tag{1.3}$$

解联立方程得

$$a = \frac{\sum x_i y_i \sum x_i - \sum y_i \sum x_i^2}{(\sum x_i)^2 - n\sum xi^2}$$

$$b = \frac{\sum x_i y_i n - \sum x_i y_i^2}{(\sum x_i)^2 - n\sum x_i^2}$$

a, b 即为所求的直线方程中的两个常数。

三、作图一例

举一个例子作图。测定B物在溶液里的摩尔数 x_B 与溶液里的蒸气压 p，得到如下的数据，其关系符合理想溶液。

x_B	0.02	0.20	0.30	0.58	0.78	1.00
p/mmHg	128.7	137.4	144.7	154.8	162.0	172.5

(1) 纵横坐标的选择。溶液的蒸气压 p 是随物质的量 x_B 而变，所以取 x_B 为横坐标，p 为纵坐标。

(2) 了解数据的变化范围，观察哪一个量是相对不精密，初步决定坐标的起点。

x_B 的变化范围：$1.00-0.02=0.98$

p 的变化范围：$172.5-128.7=43.8$ mmHg

两者比较可知 x_B 比 p 来说，相对不精密，所以决定比例尺以 x_B 为准。坐标起点初步可定为(0,125.0)或(0,120.0)。

(3) 确定比例尺。这是作图的关键，可用下列三种方法中的一种，结果都相同。

1) 图纸每小格有 0.2 格的误差，作图带来的误差要小于 x_B 的误差的$\frac{1}{3}$，才能不影响实验的精密度。所以 x_B 的比例尺 —— 每小格代表的量 y_B —— 和 x_B 的误差 Δx_B 的关系是

$$0.2\times y_B\leqslant\frac{\Delta x_B}{3}$$

实验数据中没有给出 x_B 的误差，但从数据的有效数字来看，一般认为有效数字末位有一个单位的误差，即 $\Delta x_B=0.01$，所以

$$y_B\leqslant 0.01/(0.2\times 3)=\frac{0.01}{0.6}=0.017/\text{格}$$

每格为 0.017 是零碎数值，不可作为比例尺，只能改为 0.02 或 0.01，设 $y_B=0.02$/格，则作图误差为 $0.02\times 0.2=0.004$，是 Δx_B 的$\frac{1}{2.5}$(以 $y_B=0.02$/格作图所绘的曲线太小，不适用)。当 $y_B=0.01$/格时，误差为 $0.01\times 0.2=0.002$，为 Δx_B 的$\frac{1}{5}$。所以取 $y_B=0.01$/格。

2) 利用逐步推算方法，以达到图纸引起的误差可忽略不计，设取 $y_B=0.1$/格，则图纸引起的误差为 $0.1\times 0.2=0.02$，不是 Δx_B 的$\frac{1}{3}$。

取 $y_B=0.05$/格，则图纸引起的误差为 $0.05\times 0.2=0.01$，还不是 Δx_B 的$\frac{1}{3}$。

取 $y_B=0.01$/格，则图纸引起的误差为 $0.01\times 0.2=0.002$，为 Δx_B 的$\frac{1}{5}$。

所以取 $y_B=0.01$/格。

3) 把每小格当做 x_B 的有效数字中末位的一个单位或两个单位。x_B 的有效数字在小数点后 2 位，所以可取 $x_B=0.01$/格或 0.02/格，取 0.01/格更为合适。

(4) 坐标的标度。已确定 x_B 的比例尺为 0.01/格，即横坐标每小格为 0.01，x_B 的变化范围从 0.02～1.00，为 0.98，所以横坐标取 100 小格，起点为 0。纵坐标也应取 100 小格左右，p 的变化范围为 43.0 mmHg，所以 $y_p=\frac{43.0}{100}=0.43=0.5$ mmHg，这样纵坐标长度 90 小格，起点可定为 125mmHg。①

已知 $y_B=0.01$/格，$y_p=0.5$mmHg/格，坐标起点为(125,0)，即可在坐标纸上做好标度，没有必要在 10 个小格纸上写上标度，横坐标第 0,20,40,60,80 及 100 小格下写上 0,0.2,0.4,0.6,0.8,1.0。纵坐标在起点，在 50 小格和第 100 小格处，分别写上 125,150,175 即可。

---

①取 $y_B=0.02$/格，图纸所带来的误差 $0.02\times 0.2=0.004$ 为 x_B 的误差 0.01 的$\frac{1}{2.5}$，即小于 Δx_B2.5 倍，一般也可采用。若取 $y_B=0.01$/格作图时只用 50 格，显得小些，所以还是取 $y_B=0.01$/格，一方面可忽略作图纸的误差，一方面绘成的图纸不会太小。

(5) 描点。用"+"号或其他符号，将 $x_B - p$ 的数据描在图纸上。

(6) 画线。从所描的点分布来看，并根据此溶液具有理想溶液的性质，可知所得的 x_B 与 p 应为直线关系。为做得更好，可先计算各点的重心，即分别取 $\bar{x}_B$ 及 p 的平均值 x_B 及 p，得

$$\bar{x}_B = 0.48,\quad \bar{p} = 150.0\ \text{mmHg}$$

坐标(0.48,150.0) 即为图上各点的重心，过此重心选好直线，使各点在此直线两边分布较均匀即成(若不是直线，可不用求重心)。

(7) 决定方程式。直线方程为 $p = a + bx_B$，在直线两端各取一点(其坐标最好为整数)，由此两点 A，B 决定直线的斜率。$A(0.10,132.5)$，$B(1.00,172.5)$(B 点恰是实验数据的最后一点，因为这个数据处在直线上，所以可作为求斜率的坐标点)。

$$b = \frac{172.5 - 132.5}{1.00 - 0.10} = \frac{40.0}{0.90} = 44.4$$

延长直线至纵坐标相交得 $a = 128.2$。或者用 $p_1 = a + bx_1$，求 a：

$$a = p_1 - bx_1 = 172.5 - 44.4 \times 1.00 = 128.1$$

代入公式算得 a 值与直接从图纸上截距读出的 a 值基本相同。所得的直线方程为

$$p = 128.1 + 44.4x_B$$

需要注意的是，从图 1.7.9 上直接读出 a 值时，只有当横坐标的起点为零时才有可能将直线的延长线与横轴的交点作为 a 值，否则，如横轴的起点不是零，则直线的延长线与横轴的交点不是截距，因此不是 a 值。

(8) 在图纸下写明"溶液蒸气压和 B 物浓度的关系"或"体系蒸气压与 B 物摩尔分数关系"，可以用 $p - x_B$ 关系的说明。

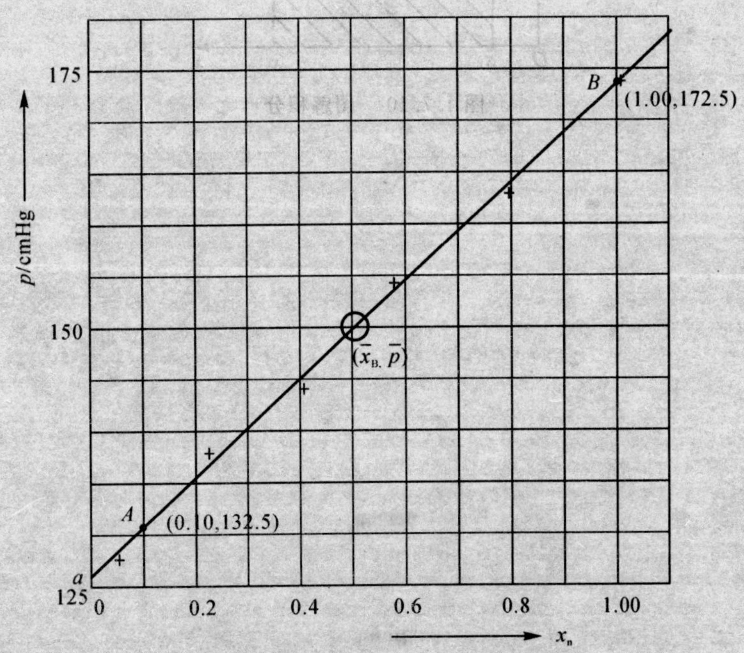

图 1.7.9　溶液蒸气压和 B 物浓度的关系

四、图解微分法及图解积分法

由实验的数据作出曲线后，可直接从图上求各点函数的微商，这称为图解微分法，具体做法是在所得曲线上选定若干点作切线，计算出切线的斜率，即得读点的微商值。求函数的微商，在物理化学实验数据处理中是经常遇见的。例如测定不同浓度溶液的表面张力后，计算溶液的表面吸附量时，则须要求表面张力与溶液间函数的微商值。图解微分法的中心问题是如何准确地在曲线上作切线。作切线的方法很多。用一块半透镜垂直地放在图纸上，并使透镜与图纸的交线通过曲线某点，以该点为轴，转动半透镜，使曲线前段的影子与后段的曲线重合，然后沿镜面作直线，此直线可被认为是曲线在该点上的法线，再作这条法线的垂线，即得在该点上曲线的切线，求切线斜率，即得微商值。

若图形中的因变量是变量的导数函数，则在不知道该导数函数解析表示式的情况下与能够利用图形求出定积分值，称图解积分法。如图 1.7.10 所示，设 $y=f(x)$ 为 x 的导数函数，定积分值为图中曲线下阴影之面积，故图解积分仍归结为求此面积的问题，求面积可用直接数阴影部分小格子数目来求取。

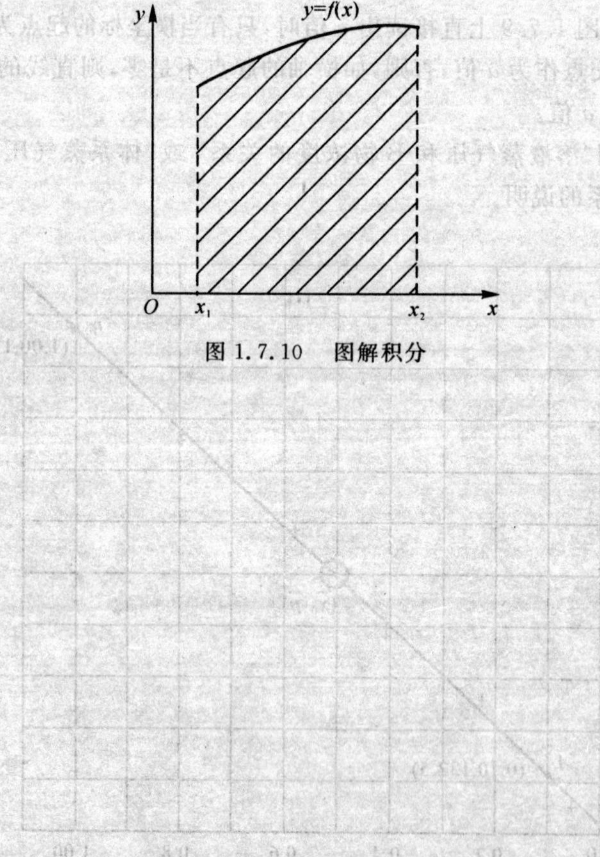

图 1.7.10　图解积分

第2章 基础实验部分

实验一 发热量的测定

一、实验目的

用氧弹式量热计测定萘的摩尔燃烧热。

二、实验原理

在适当的条件下，许多有机物都能迅速地完全地进行氧化反应，这就为准确测定它们的燃烧热创造了有利条件。

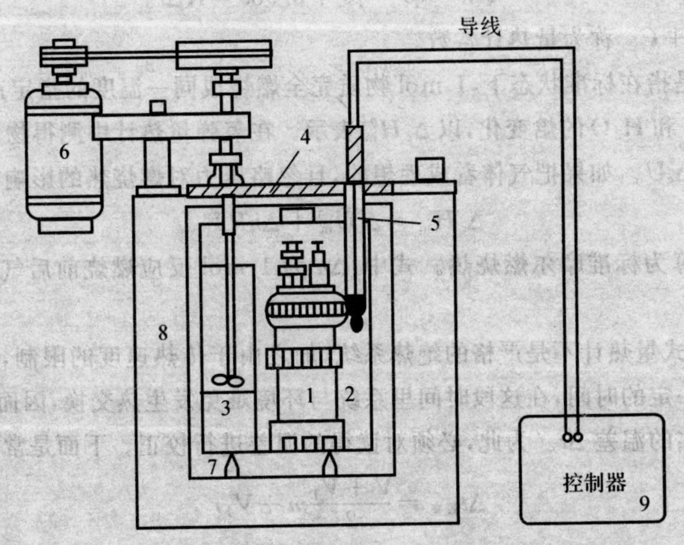

图 2.1.1 氧弹式量热计

1—氧弹；2—铜水桶；3—搅拌器；4—胶木盖；5—热电偶；
6—电动机；7—空气隔热层；8—水夹套；9—控制器

若使被测物质能迅速而完全地燃烧，就需要强有力的氧化剂。在实验中经常使用压力为2.5～3 MPa的氧气作为氧化剂。用氧弹式量热计(见图 2.1.1)进行实验时，氧弹放置在装有一定量水的铜水桶中，水桶外是空气隔热层，再外面是温度恒定的水夹套。样品在体积固定的氧弹中燃烧放出的热、引火丝燃烧放出的热、棉线放出的热和由氧气中微量的氮气中微量氮气氧化成硝酸的生成热，大部分被水桶中的水吸收；另一部分则被氧弹、水桶、搅拌器及温度计等吸收。在量热计与环境没有热交换的情况下，可写出如下的热量平衡式：

$$-Q_v a - q \times b - p \times s + 5.98c = W \times h \times \Delta t + C_{总} \times \Delta t \tag{2.1}$$

式中：Q_v—— 被测物质的定容热值，$J \cdot g^{-1}$；

a—— 被测物质的质量，g；

q—— 引火丝的热值，$J \cdot g^{-1}$（铁丝为 $-6.7\ kJ \cdot g^{-1}$）；

b—— 烧掉了的引火丝的质量，g；

p—— 棉线的热值，$J \cdot g^{-1}$（棉线为 $-17.5\ kJ \cdot g^{-1}$）；

s—— 棉线的质量，g；

5.98—— 硝酸生成热，当用 $0.100\ mol \cdot L^{-1}$ NaOH 滴定生成的硝酸时，每 1 mL 碱相当于 -5.98J 热量；

c—— 滴定生成硝酸时，耗用 $0.100\ mol \cdot L^{-1}$ NaOH 的毫升数；

W—— 水桶中水的质量，g；

h—— 水的比热容，$J \cdot g^{-1} \cdot K^{-1}$；

$C_{总}$ —— 氧弹、水桶等仪器的总热容，$J \cdot K^{-1}$；

Δt—— 环境无热交换时的真实温差。

如在实验时保持水桶中水量一定，把式(2.1)右端常数合并得到

$$-Q_v a - qb - ps + 5.98c = K\Delta t \tag{2.2}$$

式中：$K = W \times h + C_{总}$ 称为量热计常数。

标准燃烧热是指在标准状态下，1 mol 物质完全燃烧成同一温度的指定产物 C 和 H 的燃烧产物是 $CO_2(g)$ 和 H_2O 的焓变化，以 $\Delta_c H_m^\theta$ 表示。在氧弹量热计中测得物质的 Q_v 可计算出定容摩尔燃烧热 $\Delta_c U_m$，如果把气体看成理想的，且忽略压力对燃烧热的影响，则可由下式：

$$\Delta_c H_m^\ominus = \Delta_c U_m^\ominus + \Delta nRT \tag{2.3}$$

将定容燃烧热换算为标准摩尔燃烧热。式中：Δn 为 1 mol 反应燃烧前后气体的物质的量的变化。

实际上，氧弹式量热计不是严格的绝热系统，加之由于传热速度的限制，燃烧后由最低温度达最高温度需一定的时间，在这段时间里系统与环境难免发生热交换，因而从温度计上读得的温差就不是真实的温差 Δt。为此，必须对读得的温差进行校正。下面是常用的经验公式：

$$\Delta t_{校正} = \frac{V + V_1}{2} m + V_1 r \tag{2.4}$$

式中：V—— 点火前，每半分钟量热计的平均温度变化；

V_1—— 样品燃烧使量热计温度达最高而开始下降后，每半分钟的平均温度变化；

m—— 点火后，温度上升很快（大于每半分钟 0.3℃）的半分钟间隔数；

r—— 点火后，温度上升较慢的半分钟间隔数。

在考虑了温差校正后，真实温差 Δt 应该是

$$\Delta t = t_{高} - t_{低} + \Delta t_{校正} \tag{2.5}$$

式中：$t_{低}$ —— 点火前读得量热计的最低温度；

$t_{高}$ —— 点火后，量热计达到最高温度后，开始下降的第一个读数（点火后温度升到最高时，系统还未完全达热平衡，而温度开始下降的第一个读数则更接近热平衡温度）。

式(2.4)的意义,可以由图 2.1.2 的温度、时间曲线来说明。曲线的 AB 段代表初期系统温度随时间变化的规律,BC 代表温度上升很快的阶段,CD 代表主期,DE 代表达最高温度后的末期,系统温度随时间变化的规律。从 B 点开始点火到最高温度 D 共经历了 $m+r$ 次读数间隔,在这段时间里,系统与环境热交换引起的温度变化可作如下估计:系统在 CD 段的温度已接近最高温度,由于热损失引起的温度下降规律应与 DE 段基本相同,故 CD 段温度共下降 V_1+r,而 BC 段介于低温和高温之间,只好采取两个区域温度变化的平均值来估计,故 CD 段的温度变化为 $\frac{V+V_1}{2}m$。因此,总的温度校正即如式(2.4)所示。

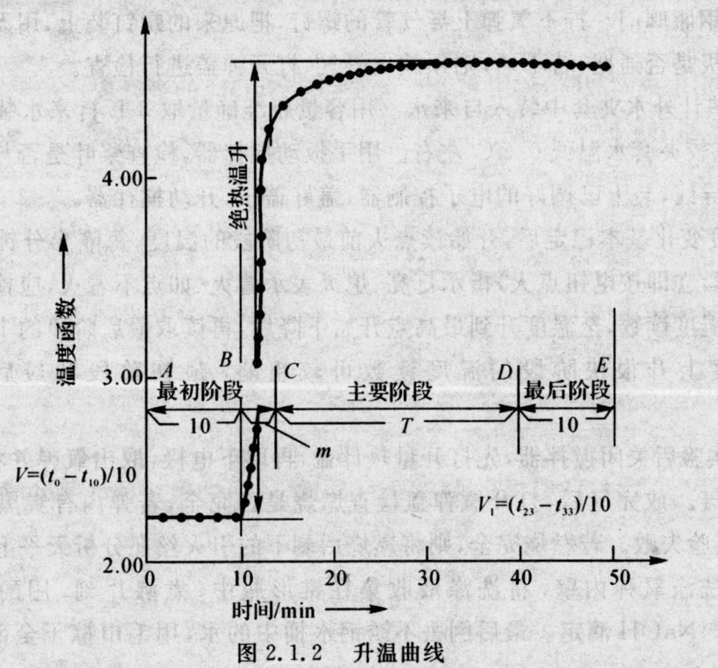

图 2.1.2　升温曲线

从式(2.2)可知,要测得样品的 Q_v,必须知道仪器常数 K。测定的方法是以一定量的已知燃烧热的标准物质(常用苯甲酸,其燃烧热以标准试剂瓶上所标明的数值为准)在相同的条件下进行实验,测得 $t_{低}$,$t_{高}$,并用式(2.4)算出 $\Delta t_{校正}$ 后,就可按式(2.2)算出 K 值。

三、仪器与试剂

GR—3500 型氧弹量热计(附压片机)1 台;分析天平 1 部;压片机;50 mL 碱滴定管 1 支;150 mL 锥形瓶 2 个。分析纯苯甲酸;萘样;棉纱;引火丝;0.100 mol·L^{-1} NaOH 标准溶液;酚酞指示剂。

四、实验步骤

1. 量热计常数的测定

(1) 用布擦净压片膜,在天平上称 1 g 的苯甲酸加入已准确称量的棉线,进行压片。样片若被污染,可用小刀刮净,然后挑出部分棉线使之形成环状,在干净的玻璃板上敲击 2～3 次除掉易脱落部分，再在分析天平上准确称量(棉纱的质量应扣除)。

(2) 用手拧开氧弹盖，将盖放在专用架上，将弹内洗净擦干，装好专用的不锈钢坩埚。用移液管移取 5 mL 蒸馏水放入弹筒中。

(3) 剪取 10 cm 左右的引火丝在天平上称量后，将两端缠在引火电极上，使药片悬在坩埚上方。用万用表检查两电极是否通路。

盖好并用手拧紧弹盖，关好出气口，拧下进气管上的螺钉，换接上导气管的螺钉，导气管的另一端与氧气钢瓶上的氧气减压阀连接。打开钢瓶上的阀门及减压阀缓缓进气，气压达 2.0 ～ 2.5 MPa 充气不少于 3 min 后(对于分析纯苯甲酸、萘，气压在 1.5 ～ 2.0 MPa 的氧也能完全燃烧)，关好钢瓶阀门。拧下氧弹上导气管的螺钉，把原来的螺钉装上，用万用表再次检查氧弹上导电的两极是否通路，若不通，则须放出氧气，打开弹盖进行检查。

(4) 给量热计外水夹套中装入自来水。用容量瓶准确量取 3 L 自来水装入干净的不锈钢水桶中，水温应较夹套水温低 0.5℃ 左右。用手扳动搅拌器，检查桨叶是否与器壁相碰。在两极上接上点火导线，装上已调好的电子控制器，盖好盖子，开动搅拌器。

(5) 待温度变化基本稳定后，开始读点火前最初阶段的温度，每隔半分钟读一次，共 10 个间隔，读数完毕，立即按电钮点火，指示灯亮、熄灭表示着火(如点不着火，应检查电器)，继续每半分钟读一次温度读数，至温度升到最高点开始下降后，再读取最后阶段的 10 次读数，便可停止实验。温度上升很快阶段的温度读数可较粗略，最初阶段和最后阶段则须精密到 0.002℃。

(6) 停止实验后关闭搅拌器，先打开量热计盖，再取下电极，取出氧弹并将其拭干，打开放气阀门缓缓放气。放完气后，打开氧弹盖检查燃烧是否完全，若弹内有炭黑或未燃烧的试样时，则应认为实验失败。若燃烧完全，则将燃烧后剩下的引火丝在分析天平上称量，并用(少量多次)蒸馏水洗涤氧弹内壁，将洗涤液收集在锥形瓶中，煮沸片刻，用酚酞作指示剂，以 $0.100\ mol \cdot L^{-1}$ NaOH 滴定。最后倒去不锈钢水桶中的水，用毛巾擦干全部设备，以待进行下一次实验。

2. 萘(或其他样品)的燃烧热的测定

在台秤上称 1.0 ～ 1.1 g 萘(或其他样品)进行压片。其余操作与前相同，测量其发热量。

3. 以某次测定量热计的常数为例

苯甲酸质量：1.028 0 g；铁丝质量：0.013 0 g；剩余铁丝质量 0.009 0 g；燃掉铁丝：0.004 0 g；苯甲酸热值 $Q_v = -26.43\ kJ \cdot g^{-1}$。滴洗涤液耗用 $0.100\ mol \cdot L^{-1}$ NaOH：2.30 mL。表2.1.1 为 0.5 min 内的温度读数。

$$V = \frac{2.283 - 2.304}{10} = -0.002\,1℃$$

$$V_1 = \frac{4.525 - 4.510}{10} = 0.001\,5℃$$

而

$$m = 3,\quad r = 9$$

$$\Delta t_{校正} = \frac{-0.002\,1 + 0.001\,5}{2} \times 3 + 0.001\,5 \times 9 = 0.013℃$$

$$K = \frac{26\,430 \times 1.028 + 0.004\,0 \times 6\,694 + 5.98 \times 2.30}{4.525 - 2.304 + 0.013} = 12.18\ kJ \cdot K^{-1}$$

表 2.1.1　0.5 min 内的温度读数

读数序号 (0.5min)	温度读数	读数序号 (0.5min)	温度读数	读数序号 (0.5min)	温度读数
0	2.283	(点火)		21	4.528
1	2.285	11	2.51	22	4.525($t_{高}$)
2	2.287	12	3.5 $m=3$	23	4.524
3	2.290	13	4.1	24	4.523
4	2.291	14	4.31	25	4.521
5	2.293	15	4.43	26	4.520
6	2.295	16	4.503	27	4.518
7	2.297	17	4.520 $r=9$	28	4.517
8	2.300	18	4.525	29	4.515
9	2.301	19	4.527	30	4.514
10	2.304($t_{低}$)	20	4.528	31	4.512
				32	4.510

五、数据记录与处理

(1) 列出温度读数记录表格，作升温曲线图(见图 2.1.2)。表 2.1.2、表 2.1.3 为苯甲酸和萘的燃烧热实验数据记录表。

室温：________；大气压：________；实验日期：________

苯甲酸质量：________；铁丝质量：________ g；剩余铁丝质量________；

棉线质量：________：滴洗涤液 NaOH 耗用________。

表 2.1.2　苯甲酸燃烧热实验数据记录表

读数序号 (0.5min)	温度读数	读数序号 (0.5min)	温度读数	读数序号 (0.5min)	温度读数
0		(点火)		21	
1		11		22	
2		12		23	
3		13		24	
4		14		25	
5		15		26	
6		16		27	
7		17		28	
8		18		29	
9		19		30	
10		20		31	
				32	

萘的质量：________；铁丝质量：________；剩余铁丝质量________；

棉线质量：________；滴洗涤液 NaOH 耗用________。

表 2.1.3　萘燃烧热实验数据记录表

读数序号(0.5 min)	温度读数	读数序号(0.5 min)	温度读数	读数序号(0.5 min)	温度读数
0		(点火)		21	
1		11		22	
2		12		23	
3		13		24	
4		14		25	
5		15		26	
6		16		27	
7		17		28	
8		18		29	
9		19		30	
10		20		31	
				32	

(2) 按式(2.4)计算 $\Delta t_{校正}$，或从记录仪所得升温曲线推求温差，计算量热计常数。

(3) 计算萘的标准摩尔燃烧热 $\Delta_c H_m^{\ominus}$。

六、思考题

(1) 使用氧气钢瓶及氧气减压阀时，应注意哪些规则？

(2) 写出样品燃烧过程的反应方程式。说明如何根据实验测得的 Q_v 求出 $\Delta_c H_m^{\ominus}$。

(3) 为什么要测定真实温差？如何测定真实温差？

七、教学讨论

(1) 固体可燃物如煤、蔗糖、淀粉等也可作为实验的试样。高沸点液体可直接放在坩埚中测定；低沸点液体可密封于玻璃泡中，再将玻璃泡置于小片苯甲酸上使其烧裂后引燃。有的液体也可装于药用胶囊中引燃。计算试样热值时，将引燃物和胶囊放出的热扣除(胶囊热值须单独测定)。

(2) 若忽略测定量热计常数和测未知试样时引火丝残留量和硝酸生成量的差别，并将其合并入常数中，则可将两次测定的热平衡式简化为

$$Q_{标}=K\Delta t_{标}, \quad Q_{未}=K\Delta t_{未}$$

两式合并

$$Q_{未}=Q_{标}\frac{\Delta t_{未}}{\Delta t_{标}} \tag{2.6}$$

式中的 $\frac{\Delta t_{未}}{\Delta t_{标}}$ 只是两次温差的比值，因而可用任何一种与温度成正比的物理量如热电势、电阻、电流等的变化来代替温差，这样就更便于用热敏电阻温度计代替贝曼温度计。

八、课余实践

煤的工业分析中发热量是个重要指标，发热量测定的准确性直接关系到煤炭生产和使用

部门的经济利益。以苯甲酸为标准量热物质，测定一种煤的发热量。

实验二　液体饱和蒸气压的测定

一、实验目的

测定乙醇在不同温度下的蒸气压，并求在实验温度范围内的平均摩尔汽化热。

二、实验原理

液体的饱和蒸气压与温度的关系可用克劳修斯-克拉贝龙方程式（Clausius-Clapeyron Equation）来表示：

$$\frac{\mathrm{d}\ln p}{\mathrm{d}T}=\frac{\Delta_{\mathrm{vap}}H_{\mathrm{m}}}{RT^2}$$

式中：p—— 液体在温度 T[K] 时的饱和蒸气压，Pa；

R—— 气体常数。

设蒸气为理想气体，在实验温度范围内摩尔汽化热 $\Delta_{\mathrm{vap}}H_{\mathrm{m}}$ 为常数，并略去液体的体积，可将上式积分得

$$\lg p=\frac{-\Delta_{\mathrm{vap}}H_{\mathrm{m}}}{2.303R}\frac{1}{T}+C$$

式中：C—— 积分常数。

实验测得各温度下的饱和蒸气压后，以 $\lg p-\frac{1}{T}$ 作图，得一直线，直线的斜率（m）为 $-\Delta_{\mathrm{vap}}H_{\mathrm{m}}/2.303R$。由此即可求得摩尔汽化热 $\Delta_{\mathrm{vap}}H_{\mathrm{m}}$。

测定液体饱和蒸气压的方法有以下三类：

(1) 静态法。在某一温度下直接测量饱和蒸气压。

(2) 动态法。在不同外界压力下测定其沸点。

(3) 饱和气流法。使干燥的惰性气流通过被测物质，并使其为被测物质所饱和，然后测定所通过的气体中被测物质蒸气的含量，就可根据分压定律算出此被测物质的饱和蒸气压。

本实验采用静态法以等压计在不同温度下测定乙醇的饱和蒸气压，等压计的外形见如2.2.1所示。小球中盛被测样品，U形管部分以样品本身作封闭液。

在一定温度下，若小球液面上方仅有被测物质的蒸气，那么在U形管右支液面上所受到的压力就是其蒸气压。当这个压力与U形管左支液面上的空气的压力相平衡(U形管两臂液面齐平）时，就可从与等压计相接的U形汞压计测出在此温度下的饱和蒸气压。

三、仪器与试剂

真空系统及恒温槽如图2.2.2所示，各磨口要求接合严密。磨口不宜涂凡士林，以免沾污测定液分析纯乙醇。

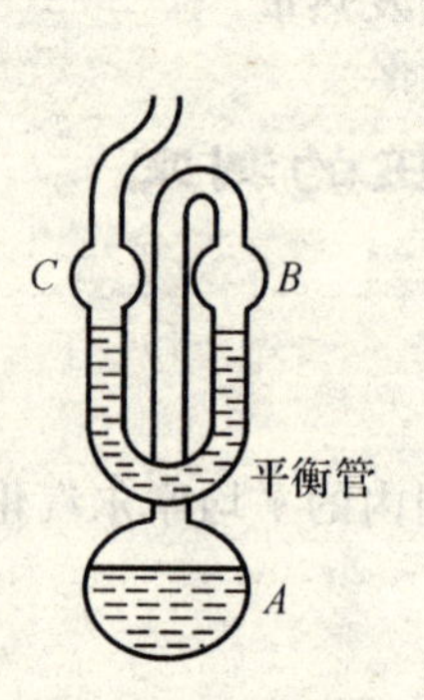

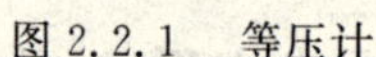
图 2.2.1　等压计

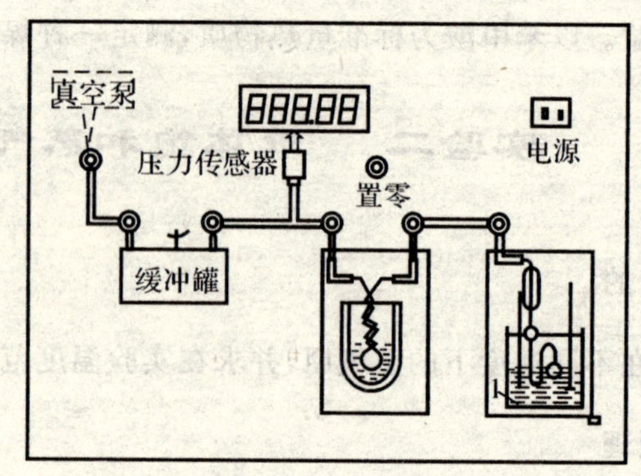

图 2.2.2　实验装置图

四、实验步骤

(1) 对照设备，了解各部分的功能，熟悉操作步骤，然后开始测量。

(2) 检查装置的气密性。按图 2.2.2 安装好设备，打开电源，开机预热 5～10 min，抽出部分空气，观察面板指示中压力读数没有明显变化，表示气密性好，反之读数不断上升则漏气。需要检查漏点并消除。

(2) 装样品。先将干净等压计的盛样球烤热，排出管内部分空气，再从上口用滴管加入乙醇，管子冷却时即可将乙醇吸入。再烤，再装，装入到小球 2/3 的容积为宜。在 U 形管中保留部分乙醇作封闭液。

(3) 等压计与冷凝器磨口接好并用弹簧固定(也可以用真空管连接) 后置入 25℃ 恒温槽中，开动真空泵，控制抽气速度，使等压计中液体缓慢沸腾 3～4 min，让其中空气排到设定的范围内。然后停止抽气，通过毛细管缓缓放气入内，至 U 形管两侧液面等高为止，读取此时恒温槽温度及指示面板上的压力数。

(4) 缓慢加热，连续测定 30，35，40，45℃ 时乙醇的蒸气压。在升温过程中，应经常开启旋塞，缓缓放入空气，使 U 形管两臂液面接近相等，当温度达到设定测量附近时，应稳定 3min 后如实记录数据。如果在实验过程中放入空气过多(最好重做)，可开一下缓冲瓶把空气抽出。

(5) 实验结束后，缓缓放入空气，至与大气压平衡为止。

五、数据记录与处理

(1) 将测得数据及计算结果列入表 2.2.1 中。数据记录参考如下：

室温：__________；大气压：__________；实验日期：__________。

表 2.2.1　数据及计算结果表

实验温度		乙醇的饱和蒸气压	
t/℃	T/K	$p_{饱}$	$\lg p_{饱}$

(2) 根据实验数据作出 $\lg p-\frac{1}{T}$ 关系图。

(3) 计算乙醇在实验温度范围内的平均摩尔汽化热。

六、思考题

(1) 克劳修斯-克拉贝龙方程式在什么条件下才适用?

(2) 在开启旋塞放空气入系统内时,放得过多应如何办? 实验过程中为什么要防止空气倒灌?

(3) 在系统中安置缓冲瓶和应用毛细管放气的目的是什么?

(4) 汽化热与温度有无关系?

(5) 等压计 U 形管中的液体起什么作用? 冷凝器起什么作用? 为什么可用液体本身作 U 形管封闭液?

七、教学讨论

(1) 如果从 45℃ 开始实验,先进行抽气操作,就可有效地除去低沸点物质,使试样纯化,同时也可赶走吸附或溶解的空气,但降温操作不太方便。

(2) 为避免抽气过程试样的损失,必须安装回流冷凝器。

(3) 图 2.2.3 所示是另一种等压法测饱和蒸气压的装置。这时先使试管充满待测液体,然后使之倒置于试液中,让试管底高出液面约 25 cm,抽空脱气后,调压至管内外液面齐平时测平衡压力,图 2.2.4 所示是另两种形式的等压计,其中(b) 表示用汞作封闭液。

(4) 可用负压传感器代替汞压计测压力。

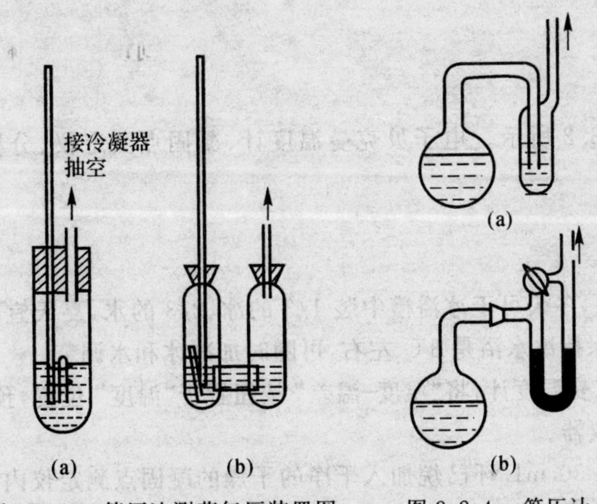

图 2.2.3　等压法测蒸气压装置图　　图 2.2.4　等压计

八、课余实践

(1) 测定环己烷在 25 ～ 50℃ 的饱和蒸气压,并计算其摩尔汽化热。

(2) 测定 25℃ 时 NaCl 水溶液的饱和蒸气压,并计算相应浓度下水的活度。

实验三　凝固点降低法测定摩尔质量

一、实验目的

用凝固点降低法测定萘的摩尔质量。

二、实验原理

溶液的凝固点通常指在溶剂和溶质不生成固溶体的情况下,固态纯溶剂和液态溶液成平衡时的温度。

当溶液浓度很稀时,溶液的凝固点降低与溶质的质量摩尔浓度成正比:

$$\Delta T_f = K_f b \tag{2.7}$$

式中:ΔT_f—— 凝固点降低,K;

b —— 溶质的质量摩尔浓度,$mol \cdot kg^{-1}$;

K_f —— 凝固点降低常数,$K \cdot kg \cdot mol^{-1}$,环己烷 $K_f = 20.0\ K \cdot kg \cdot mol^{-1}$。

纯溶剂的凝固点是其液-固共存的平衡温度。将纯溶剂逐步冷却时,在未凝固之前温度将随时间均匀下降。开始凝固后由于放出凝固热而补偿了热损失,体系将保持液固两相共存的平衡温度不变,直到全部凝固,再继续均匀下降。但在实际过程中经常发生过冷现象,其冷却曲线如图 2.3.1 中的 a 所示。

溶液的凝固点是溶质与溶剂的固相共存的平衡温度。其冷却曲线与纯溶剂不同。当有溶剂凝固析出时,剩下溶液的浓度逐渐增大,因而溶液的凝固点也逐渐下降如图 2.3.1 中的 b 所示,故须用外推法求 T_f。

三、仪器与试剂

仪器装置如图 2.3.2 所示。电子贝克曼温度计、凝固点测定仪、分析纯萘丸、分析纯环己烷。

四、实验步骤

(1) 将冰敲成碎块,冬天可于冰浴槽中装 1/3 的冰、2/3 的水,夏天宜冰水各半(冰块适量增大),适当加以搅拌保持冰水浴是 3℃ 左右,可随时加减冰和水调节。

(2) 打开电子贝克曼温度计,将"温度-温差"按钮置于"温度"位置,预热 10 min 以上,按图 2.3.2 所示组装好仪器。

(3) 用移液管移取 30 mL 环己烷加入干净的干燥的凝固点测定仪内管中,安装好电子贝克曼温度计和玻璃搅拌器,温度计居中,下端距管底约 1 cm。用木塞塞好管口。

(4) 先把测定仪的内管直接放入冰水中,均匀搅拌,记录其温度变化,粗测凝固点的温度,如液体过冷超过 0.2℃ 仍不结晶,则可沾一滴环己烷晶种(由冰水浴中另一小试管制得)加到提起的搅拌器上,继续搅拌即可促使结晶。

(5) 按图 2.3.2 所示组装好仪器(此时内管放置于外管组成空气夹套),严格按照要求测定环己烷的凝固点温度。每分钟记录一次数据，在凝固点附近每 0.5 min 记录一次数据。重复三次测定溶液凝固点。

(6) 用分析天平称取 0.15 ～ 0.20 g 纯萘丸投入内管中，立即塞好管口，搅拌使萘完全溶解，按照步骤(4)(5) 进行实验，每分钟记录一次数据，在凝固点附近每 0.5 min 记录一次数据。重复三次测定溶液凝固点。

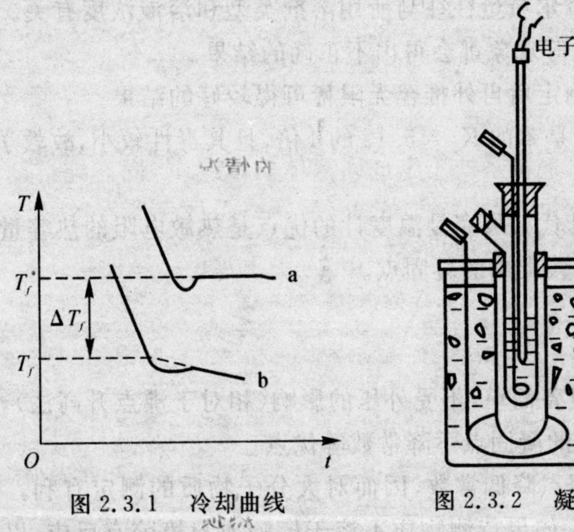

图 2.3.1　冷却曲线　　图 2.3.2　凝固点测定装置

五、数据记录与处理

(1) 根据实验数据作图，用外推法确定环己烷凝固点 T_f^* 和溶液凝固点 T_f，计算实验结果。数据记录参见表 2.3.1。

室温：__________；大气压：__________；实验日期：__________

表 2.3.1　凝固点降低测萘的摩尔质量据记录

溶剂凝固点的测定	时间 /min		
	温度 /℃	1	
		2	
溶液凝固点的测定	时间 /min		
	温度 /℃	1	
		2	

(2) 由环己烷的密度，计算所取环己烷的质量，并由所得数据计算萘的摩尔质量。计算与理论值的相对误差。

六、思考题

(1) 什么叫凝固点？ 凝固点降低的公式在什么条件下才适用？它能否用于电解质溶液？

(2) 为什么会产生过冷现象？

(3) 为什么要使用空气夹套？过冷太甚有何弊病？

(4) 测定环己烷和萘丸质量时，精密度要求是否相同？为什么？

七、教学讨论

(1) 根据稀溶液的依数性，用凝固点下降法测得的是质量摩尔分数。因此在测定大分子物质时必须先除去其中所含的溶剂和小分子物质，否则它们将给结果带来很大影响。

(2) 用凝固点下降法测摩尔质量往往与所用溶剂类型和溶液浓度有关。如被测物质在溶剂中产生缔合、离解或溶剂化等现象都会得出不正确的结果。

(3) 在不同浓度下进行测定后再外推至无限稀可得较好的结果。

(4) 环己烷的 $K_f=20.2$ 是苯的 $K_f=5.12$ 的 4 倍，且其毒性较小，故教学实验宜选用环己烷作溶剂。

(5) 用电子温度贝克曼计代替贝克曼温度计的优点是热敏电阻的热容量小，操作轻便，简单直观，便于用外推法得到比较准确的凝固点。

八、课余实践

(1) 凝固点降低法具有设备简单，不受外压的影响(相对于沸点升高法)，低温操作溶剂挥发损失小，一般溶剂均有较大的凝固点下降常数等优点。

(2) 樟脑具有较大的凝固点降低常数，因而对大分子物质的测定有利。但须注意市售樟脑不纯其 K_f 值应重新测定。如果待测物质不溶于樟脑或与樟脑有反应，以及加热到樟脑熔点(178℃) 分解，则亦不适用。

(3) 测定凝固点可以鉴别物质的纯度。

实验四　二组分液系相图

一、实验目的

(1) 用沸点仪测定环己烷-乙醇体系的沸点-组分图 ($T-x$ 图)，并确定其恒沸点及恒沸组成。

(2) 掌握阿贝折光仪的使用方法。

二、实验原理

二组分液系的 ($T-x$) 图可以分为三类：

(1) 理想的双液系，其溶液沸点介于两纯物质沸点之间(见图 2.4.1(a))；

(2) 各组分对拉乌尔定律发生负偏差，其溶液有最高沸点(见图 2.4.1(c))；

(3) 各组分对拉乌尔定律发生正偏差，其溶液有最低沸点(见图 2.4.1(b))。

第(2)(3) 两类溶液在最高或最低沸点时的气液两相组成相同。加热蒸发的结果只使气相总量增加，气液相组成及溶液沸点保持不变，这时的温度叫恒沸点，相应的组成叫恒沸组成。理论上，第(1) 类混合物可用一般精馏法分离出两种纯物质，第(2)(3) 两类混合物只能分离出一种纯物质和一种恒沸混合物。

为了测定二组分液系的 $T-x$ 图，须在气液相达平衡后，同时测定气相组成、液相组成和溶液沸点。例如在图 2.4.1(a) 中与沸点 t_1 对应的气相组成是气相线 v_1 点对应的 x_B^v，液相组成是液相线上 l_1 点对应的 x_B^l。实验测定整个浓度范围内不同组成溶液的气液相平衡组成和沸点后，就可绘出 $T-x$ 图。

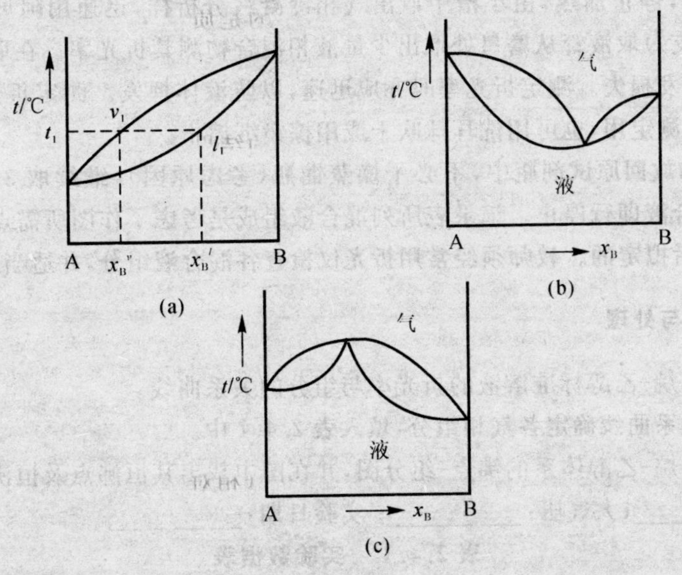

图 2.4.1　二元液系 $T-x$ 图

本实验使用简单蒸馏瓶(见图 2.4.2)，电热丝放在蒸馏瓶内以保持溶液清洁。蒸馏瓶外壁黏上石英砂防止爆沸。蒸馏瓶上的冷凝器使平衡蒸气凝聚在小玻璃槽中，然后从中取样分析气相组成。为此先用折光仪测定已知组成混合物的折光率，作出折光率-组成工作曲线。当测得未知样品的折光率后即可从工作曲线查出其组成。

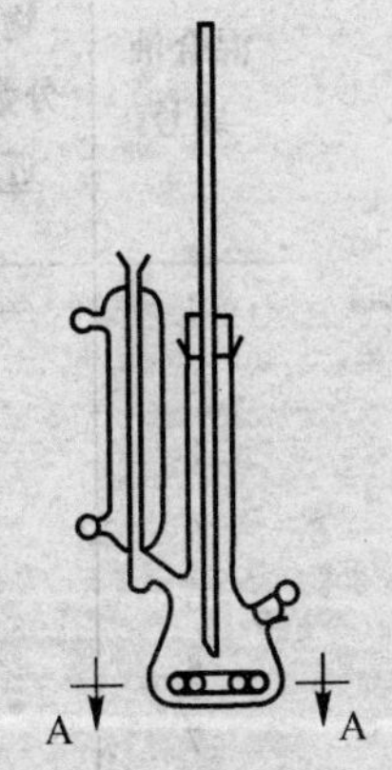

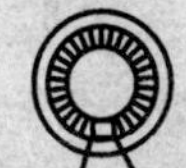

A－A视图

图 2.4.2　蒸馏瓶

三、仪器与试剂

沸点仪 1 个；50 ～ 100℃ 温度计 1 支，阿贝折光计 1 台；可调变压器，50mL 量筒 1 个；长、短取样管各 1 支。环己烷；乙醇；80%，60%，40%，20% 环己烷-乙醇标准混合物；各种组成的环己烷-乙醇混合试验溶液。

四、实验步骤

(1) 用阿贝折光计测定纯环己烷、乙醇及标准混合物的折光率(折光计使用方法见第 4 章)。

(2) 为了使试剂能重复使用，将其配制成由环己烷-乙醇混合液的组成系列。用量筒取记录表所列的 2 号溶液 30mL 放入蒸馏瓶中，盖好瓶塞，温度计水银球刚与液面接触。冷凝器中通自来水，按照规定电压与变压器接通，让溶液沸腾。在环己烷摩尔含量 95% ～ 100% 这一段，沸点随组分的变化很大，还需要在蒸馏瓶中仔细调整液相组成，使沸点在 72 ～ 74℃ 之间至少有一对气液组成点，否则相图很难绘出。调整的方法是：如果沸点过高，则用滴管加入几滴乙醇；如果沸点过低，则从气相冷凝液收集小槽中用长取样管取出冷凝液(因气相乙醇含量高),直到沸点达 72 ~ 74℃ 为止。温度基本恒定后,将长取样管自冷凝管上端插入冷凝液收集小槽中,缓缓捏压橡皮头以搅拌回流混合物,搅拌后取出取样管,使其在不断通气的条件下烤干,放置冷却后,准备取气相冷凝液样,待温度读数恒定、气液平衡到达后,记下沸点温度,停止加热,由小槽中取出气相冷凝液分析样,迅速用阿贝折光计测其折光率。同时用另一支短取液管从磨口处取出少量液相混合物测其折光率。在取样及加入溶液后立即盖好,防止蒸发损失。测定折光率时亦应迅速,以防液体挥发。测定折光率后,将棱镜打开晾干,以备下次测定用,也可用洗耳球吹干或用擦镜纸擦干。

(3) 将混合物放回原试剂瓶中,不必干燥蒸馏瓶(考虑原因),继续取 3 号混合液进行实验。做完 9 号混合液即行停止。记录表所列混合液组成是考虑了作图所需点的合理分布及适当减少实验次数后拟定的。教师须经常用折光仪检查各混合液组分,并适当调整其组分。

五、数据记录与处理

(1) 作出环己烷-乙醇标准溶液的折光率与组分的关系曲线。

(2) 用以上关系曲线确定各气相组分,填入表 2.4.1 中。

(3) 作出环己烷-乙醇体系的沸点-组分图,并在图中找出其恒沸点及恒沸组分。

室温:__________;大气压:__________;实验日期:__________。

表 2.4.1　实验数据表

混合液编号	环己烷的物质的量分数混合液近似组成 %	沸点 /℃	气相冷凝分析		液相分析	
			折光率	环己烷的物质的量分数 /(%)	折光率	环己烷的物质的量分数 /(%)
1	100					
2	97					
3	92					
4	80					
5	60					
6	50					
7	30					
8	15					
9	3					
	0					

六、思考题

(1) 作出环己烷-乙醇标准液的折光率-组分曲线目的是什么?

(2) 每次加入蒸馏瓶中的环己烷或乙醇是否应按记录表精确计量?

(3) 如何判定气-液相已达平衡状态?

(4) 收集气相冷凝液的小槽的大小对实验结果有无影响?

(5) 测得的沸点与标准大气压的沸点是否一致?

(6) 测定纯环己烷和乙醇的沸点时为什么要求蒸馏瓶必须是干燥的，而测定混合液沸点和组成时则可不必将原先附在瓶壁的混合液彻底清理？

七、教学讨论

(1) 为防止蒸气上部瓶壁部分冷凝，蒸馏瓶上部的死空间不宜太大，冷凝器的蒸气口位置不宜太高，蒸馏瓶上部采取保温措施。

(2) 用玻璃套管保护电热丝避免溶液污损，以利于试剂的循环使用。但蒸馏瓶外壁应该黏上玻璃沙，预防液体爆沸。插温度计的软木塞宜用铝箔包裹，以防漏气。

(3) 经验证明，在没有气液提升管的简单蒸馏瓶中，使温度计水银球刚接触液面时所测温度与气液平衡温度接近，温度计插入过深，会测得过热温度；在液面以上，则会测得过冷温度。

八、课余实践

(1) 测定丙酮-氯仿二元系的沸点-组分图。

(2) 改造蒸馏瓶使其与抽气系统连接，在控制外压的条件下进行气液平衡实验测得 7 图，同时计算二组分活度系数及混合超自由焓。

实验五　二组分合金相图

一、实验目的

用热分析法测绘锡-铋合金相图。

二、实验原理

金属的温度-组分图是根据不同组成的合金的冷却曲线求得的，将一种合金或金属熔融后，使其逐渐冷却，每隔一定时间记录一次温度，表示温度与时间的关系曲线称为冷却曲线或步冷曲线。熔融系统在均匀冷却过程中没有相的变化，其将连续均匀下降，得到一条平滑的冷却曲线。如果在冷却过程中发生了相变，则因放出相变热，使热损失有所抵偿，冷却曲线就会出现转折或水平线段，转折点所对应的温度，即为该组成合金的相变温度。对于简单的低共熔二元系统，具有如图 2.5.1 所示的三种形状的冷却曲线。由这些冷却曲线即可绘出合金相图。如果用自动记录仪连续记录系统逐步冷却的温度，则由此做出的温度-时间曲线就是冷却曲线(见图 2.5.2)。

用热分析法测绘相图时，被测系统必须时时处于或接近相平衡状态，因此系统的冷却速度必须足够慢才能得到较好的结果。Sn－Bi 合金相图还不属于简单低共熔类型，当 Sn 的质量分数在 85% 以上时即出现固熔体。因此用本实验的方法还不能作出完整的相图。

三、仪器与试剂

WCY--SJ 程序升降温控制仪，KWL--08 升降温炉(见第 4 章 4.15，4.16)。

试样管 5 个(玻璃或不锈钢)，纯锡，纯铋，松香或石墨。

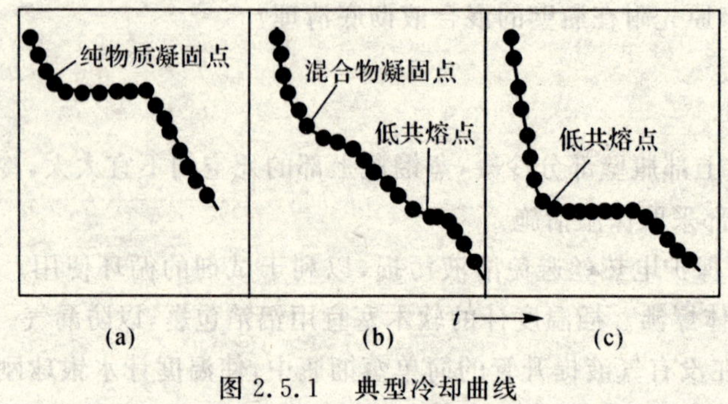

图 2.5.1　典型冷却曲线

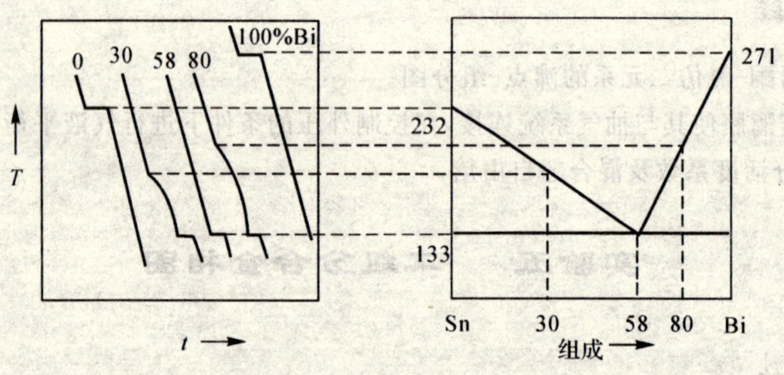

图 2.5.2　合金冷却曲线及相图

四、实验步骤

(1) 配制样品：用精度为0.1 g的台秤分别配制含铋量为0%，30%，58%，80%，100%的锡铋混合物各100 g，分别放入5个试管中，用松香或石墨覆盖防止氧化。

(2) 组装仪器并仔细阅读仪器说明书，对照仪器进行试操作，熟悉仪器的性能及注意事项。

(3) 将装入样品的试样管放入KWL—08升降温炉中加热，插上热电偶。插上电源，设定记录温度的时间间隔为30 s。

(4) 设定温度95℃(温度设定一般不能超过200℃，由于KWL—08升降温电炉的功率比较大，如果温度设定过高结果就会造成降温速度慢，增加实验时间或造成仪器超过测量极限，损坏仪器)。当显示温度为95℃时，立即停止加热，此时炉内温度会继续升高，待升温到300℃左右，取出摇匀试管中的混合物，再插入炉中自然冷却(如不能升至300℃，可继续加热片刻)。

(5) 从300℃开始记录降温数据，每30s记录一次，到115℃为止。

(6) WCY—SJ程序升降温控制仪的显示温度不是严格意义温度，要准确测量温度，应对仪器进行校对。

五、数据记录与处理

用 Excel,Matlab 或 Origin 处理数据,并绘制冷却曲线及 Sn - Bi 二组分合金相图。数据记录见表 2.5.1。

室温:＿＿＿＿＿;大气压:＿＿＿＿＿;实验日期:＿＿＿＿＿。

表 2.5.1　实验数据表

0 %		30%		58 %		80%		100 %	
T	*t*	*T*	*t*	*T*	*t*	*T*	*t*	*T*	*t*

六、思考题

(1) 金属熔融体冷却时冷却曲线上为什么会出现转折点?纯金属、低共熔金属及合金等的转折点各有几个?曲线形状为何不同?

(2) 热电偶测量温度的原理是什么?为什么要保持冷端温度恒定?如何保持恒定?

(3) 如果合金组成进入固熔体区(相图含 Sn85% 以上),步冷曲线是什么形状?

七、教学讨论

(1) 从状态图可以看出各成分合金的结晶过程,它在各个温度下所处的状态,以及冷却后所得到的结构。根据状态图还可对合金的性质进行分析。

(2) 用自动记录仪记录冷却曲线效果很好,关键是要控制好冷却速度。每次熔化后要将合金搅拌均匀。要防止合金氧化变质。

八、课余实践

选用多个合金组成进行实验,按截面三角形作出 Bi - Sn 合金相图(见图 2.5.3)。方法是准确量出各冷却曲线的低共熔平台长度,从相图的低共熔水平线上各组成点垂直向下量出其长度,连接长度线顶点所成直线与低共熔水平线相交,交点即为共熔体极限浓度。两直线交点即为低共熔点。

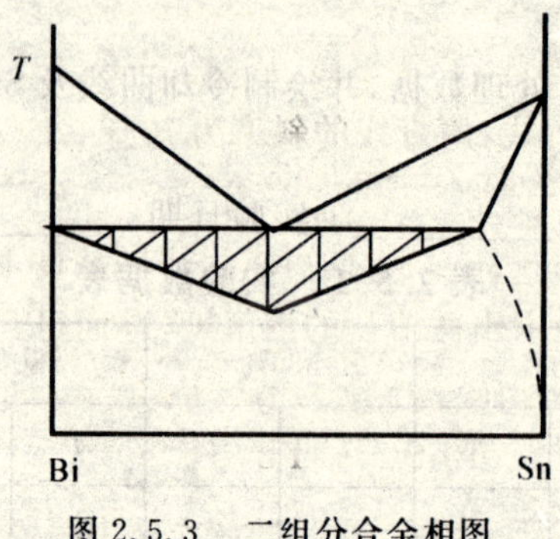

图 2.5.3　二组分合金相图

实验六　电导的测定与应用

一、实验目的

(1) 了解溶液电导、电导率的基本概念，学会电导(率)仪的使用方法。

(2) 掌握电导法测量弱电解质电离度及电离常数的基本原理。

(3) 测定 CH_3COOH 的电离常数和 $PbSO_4$ 的溶度积。

二、实验原理

将电解质溶液注入电导池内，溶液电导 G 的大小与两电极之间的距离 l 成反比，与电极的面积 A 成正比：

$$G=\kappa A/l \tag{2.8}$$

式中，l/A 为电导池常数，以 K_{cell} 表示；κ 为电导率。其物理意义：在两个平行且相距 1 m，面积均为 1 m^2 的电极间，电解质溶液的电导称为该溶液的电导率，其单位以 $S\cdot m^{-1}$ 表示。

由于电极的 l 和 A 不易精确测量，因此实验中用一种已知电导率值的溶液，先求出电导池常数 K_{cell}，然后把待测溶液注入该电导池测出其电导值，再根据式(2.8)求出其电导率。

溶液的摩尔电导率是指把含有 1 mol 电解质的溶液置于相距为 1 m 的两平行板电极之间的电导。以 Λ_m 表示，其单位为 $S\cdot m^2\cdot mol^{-1}$。

摩尔电导率与电导率的关系：

$$\Lambda_m=\kappa/c \tag{2.9}$$

式中：c 为该溶液的浓度，其单位为 $mol\cdot m^{-3}$。

AB 型弱电解质(如 HAc)在溶液里电离达到平衡时，电离常数 K_c 与浓度 c，电离度 α 之间的关系为

$$HAc=H^+ + Ac^-$$

$$K_c=c\alpha^2/(1-\alpha)$$

当 T 一定时，K_c 一般为常数，因此，在确定了 c 后，可通过电解质 α 的测定求得 K_c。而 α 电离度等于浓度 c 时的摩尔电导率 Λ_m 与溶液无限稀释的摩尔电导率之比，即

$$\alpha = \Lambda_m / \Lambda_m^{\infty} \tag{2.10}$$

代入整理得到

$$c\Lambda_m = K_c\,(\Lambda_m^{\infty})^2/\Lambda_m - K_c\Lambda_m^{\infty} \tag{2.11}$$

以 $c\Lambda_m$ 对 $1/\Lambda_m$ 作图得一直线，该直线的斜率为 $K_c \cdot (\Lambda_m^{\infty})^2$，截距为 $-K_c\Lambda_m^{\infty}$，由此可求得 K_c 和 Λ_m^{∞}。

又 $\Lambda_m = \kappa/c$，而 $\kappa_{HAc} = \kappa_{溶液} - \kappa_{H_2O}$，由此可求得不同浓度下的 Λ_m。

另外，利用电导法能方便地求出微溶盐的溶解度，进而得到其溶度积值。

$PbSO_4$ 的溶解平衡可表示为

$$PbSO_4 = Pb^{2+} + SO_4^{2-}$$

$$K_{sp} = c_{Pb^{2+}} \cdot c_{SO_4{}^{2-}} = c^2 \tag{2.12}$$

$PbSO_4$ 的溶解度很小，饱和溶液的浓度极稀，所以 $PbSO_4$ 的电导率必须减去水的电导率，即

$$\kappa_{PbSO_4} = \kappa_{溶液} - \kappa_{H_2O} \tag{2.13}$$

$$\Lambda_{mPbSO_4}^{\infty} = \frac{\kappa_{PbSO_4}}{c} \tag{2.14}$$

这样，可由测得的微溶盐饱和溶液的电导率利用式(2.13) 求出 κ_{PbSO_4}，再利用式(2.14) 求出溶解度，最后求出 K_{sp}。

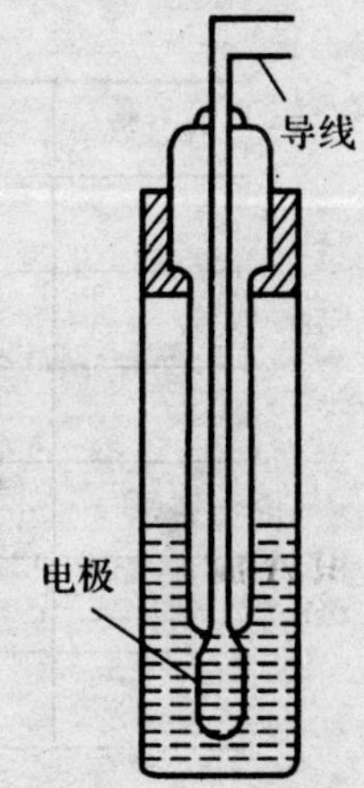

图 2.6.1　电导池

三、仪器与试剂

DDS－11A 型电导率仪；恒温槽 1 套；电导电极 1 只；电导池：可以采用商品电极，自己配套组成如图 2.6.1 所示的电导池，用支架固定于恒温槽中。25mL 碱式滴定管 1 支；250mL 锥形瓶 3 个；容量瓶(100mL，5 支)；100mL 烧杯 2 个；5，10，25mL 移液管各 1 支。

KCl(0.01mol・L^{-1})；HAc(0.1 mol・L^{-1})；$PbSO_4$(A. R.)。

四、实验步骤

1. 测定电导水的电导(率)

用电导水洗涤电导池和铂黑电极 2～3 次，然后注入电导水，25℃ 恒温后测其电导率值，重复测定三次。

2. 测定电导池常数 K_{cell}

倾去电导池中蒸馏水。将电导池和铂黑电极用少量的 0.01 mol・L^{-1}KCl 溶液洗涤 2～3 次后，装入 0.01 mol・L^{-1}KCl 溶液，25℃ 恒温后，用电导仪测其电导，重复测定三次。

3. 测定 HAc 溶液的电导(率)

配制乙酸标准溶液。用 25 mL 移液管移取 HAc 溶液于锥形瓶，加入 2～3 滴酚酞指示剂，用标准 NaOH 溶液滴定出现微红色，约半分钟不褪色为好，重复测定三次，计算 HAc 的浓度。

测定 HAc 溶液的电导率。用移液管向干燥洁净的 100 mL 烧杯中加入 25 mL 已经标定的 HAc 溶液，25℃ 恒温后，测其电导率值。再从上述烧杯中吸出 25 mLHAc 溶液弃去(注意不黏带出溶液)，并补充 25 mL 电导水，搅拌，测其电导率。如此再稀释三次，共测出六种不同

浓度的电导率。

4. 测定 $PbSO_4$ 溶液的电导率

将约 1 g 固体 $PbSO_4$ 放入 250 mL 锥形瓶中，加入约 100 mL 电导水，摇动并加热至沸。倒掉清液，以除去 $PbSO_4$ 所含之可溶性杂质。同法重复两次。再加入约 100 mL 电导水，加热至沸使之充分溶解，然后放在 25℃ 恒温槽中，恒温 20 min 使固体沉到瓶底后，将上层溶液倒入一个干燥的锥形瓶中，恒温后测其电导三次求平均值。下层固体 $PbSO_4$ 再加入 100 mL 电导水，重复以上操作，直到数据一致为止。

五、数据记录与处理

大气压：__________；　　　　　　　　室温：__________；

实验温度：__________。

(1) 电导池常数测定。

KCl 溶液浓度：__________；　　　　KCl 溶液电导率：__________。

(2) 电导水的电导率测定。

(3) HAc 标准溶液浓度：__________。将测得的数据填入表 2.6.1 中。

表 2.6.1　HAc 溶液的电导(率)

次 数	R_1	R_2	R_3	R_x	$\bar{R}_x$	溶液电导率 κ_{HAc}

(4) $PbSO_4$ 溶解度的测定，将测得的数据填入表 2.6.2 中。

表 2.6.2　$PbSO_4$ 溶解度的测定

次 数	R_1	R_2	R_3	R_x	$\bar{R}_x$	溶液电导率 κ_{PbSO_4}

(5) 绘制 CH_3COOH 的 $c\Lambda_m - 1/\Lambda_m$ 关系图，计算 CH_3COOH 的 K_c。计算 $PbSO_4$

的 K_{sp}。

附：(1) 水的处理。

电导水：蒸馏水是不良导体。但由于溶有杂质，如二氧化碳和被水从器壁以及空气和灰尘中沾染的痕量的可溶性固体物质。它的电导显现得很大，影响电导的测量，因而须对蒸馏水进行处理。

处理的方法是，将蒸馏水中加入少量高锰酸钾，利用硬质玻璃烧瓶进行蒸馏。本实验要求达到水的电导率为 $1\times10^{-6}\,S\cdot cm^{-1}$ 即可。

(2)25℃ 下 10.0 $mol\cdot m^{-3}$ KCl 溶液的电导率为 0.140 83 $S\cdot m^{-1}$。

六、思考题

(1) 什么叫溶液的电导、电导率、摩尔电导率和无限稀释摩尔电导率？

(2) 为什么要测定电导池常数？

(3) 测定溶液电导为什么要恒温？

七、教学讨论

电导与温度有关，通常温度升高 1℃，电导平均增加 1.9%，即

$$G_t = G_{25}\left[1+\frac{1.3}{100}(t-25)\right]$$

八、课余实践

(1) 电导法测定 $CaCO_3$ 的溶度积。

(2) 测定一氯醋酸和二氯醋酸的解离常数，并与醋酸的结果相比较，解释它们之间差异较大的原因。

实验七　离子强度对溶解度的影响

一、实验目的

(1) 测定醋酸银在不同离子强度的水溶液中的溶解度；

(2) 计算醋酸银水溶液银离子和醋酸根离子的活度积以及银离子、醋酸根离子的平均活度因子。

二、实验原理

恒温下，一种盐在水中的溶解度受到盐溶液中存在的另外一些电解质的影响。这种影响基于同离子效应、组成盐的某种离子参加化学反应以及所存在的惰性电解质改变了溶液的离子强度和离子活度因子等。本实验只研究后一种情况。在一定温度、压力下，过量醋酸银在水中的电离平衡用下式表示：

$$AgAc(s) = Ag^+ + Ac^- \tag{2.15}$$

然而，溶液中的醋酸银不仅只有 Ag^+ 和 Ac^- 形式存在，同时还可以未电离的 AgAc 分子和

$[AgAc]^-$ 等配离子形式存在。由于配离子浓度很小,忽略不计。可只考虑未电离的 AgAc 分子、Ag^+、Ac^- 三种形式。

固体 AgAc 与溶液中未电离的 AgAc 分子间的状态变化用方程式表示:

$$AgAc(s) = AgAc(\text{水溶液中未电离的分子}) \tag{2.16}$$

已知在 25℃,$1.013\,25\times10^5$ Pa 压力下,式(2.16)的状态变化的浓度平衡常数:

$$K_c = 1.05\times10^{-2}\ \text{mol}^{-1} \tag{2.17}$$

在恒温恒压下,式(2.15)中 Ag^+ 和 Ac^- 的活度积:

$$K_a = a_{Ag^+}a_{Ac^-} \tag{2.18}$$

式中:a_{Ag^+},a_{Ac^-}——Ag^+,Ac^- 的活度。

离子活度与离子浓度间的关系为

$$a_{Ag^+} = \gamma_{Ag^+}c_{Ag^+}/c^{\ominus},\quad a_{Ac^-} = \gamma_{Ac^-}c_{Ac^-}/c^{\ominus} \tag{2.19}$$

式中:γ_{Ag^+},γ_{Ac^-}——Ag^+,Ac^- 的活度因子;

c_{Ag^+},c_{Ac^-}——Ag^+,Ac^- 的物质的量浓度;

$c^{\ominus}$——标准物质量浓度,$c^{\ominus}=1\ \text{mol}\cdot\text{L}^{-1}$。

于是

$$\begin{aligned} K_a &= \{\gamma_{Ag^+}\cdot c_{Ag^+}/c^{\ominus}\}\cdot a_{AC^-}\gamma_{Ac^-}\cdot c_{Ac^-}/c^{\ominus} = \\ &\gamma^2\pm\{c_{Ag^+}/c^{\ominus}\}\cdot c_{Ac^-}/c^{\ominus} = \\ &\gamma^2\pm(c/c^{\ominus})^2 \end{aligned} \tag{2.20}$$

式中:$\gamma_\pm$——溶液中 Ag^+ 和 Ac^- 的平均活度因子;

c——以物质的量浓度表示的 AgAc 的溶解度。

德拜-休克尔极限定律指出,在低离子强度和中等离子强度时,离子 i 的活度因子 γ_i 由下式计算:

$$\ln\gamma_i = -Z_i^2\frac{A\sqrt{I}}{1+B\sqrt{I}} \tag{2.21}$$

式中:Z_i——离子 i 电荷常数;

A——常数,可以理论上计算,它与温度和溶剂特性有关,在 25℃ 的水溶液中 $A=1.170\,9$;

B——常数,与离子直径及相反离子直径有关。

离子强度 I 用下式计算:

$$I = \frac{1}{2}\sum c_iZ_i^2 \tag{2.22}$$

式中:c_i——离子 i 的物质的量浓度。

离子平均活度因子由下式计算:

$$\ln\gamma_\pm = -|Z_+Z_-|\frac{A\sqrt{I}}{1+B\sqrt{I}} \tag{2.23}$$

式中:Z_+,Z_- 分别为正离子和负离子的电荷数。在 25℃,AgAc 饱和溶液的组成用物质的量表示时 B 值为 1.25。将式(2.23)代入式(2.20),Z_{Ag^+},Z_{Ac^-} 取 1 并对等式取对数,得:

$$\begin{aligned} \ln K_a &= 2\ln\gamma_\pm + 2\ln|c| \\ \ln\{c\} &= \frac{1}{2}\ln K_a + \frac{A\sqrt{I}}{1+B\sqrt{I}} \end{aligned} \tag{2.24}$$

从式(2.24)看出,以 $\ln\{c\}$ 对 $A\sqrt{I}/(1+B\sqrt{I})$ 作图得到一条直线,直线的斜率等于 1,截

距为$\frac{1}{2}\ln K_a$。已知 K_a 和 c，根据式(2.20) 计算不同浓度 AgAc 溶液中离子的平均活度因子 $\gamma_{\pm}$。

三、仪器与试剂及材料

恒温槽一套，普通温度计(0 ～ 50℃)1 支，磨口锥形瓶(100 mL)5 个、磨口锥形瓶(250 mL)2 个，烧杯(800 mL)1 个，容量瓶(100 mL)3 个，酸式滴定管一支，量筒(100,20,10 mL) 各 1 支；电炉(公用)，脱脂棉，乳胶管。醋酸银(化学纯)，$NaNO_3$ 溶液(浓度为 0.500 0 $mol \cdot L^{-1}$)，HNO_3(6 $mol \cdot L^{-1}$)，KSCN(0.100 0 $mol \cdot L^{-1}$)，硫酸铁铵(0.1 $mol \cdot L^{-1}$)。

四、方法与步骤

(1) 用 1 $mol \cdot L^{-1}$ $NaNO_3$ 溶液分别稀释配置 0.200 0 $mol \cdot L^{-1}$

(2) 取 5 个洁净、干燥的磨口锥形瓶，每个瓶放入约 1.0 gAgAc。

(3) 将上面装有 AgAc 的 5 个锥形瓶中分别装入浓度为 0.500 0,0.200 0,0.100 0,0.050 0 $mol \cdot L^{-1}$ 的 $NaNO_3$ 溶液和 H_2O 各 60 mL。

(4) 将磨口锥形瓶置于盛有热水的大烧杯内，热水的温度高于 55℃ 盖上磨口塞，摇动 2 min，然后将磨口锥形瓶置于 25 ℃ 恒温槽内，每隔 5min 摇动一次，1h 后溶解达到平衡。

(5) 平衡后将磨口锥形瓶放置 5 ～ 10 min，使固体沉淀下来，然后用移液管从每个磨口锥形瓶内分别取 2 份 15 mL 溶液，放入 250 mL 锥形瓶内。锥形瓶内事先加入 10 mL 蒸馏水、3 mL 浓度为 6 $mol \cdot L^{-1}$ 的 HNO_3。

用移液管取样品时，为了不使固体 AgAc 吸入管内，在移液管下端套上乳胶管，管内放有脱脂棉。调节移液管中液位时，先把乳胶管取下，

(6) 用浓度为 0.100 0 $mol \cdot L^{-1}$ KSCN 溶液滴定 AgAc 溶液。以 1 mL 浓度为 0.1 $mol \cdot L^{-1}$ 的硫酸铁铵作指示剂，滴定至出现淡红棕色，摇动后不消失时为终点。

五、数据记录与处理

(1) 列出原始数据。

(2) 由滴定结果计算 AgAc 溶解度(溶液中所有 Ag^+ 的浓度)。

(3) 用 AgAc 溶解度及 K_c 值计算溶解平衡时 Ag^+ 或 Ac^- 的活度积 K_a。

(4) 计算每个溶液的离子强度。

(5) 以 $\ln|c|$ 对 $A\sqrt{I}/(1+B\sqrt{I})$ 作图，求出 Ag^+ 或 Ac^- 的活度积 K_a。

(6) 利用式(2.20) 计算每个溶液的离子平均活度因子。

(7) 将式(2.20) 计算的平均活度因子与用式(2.23) 计算的平均活度因子作比较。

六、思考题

(1) 难溶电解质的活度积及平均活度因子受哪些因素的影响?

(2) 溶液中的 $NaNO_3$ 对 AgAc 的活度积及平均活度因子有何影响?

(3) 用滴定法滴定溶液中银的浓度时，若所取溶液中混入了固体 AgAc，将产生什么影响?

七、教学讨论

恒温下，一种盐在水中的溶解度受到盐溶液中存在的另外一些电解质的影响。高价离子的活度系数受离子强度的影响较大，构晶离子的电荷越高，对溶解度的影响越大。讨论同离子效应、盐效应、酸效应等对溶解度的影响。

八、课余实践

在石油天然气开发中，硫酸钙沉积是一个带普遍性的问题，直接影响正常的生产和产收率。制定方案，选择合适的指示剂，测定硫酸钙在盐酸和氯化钠水溶液的溶解度。

实验八　氢氟酸电离常数的测定

一、实验目的

(1) 使用氟电极、玻璃电极测定氢氟酸电离常数。

(2) 掌握 PH—2 型酸度计的使用方法。

二、实验原理

氟电极是近来发展起来的有效的离子选择电极之一，它能测定溶液中微量的 F^- 浓度。氟电极与甘汞电极组成下列两种电池：

电池 a：氟电极｜F_r^- 溶液｜饱和甘汞电极

电池 b：氟电极｜F^-，H^+ 溶液｜饱和甘汞电极

在电池 a 的溶液中，氟化钠 NaF 的浓度约为 2×10^{-3} mol·L^{-1}，在这样稀的中性溶液中，可认为 NaF 离解完全，这时测得对应于总氟浓度 c_{F_r} 等于氟离子浓度 $c_{F_r^-}$ 的电池电动势 E_1。如在相同总氟浓度的溶液中加酸（电池 b 的情况），则由于 HF 的生成而降低了游离氟离子的浓度，这时测得对应于降低了的游离氟浓度 a_{F^-} 的电池电动势 E_2。

当温度一定时，上述两电池电动势的计算式如下：

$$E_1=\varphi_{甘汞}-\left(\varphi_0-\frac{RT}{F}\ln a_{F_r^-}\right)=常数+S\lg a_{F_r^-} \tag{2.25}$$

$$E_2=\varphi_{甘汞}-\left(\varphi_0-\frac{RT}{F}\ln a_{F^-}\right)=+S\lg a_{F^-} \tag{2.26}$$

式中：$S=2.303RT/F$，称为氟电极的应答系数。而 φ_0 对一给定的氟离子选择电极是一个常数。

由式(2.25)减式(2.26)得

$$\frac{E_1-E_2}{S}=\lg\frac{a_{F_r^-}}{a_{F^-}}=\lg\frac{c_{F_r^-}}{c_{F^-}} \tag{2.27}$$

在加酸后的氟溶液中存在下列平衡：

$$HF \rightleftharpoons H^+ + F^-$$

$$K_a=\frac{a_{H^+}a_{F^-}}{a_{HF}} \tag{2.28}$$

即

$$\frac{a_{HF}}{a_{F^-}}=\frac{a_{H^+}}{K_a}$$

两端取对数

$$\lg\frac{a_{HF}}{a_{F^-}}=\lg a_{H^+}-\lg K_a$$

即

$$\lg\frac{a_{HF}}{a_{F^-}}=-\text{pH}-\lg K_a \tag{2.29}$$

在上述溶液中氟的总浓度 $c_{F_T}=c_{F_T^-}=2\times10^{-3}\text{ mol}\cdot\text{L}^{-1}$。在稀的溶液中，$\gamma_{HF}=\gamma_{F^-}=1$ 即 $a_{HF}=c_{HF}/c$，$a_{F^-}=c_{F^-}/c$，于是式(2.29)可写成

$$\lg\frac{c_{HF}}{c_{F^-}}=-\text{pH}-\lg K_a \tag{2.30}$$

在酸性溶液中总氟浓度 $c_{F_T}=c_{HF}+c_{F^-}$，而 c_{F^-} 很小，所以 $c_{HF}=c_{F_T}$，即可用氟的总浓度近似代替 $c(\text{HF})$，于是式(2.30)变为

$$\lg\frac{c_{F_T}}{c_{F^-}}=-\text{pH}-\lg K_a$$

将上式与式(2.27)之比，得

$$E_2-E_1=S\text{pH}+S\lg K_a \tag{2.31}$$

式中：E_1—— 溶液未加酸时电池 a 的电动势；

E_2— 溶液加酸后电池 b 的电动势。

因此在不加酸时测得 E_1，然后测得加酸后在不同酸度下的 E_2 及 pH，以(E_2-E_1)为纵坐标，pH 为横坐标图，所得直线在纵轴上的截距即为 lg K_a。图 2.8.1 为氟离子选择电极的结构示意图。

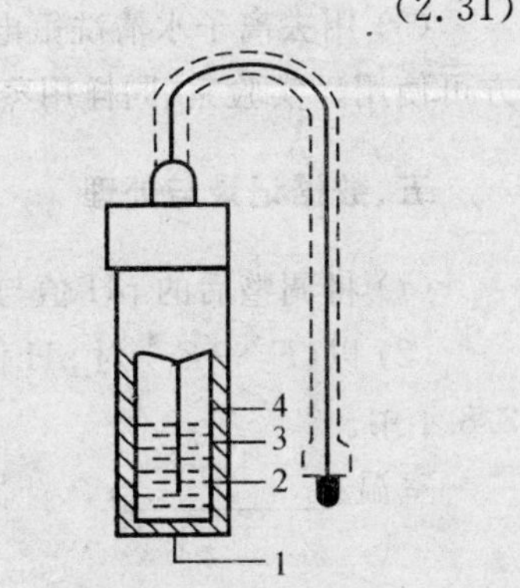

图 2.8.1　氟离子选择电极

1—LaF_3 单晶膜；2— 氯化银电极；3— 内充液；4— 聚四氟乙烯管

由氟化镧晶体组成的离子交换膜，对氟离子具有高的选择性。但当溶液的 pH 值过高时 OH^- 会干扰；pH 值过低时，又会形成 HF 而降低氟离子浓度，因此在作氟含量分析时须保持合适的酸度。

由于氟电极不受氢离子干扰，对 HF 无影响，因而能在酸性溶液中测定游离的氟离子浓度，这就为电动势法测定氢氟酸电离常数创造了条件。

三、仪器与试剂

ZD—2 型自动滴定计 1 台；氟离子选择电极 1 支；玻璃电极 1 支；262 型饱和甘汞电极 1 支；电磁搅拌器 1 台；50 mL 塑料烧杯 8 个；10 mL 和 50 mL 量筒各 1 只；5 mL 移液管 1 支；10 mL 移液管 3 支；100 mL 容量瓶 4 个；60 mL 滴瓶 2 个；吸耳球 1 个；镊子 1 把；滤纸片少许；氟化钠(分析纯)；

2 mol・L^{-1} HCl 溶液；0.5 mol・L^{-1} KCl 溶液；0.2 mol・L^{-1} HCl 溶液；pH＝4.0 的邻苯二甲酸氢钾的标准缓冲溶液。

四、实验步骤

1. NaF 储备液的配置

准确称量已烘干的分析纯氟化钠 0.042 0 g,加蒸馏水于 100 mL 容量瓶中,即得浓度为 0.01 mol·L^{-1} 的溶液,于塑料瓶中保存。

2. 待测溶液的配置

按记录表格规定配置各种溶液约 50 mL。

3. 调整溶液的 pH 值

用 pH=4.0 的邻苯二甲酸氢(0.05 mol·L^{-1})标准缓冲溶液作定位液调整 pH 计。pH 计调好后,按编号由小到大逐个在电磁搅拌下用小滴管逐滴向已装有待测溶液的烧杯中滴加盐酸溶液。同时观察其 pH 值,直到设定的 pH 值为止。调好后记下实测 pH 值。

4. 测定电池电动势

用氟电极取代玻璃电极,按编号由小到大逐个测定电池的电动势(mV)。

附:(1) 每次加酸调 pH 值时,加酸后应先搅均匀再插入电极,不能把酸滴在电极上。

(2) 氟离子选择电极及玻璃电极使用之前分别在 1×10^{-3} mol·L^{-1}NaF 溶液和水中浸泡1～2 h。

(3) 用去离子水清洗氟电极到空白电位,即洗至氟电极在去离子水中的电位约为 30 mV 方可使用。实验完,同样用蒸馏水将电极洗涤至 30 mV 后才可存放。

五、数据记录与处理

(1) 将调整后的 pH 值与测得的电动势填入表中。

(2) 以(E_2-E_1) 对 pH 作图,由所得直线的斜率和截距求 K_a。将测得计算的数据填入表 2.8.1 中。

室温:________;　　大气压:________。

表 2.8.1　实验数据表

溶液编号	1	2	3	4	5	6	7
设定 pH 值	—	3.0	2.6	2.2	1.8	1.4	1.0
0.1 mol·L^{-1}NaF 体积 /mL	10	10	10	10	10	10	10
0.5 mol·L^{-1}KCl 体积 /mL	30	约 29	约 29	约 29	约 29	约 28	约 25
调 PH 值用 2 mol·L^{-1} HCl 体积 /mL	—	约 0.5	约 1	约 0.2	约 0.5	约 1.5	约 4
调整后测的 pH 值							
调整后测得电动势 (E_2-E_1)/mV							

附:电极资料。

除了本实验所用的氟电极外,还有其他许多离子选择性电极。

(1) 玻璃电极。玻璃电极与甘汞电极组成的电池用来测量 pH 值,它是对 H^+ 有选择性的电极。

目前还制成了 Na^+,K^+,NH_4^+,Ag^+,Ti^+,Li^+,Pb^+,Cs^+ 等各种一价阳离子的选择性电极。这些电极的外观与制法均相似,其选择性来自玻璃的组成不同。

(2) 难溶盐固态膜电极。

1) 单晶膜电极。电极膜由难溶盐的单晶制成,如氟电极。

2) 多晶压片膜电极。将难溶盐的沉淀粉末在高压下压成致密的薄片,封接在玻璃管的一端制成。如 Ag_2S 电极以及用卤化银沉淀制成对 Cl^-,Br^-,I^- 等选择性电极。

3) 沉淀膜电极。将活性物质难溶盐沉淀,以极细的粉末均匀地分布在某种惰性材料中,例如 pungor 型电极用硅橡胶为惰性基体制成卤素离子 S^{2-},Cu^{2+},Pb^{2+} 等电极。

4) 液体离子交换膜电极。用浸有液体离子交换剂的惰性多孔膜作为电极膜。例如二烷基磷酸钙为交换剂的钙电极,它对 Na^+,K^+ 有很高的选择性。

5) 中性载体膜电极。带有未共享电子对的中性有机分子。例如缬氨霉素为络合分子的 K^+ 电极。以上介绍的离子选择性电极都采用直接电位法测量,方法简便。为了测出各离子的浓度,在作标准曲线时要使溶液的实验条件尽量前后一样,以保持活度系数基本一致。

离子选择性电极主要用于测定水溶液中离子的浓度。近年来还发展了用气敏电极测量溶解在水中的一些气体如 O_2,NH_3,SO_2,HF,CO_2,SO_2,NO_2,H_2S,Cl_2 等。气敏电极是将电化学传感器与气体扩散膜联用,如二氧化碳气敏电极等,通常是将电极插入待测溶液中,直接从电位变化来测量溶解在溶液中的 CO_2 的浓度。

氢氟酸的电离常数在 25℃ 时的文献标准值为 $K_a = 3.53 \times 10^{-4}$。

六、思考题讨论

(1) 调 pH 值或测定各电池的电动势,为什么编号要由小到大地进行?

(2) 氟离子选择电极及玻璃电极使用之前分别在 NaF 溶液和水中浸泡的目的是什么?

七、教学讨论

(1) 为什么在不加酸的中性稀溶液中可以假设总的氟浓度与氟离子浓度相等?

(2) 本实验的数据处理作了哪些假定?这些假定在什么条件下才合理?

八、课余实践

用酸度计测醋酸的电离度和电离常数。

实验九 乙酸乙酯皂化反应速率常数的测定

一、实验目的

电导法测定皂化反应进程中的电导变化,从而计算出反应速率常数。

二、实验原理

乙酸乙酯皂化反应是一个典型的二级反应：

$$CH_3COOC_2H_5 + OH^- \rightarrow CH_3COO^- + C_2H_5OH$$

其反应速率用下式表示：

$$\frac{dx}{dt} = k(a-x)(b-x) \tag{2.32}$$

式中：a，b——分别表示两反应的初始浓度；

x——经过时间 t 后减少了的反应物的浓度；

k——反应速率常数。

将式(2.32)积分得到：

$$k = \frac{2.303}{t(a-b)} \lg \frac{b(a-x)}{a(b-x)} \tag{2.33}$$

但当初始浓度相同，即 $a=b$ 时，式(2.32)积分就得到下式：

$$k = \frac{1}{ta} \frac{x}{(a-x)} \tag{2.34}$$

随着化学反应的进行，溶液中导电能力强 OH^- 离子逐渐被导电能力弱的 CH_3COO^- 离子所取代，而 $CH_3COOC_2H_5$ 和 C_2H_5OH 不具明显的导电性，溶液电导逐渐减少，故可通过反映体系电导的变化来量度反应进程。

实际上，溶液的电导是反应物 NaOH 与产物 NaAc 两种电解质的贡献：

$$L_t = L_{NaOH}(a-x) + L_{NaAc}x \tag{2.35}$$

式中：L_t——t 时刻溶液的电导；

L_{NaOH}，L_{NaAc}——分别为两电解质的电导与浓度关系的比例常数(在稀溶液中可认为电导与浓度成正比)。

反应开始时溶液电导全由 NaOH 贡献，反应完全后则由 NaAc 贡献，因此

$$L_0 = L_{NaOH}a \tag{2.36}$$

$$L_\infty = L_{NaAc}a \tag{2.37}$$

式(2.35)—式(2.37)得

$$L_t - L_\infty = (L_{NaOH} - L_{NaAc})(a-x) \tag{2.38}$$

式(2.36)—式(2.35)得

$$L_0 - L_t = (L_{NaOH} - L_{NaAc})x \tag{2.39}$$

$\frac{\text{式(2.38)}}{\text{式(2.39)}}$ 代入式(2.34)，得

$$k = \frac{1}{ta} \frac{L_0 - L_t}{L_t - L_\infty}$$

移项写成

$$L_t = \frac{1}{kta}(L_0 - L_t) + L_\infty \tag{2.40}$$

以 L_t $\frac{L_0 - L_t}{t}$ 作图可得一直线，其斜率等于$\frac{1}{ka}$。由此可求得反应速率常数 k。

因此，只须得到 L_0 以及 L_t 与 t 的关系曲线就可计算出 k。当把电导仪的输出与记录仪连

接时，可自动记录电导的变化，这时记录纸上的峰高将与电导成正比。因此用峰高代替电导代入式(2.40)，同样可求得 k 值。

在获得 L_0 的方法中，以曲线外推法最为简单直观。将电导与时间的关系曲线外推到零时刻，再由坐标轴上读出这时的电导即为 L_0。但人工外推有较大的任意性，须多次尝试才能使 $L_t - \frac{L_0 - L_t}{t}$ 获得满意的直线关系。

三、仪器与试剂

DDS－11A 型电导仪 1 部；混合反应器(人字形管)1 个(见图 2.9.1)；100 mL 磨口锥形瓶 4 个；20 mL 移液管 2 支；100 mL 容量瓶 1 个；1 mL 刻度移液管 1 支；0.100 mol · L^{-1} NaOH 标准溶液；乙酸乙酯；恒温槽。

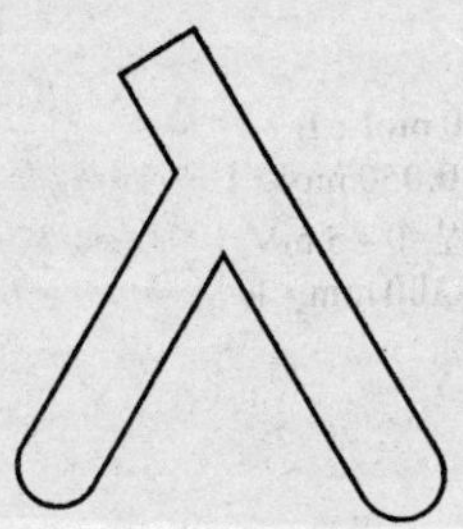

图 2.9.1　混合反应器

四、实验步骤

(1) 先按乙酸乙酯的密度及摩尔质量计算配制 0.100 mol · L^{-1} 乙酸乙酯 100 mL 所需化学纯乙酸乙酯的体积。于 100 mL 容量瓶中装满 2/3 容积的蒸馏水，然后 用1 mL 刻度移液管从乙酸乙酯小滴瓶移取所需乙酸乙酯滴入容量瓶中，加水至刻度，混合均匀。

(2) 假定乙酸乙酯的电导与氢氧化钠相比可被忽略，因而反应开始时溶液的电导与相应浓度的氢氧化钠溶液差不多。为此用移液管取 20 mL 的 0.100 mol · L^{-1} NaOH 溶液稀释一倍，把 DJS—1 型光亮电极插于其中。接通电源，调整电导仪，测量三次电导，取平均值即为 L_0。(电导仪的调整与测量见电导仪使用说明)。

(3) 在干净混合反应器中，取 20 mL 0.100 mol · L^{-1}NaOH 溶液于 a 池，加 20 mL 0.100 mol · $L^{-1}$$CH_3COOC_2H_5$ 于 b 池(也可用两个 100 mL 磨口锥形瓶)。整个过程置 25℃ 的恒温槽中测量。等约 20 min 恒温后，将其混合并迅速插入电极，开始记录数据。由于反应速率是由快变慢，开始读数在 2 min 内，每 15 s 读数一次，共读 8 次；其后在 4 min 内，每 30 s 读数一次，共 8 次；其后每 2 min 读数一次，2 次后，每隔 3 min 记录一次，20 min 后停止实验。

五、数据记录与处理

(1) 根据实验数据作曲线，外推法至起始混合的时间求得 L_0 值(见图 2.9.2)，各实验数据记录在表 2.9.1 中。

室温：__________；大气压：__________；实验日期：__________。

实验温度：______；乙酸乙酯用量：______；$\overline{L_0}$：______。

表 2.9.1　在不同反应时间的电导率值

时间 t/min	0.25	0.5	0.75	1	1.25	1.5	1.75	2	2.5	3	3.5	4
$L_t/(\mu S\cdot cm^{-1})$												
$(L_0-L_t)/t$												
时间 t/min	4.5	5	5.5	6	8	10	13	16	19	5.5		
$L_t/(\mu S\cdot cm^{-1})$												
$(L_0-L_t)/t$												

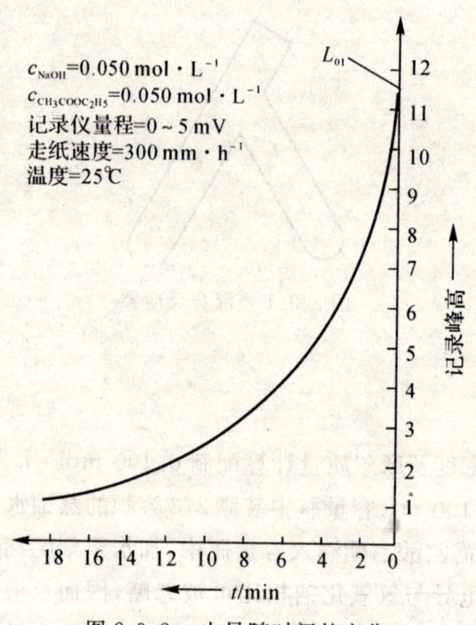

图 2.9.2　电导随时间的变化

(2) 以 L_t 对 $(L_0-L_t)/t$ 作图。由所得直线斜率求反应速率常数 k。如果所得线性关系不好，则可能是外推 L_0 不正确，可重推 L_0 再作图计算。

(3) 按 Guggenheim 法处理数据就可不必先求 L_0 或 L_∞。

将式(2.40)写成

$$L_t = L_0 - kat(L_t - L_\infty) \tag{2.41}$$

较 t 滞后一定时间间隔 Δt 的动力学方程应是

$$L_{t+\Delta t} = L_0 - ka(t+\Delta t)(L_{t+\Delta t} - L_\infty) \tag{2.12}$$

式(2.40)－式(2.41)：

$$L_t - L_{t+\Delta t} = ka\left[\Delta t\cdot L_{t+\Delta t} - t(L_{t+\Delta t} - L_\infty)\right] - ka\Delta t L_\infty$$

以 $L_t - L_{t+\Delta t}$ 对 $\Delta t\cdot L_{t+\Delta t} - t(L_t - L_{t+\Delta t})$ 作图，所得直线斜率即为 ka。

本实验可取 $\Delta t = 6$ min，每隔 1 min 取一次数据。

六、思考题

(1) 被测溶液的电导是哪些离子的贡献？反应进程中溶液的电导为何发生变化？

(2) 为什么要使两种反应物的浓度相等？如何配制指定浓度的溶液？

(3) 为什么要使两溶液尽快混合完毕？开始一段时间的测定间隔期为什么要短？

(4) 用作图外推求 L_0 与测定反应开始时相同 NaOH 浓度所得 L_0 是否一致？

七、教学讨论

(1) 当碱液足够稀时，才能保证浓度与电导有正比关系。但浓度太稀则反应过程电导变化小，测量误差大。

(2) 用称量法配制乙酸乙酯溶液可得较高的准确度。但对动力学实验来说，用本实验采用的方法已能满足精度要求。

(3) 可将 $k=\frac{1}{ta}\frac{L_0-L_t}{L_t-L_\infty}$ 改写成不同形式的线性方程进行数据处理。它们有的需要 L_0，有的需要 L_∞，有的两者同时需要。当忽略乙酸乙酯和乙醇的电导时，可直接测定相当于反应开始时 NaOH 浓度溶液的电导为 L_0，相当于反应终了时 NaAc 浓度溶液的电导为 L_∞，尽管各线性方程的形式不同，但只要所得 L_0 和 L_∞ 是正确的，则最终结果并无差别。

八、课余实践

(1) 按照

$$kat=\frac{L_0-L_t}{L_t-L_\infty}$$

$$L_t=\frac{1}{kta}(L_0-L_t)+L_\infty$$

$$\frac{1}{L_t-L_\infty}=\frac{ka}{L_t-L_\infty}t+\frac{1}{L_t-L_\infty}$$

$$L_t=ka(L_t-L_\infty)t+L_0$$

四种形式的线性方程用作图法或最小二乘法处理数据求 k 比较所得结果，并讨论 L_0 和 L_∞ 的误差对各式求解 k 值的影响。

(2) 利用本实验的方法测定哌啶与 2,4 -二硝基氯苯反应的速率常数。

实验十　表面张力的测定

一、实验目的

用鼓泡法测定正丁醇水溶液的表面张力，并根据 Gibbs 吸附等温式计算表面吸附量。

二、实验原理

在定温定压下纯溶剂的表面张力是定值。当于其中加入能降低溶剂表面张力的溶质（称表面活性物质）时，则根据能量最低原则，表面层中溶质的浓度比溶液内部为大。反之，溶质能使溶剂表面张力升高时,则它在表面层中的浓度比溶液内部浓度低,这种现象称为表面吸附。Gibbs用热力学方法导出溶液浓度、表面张力和吸附量之间的关系,通常称Gibbs吸附等温式:

$$\Gamma=\frac{-c}{RT}\left(\frac{\mathrm{d}\sigma}{\mathrm{d}c}\right)_T \tag{2.43}$$

式中:Γ—— 吸附量,$\mathrm{mol \cdot m^{-2}}$;

σ —— 表面张力,$\mathrm{N \cdot m^{-1}}$;

c —— 溶液浓度,$\mathrm{mol \cdot m^{-3}}$;

T—— 绝对温度,K;

R—— 摩尔气体常数,为 8.314 $\mathrm{J \cdot mol^{-1} \cdot K^{-1}}$。

当$\frac{\mathrm{d}\sigma}{\mathrm{d}c}<0$,$\Gamma>0$时,称正吸附;当$\frac{\mathrm{d}\sigma}{\mathrm{d}c}>0$,$\Gamma<0$时,称负吸附。

为了求得表面吸附量,需先作出$\sigma=f(c)$的等温曲线(见图2.10.1),然后在曲线上取相应浓度的点a,通过a作曲线的切线和平行横轴的直线,分别交纵轴于B,D。令$BD=Z$,则$Z=-c\frac{\mathrm{d}\sigma}{\mathrm{d}c}$。结合式(2.43)得$\Gamma=\frac{Z}{RT}$。取曲线上不同的点,就可得出不同的$\Gamma$值,从而可作出吸附等温线。

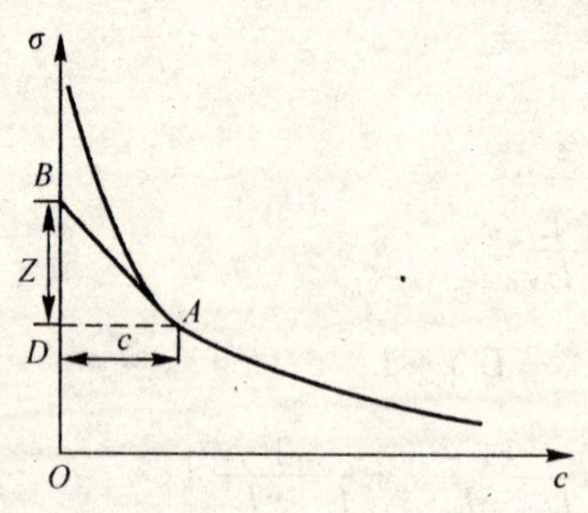

图 2.10.1 表面张力与浓度的关系

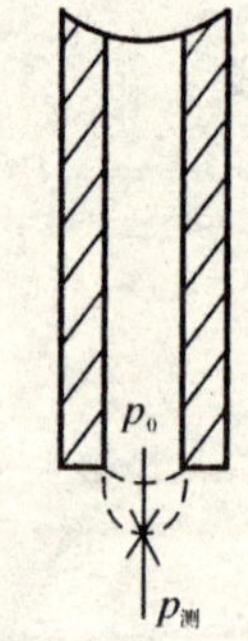

图 2.10.2 最大气泡示意图

本实验用鼓泡法测定表面张力,如图 2.10.2 所示。其原理如下:

从浸入液面下的毛细管端鼓出空气泡时,需要一定的附加压力以克服气泡的表面张力,此附加压力$\Delta p=p_0-p_{测}$。此附加压力与表面张力成正比,与气泡的曲率半径成反比,其关系式为

$$\Delta p=\frac{2\sigma}{R} \tag{2.44}$$

式中:Δp—— 附加压力;

σ —— 表面张力;

R —— 气泡曲率半径。

如果毛细管半径很小,则形成的气泡基本上是球形的。当气泡开始形成时,表面几乎是平的,这时曲率半径最大;随着气泡的形成,曲率半径逐渐变小,直到形成半球形,这时曲率半径R与毛细管半径r相等,曲率半径达最小值,根据式(2.44)这时附加压力达最大值。气泡进一步变大,R变大,附加压力则变小,直到气泡逸出。

按照式(2.44),$R=r$时的最大附加压力为

$$\Delta p_{\mathrm{m}}=\frac{2\sigma}{r}$$

或

$$\sigma=\frac{r}{2}\Delta p_{\mathrm{m}} \tag{2.45}$$

实际测量时，使毛细管端刚与液面接触，则可忽略鼓泡所需克服的静压力，这样就可直接用式(2.45)进行计算。

毛细管半径 r 可用已知表面张力的标准物质测得。

三、仪器与试剂

鼓泡法装置如图 2.10.3 所示。鼓泡毛细管也可用内径为 1 mm 左右的毛细玻璃管(用灯焰上拉成)，要求尖端直径为 0.2～0.3 mm，并用细砂纸把尖端磨平。

10 mL 移液管 1 支；250 mL 容量瓶 1 个；50 mL 容量瓶 9 个；50 mL 碱式滴定管 1 支；分析纯正丁醇；测量装置一套；精密数值压力计 1 台；300 mL 烧杯 2 个；250 mL 容量瓶 1 个。

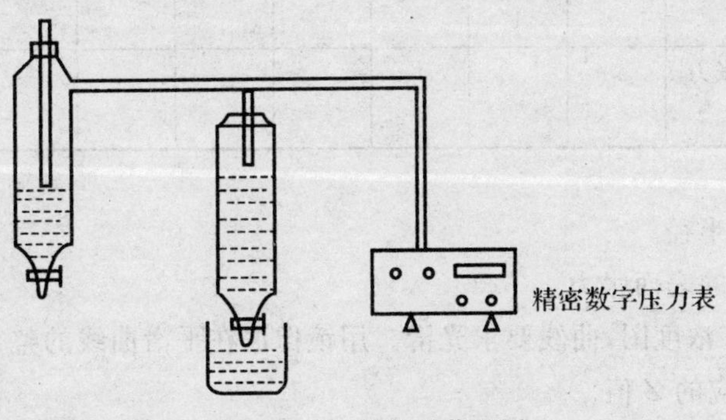

图 2.10.3　鼓泡法装置图

四、实验步骤

(1) 实验前将毛细管和容器用铬酸混合液洗净。然后用水作标准物质，测定毛细管半径 r 值。在没有插入毛细管时，设定大气压 p_0 为 0，则 $\Delta p=-p_{测}$。在试管中装入适量的蒸馏水，使毛细管端刚好与液面接触，按图 2.10.3 接好全部仪器，并将试管置于恒温槽中，达到指定温度后，缓缓打开放水旋塞，使气泡从毛细管端尽可能缓慢地鼓出，同时注意读取压力计的最小测量值 $p_{测}$。读取 10 次数，计算平均值 Δp。

(2) 配制 0.50 mol·L^{-1}的正丁醇溶液 250 mL，为此先按正丁醇的摩尔质量和室温下的密度计算须用正丁醇的体积。先在 250 mL 容量瓶中装好约 2/3 的蒸馏水，然后用 10 mL 移液管及 2 mL 刻度移液管吸取所需正丁醇体积放入容量瓶中，加水至刻度并混匀后，装入 50 mL 碱式滴定管，再用这一浓溶液配制下列浓度的稀溶液各 50mL：0.02，0.04，0.06，0.08，0.10，0.12，0.16，0.2，0.24 mol·L^{-1}。

(3) 将已配好的正丁醇溶液，从稀到浓按上法依次测定其表面张力。每次更换溶液时不必烘干试管及毛细管，只须用少量待测溶液润洗 3 次即可。

(4) 实验完后用蒸馏水洗净仪器，试管中装好蒸馏水，并将毛细管浸入水中保存。

(5) 也可以不用恒温槽,直接在室温下测定。

五、数据记录与处理

(1) 将数据记录在表 2.10.1 中。

室温:________;大气压:________;实验日期:________
实验温度:________。

水的 Δp_m:第一次______;第二次______;第三次______;平均值______。

表 2.10.1　实验数据表

$c/(\mathrm{mol\cdot L^{-1}})$	0.02	0.04	0.06	0.08	0.10	0.12	0.16	0.20	0.24
Δp_m 第一次									
Δp_m 第二次									
Δp_m 第三次									
Δp_m 平均值									
正丁醇的表面张力 $\sigma/(\mathrm{N\cdot m^{-1}})$									

(2) 计算毛细管半径。

(3) 计算各溶液的表面张力。

(4) 作表面张力-浓度图,曲线要求光滑。用镜像法在平滑曲线的整个浓度范围内取 10 点左右作切线,求得相应的 Z 值。

(5) 计算出 Γ 后,作出吸附等温线,即 $\Gamma-c$ 图。

六、思考题

(1) 为什么保持仪器和药品的清洁是本实验的关键?

(2) 为什么毛细管尖端应平整光滑,安装时要垂直并刚好接触液面?

(3) 可以不用抽气泡而用压气鼓泡吗?

七、教学讨论

从整个实验的精度来看,本实验配制溶液的方法是否合理。

八、课余实践

(1) 用同样方法测定乙醇的表面张力。

(2) 如果室温和液体温度的温差不大,则不控制温度对结果的影响不大。用实验论证如果两者的温差为 5℃,由此引起的表面张力的改变所导致的偏差有多大?

实验十一　比表面测定——溶液吸附法

一、实验目的

(1) 用次甲基蓝水溶液吸附法测定颗粒活性炭比表面。

(2) 了解溶液法测定比表面的基本原理。

(3) 了解 722 型光电分光光度计的基本原理并熟悉其使用方法。

二、实验原理

根据光吸收定律，当入射光为一定波长的色光时，某溶液的吸光度（或称光密度）与溶液中有色物质的浓度及溶液层的厚度成正比。

$$A = \lg \frac{I_0}{I} = \varepsilon c l \tag{2.46}$$

式中：A—— 吸光度；

I_0—— 入射光强度；

I —— 透过光强度；

ε —— 消光系数；

c —— 溶液浓度；

l —— 液层厚度 。

一般来说光的吸收定律适用于任何波长的单色光，但同一种溶液在不同波长所测得的吸光度不同。如果把吸光度 A 对波长 λ 作图可得到溶液的吸收曲线。为了提高测量的灵敏度，工作波长一般选择在 A 值最大处。次甲基蓝溶液在可见区有两个吸收峰：445 nm 和 665 nm。但在 445 nm 处，活性炭吸附对吸收峰有很大的干扰，故本实验选用的工作波长为 665 nm 附近。

水溶性染料的吸附已应用于测定固体比表面，在所有染料中次甲基蓝具有最大的吸附倾向。研究表明，在一定的浓度范围内，大多数固体对次甲基蓝的吸附是单分子层吸附，即符合朗格缪尔型（见图 2.11.1）。但当原始溶液的浓度过高时，会出现多分子层吸附，而如果平衡后的浓度过低，吸附又不能达饱和。因此原始溶液的浓度以及吸附平衡后的浓度都应选择在适当的范围内。本实验原始溶液浓度为 0.2% 左右，平衡溶液浓度不小于 0.01%。

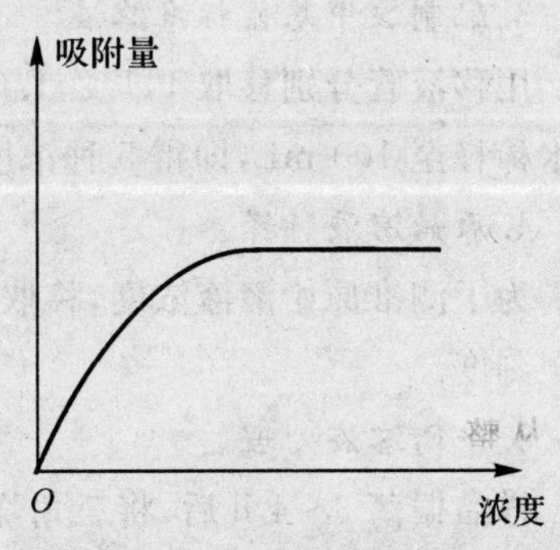

图 2.11.1　朗格缪尔吸附等温线

次甲基蓝具有以下矩形平面结构：

$$\left[\begin{matrix} H_3C \\ \quad \backslash \\ \quad N- \\ \quad / \\ H_3C \end{matrix} \bigcirc \begin{matrix} N \\ \\ S \end{matrix} \bigcirc \begin{matrix} H_3C \\ / \\ -N \\ \backslash \\ H_3C \end{matrix} \right]^+ Cl$$

阳离子大小为 $17.0 \times 7.6 \times 3.25 \times 10^{-30}\ m^3$。次甲基蓝的吸附有三种取向：平面吸附投影

面积为 135×10^{-20} m²，侧面吸附投影面积为 75×10^{-20} m²，端基吸附投影面积为 39.5×10^{-20} m²。对于非石墨型的活性炭，次甲基蓝可能不是平面吸附而是端基吸附。根据实验结果推算，在单层吸附的情况下，1 mg 甲基蓝覆盖的面积可按 2.45 m² 计算。

测定固体比表面的方法很多，常用的有 BET 低温吸附法、电子显微镜法和气相色谱法等。这些方法都需要复杂的装置，或较长的实验时间，而溶液法测定比表面仪器简单，操作方便，也可同时测定许多个样品，因此也常被采用。但溶液法测定结果有一定的相对误差。其主要原因在于吸附时，非球形吸附质在各种吸附剂表面的取向并不都一样，因此，每个吸附质分子的投影面积可以相差甚远，所以，溶液吸附法测得的数值应以其他方法校正之。然而，溶液法常可用来测定大量同类样品的表面积相对值。溶液法的测定误差一般为10%左右。

此外，也可用苯酚或硬脂酸作为吸附质测定比表面。

三、仪器和试剂

722 型分光光度计及其附件 1 套；配有包锡纸的软木塞的 100 mL 三角烧瓶 2 个；振荡器 1 台；次甲基蓝溶液：0.2%左右原始溶液；浓度约 0.005%标准溶液；容量瓶，100 mL 5 个，1 000 mL 2 个；颗粒状非石墨型活性炭。离心机 1 台；100 mL 三角烧瓶 2 个。

四、实验步骤

1. 活化样品

将颗粒性炭装入瓷坩埚中放 500℃马福炉活化 1h(或在真空烘箱中 300℃活化 1 h)，然后干燥器中备用。

2. 溶液吸附

取 100mL 三角烧瓶 2 个，分别准确称取经活化过的活性炭样品约 0.1 g，再加入 40mL～0.2 %左右的次甲基蓝原始溶液，塞上包有锡纸的软木塞，然后放在康氏振荡器上振荡4～6h。

3. 配制次甲基蓝标准溶液

用移液管分别移取 1,1.2,1.6,1.8,2.2 mL 0.005%标准次甲基蓝溶液，于容量瓶中用蒸馏水稀释至 100 mL，即得 5 种浓度的标准溶液。

4. 原始溶液稀释

为了测准原始溶液浓度，移取 0.2%左右原始溶液 0.5 mL 放入 1 000 mL 容量瓶中，并稀释至刻度。

5. 平衡溶液处理。

样品振荡 3～4 h 后，将三角烧瓶取下，用砂芯漏斗过滤，滤去活性炭，得到吸附后的平衡溶液(也可用离心的方法得到澄清的溶液)。取 0.5 mL 滤液放入 1 000 mL 容量瓶中，并用蒸馏水稀释至刻度。

6. 选择工作波长

次甲基蓝溶液的工作波长应为 665 nm，由于各台分光光度计波长刻度略有误差，所以实验者应自行选取工作波长。用 10^{-6} 标准溶液在 600～700 nm 范围内测量吸光度，以吸光度最大时的波长作为工作波长。

7. 测量吸光度

以蒸馏水为空白溶液，分别测量 5 个标准溶液，以稀释后原始溶液和稀释后的平衡溶液的吸光度。

五、数据记录与处理

(1) 作工作曲线，以 5 个次甲基蓝标准溶液之浓度对吸光度作图，得一直线即工作曲线。

(2) 求次甲基蓝原始溶液浓度 c_0 和平衡溶液浓度 c，将实验测得的原始溶液和平衡液的吸光度从工作曲线上查得对应之浓度再乘上稀释倍数 2 000，即为 c。

(3) 比表面积计算公式为

$$A=\frac{(c_0-c)\times 2\,000\times m}{W}\times 2.45 \tag{2.47}$$

式中：A—— 比表面积，m^2/g；

c_0—— 原始溶液浓度，%；

c—— 平衡溶液浓度，%；

m—— 溶液加入量，mg；

W—— 样品质量，g；

2.45——1mg 次甲基蓝可以覆盖活性炭样的面积，m^2/mg。样品的质量是由溶液换算的，本实验中 1 mL 样品的质量近似等于 1 g。

六、思考题

(1)为什么次甲基蓝原始溶液浓度要选在 0.2%左右，吸附平衡后的次甲基蓝溶液浓度要在 0.005%左右，若吸附后浓度太低，在实验操作方面应如何改动？

(2)如果用精度为 0.1 的台式天平称量溶液质量与用移取溶液(mL 近似等于 g) 忽略溶液中次甲基蓝的质量而直接称取溶液质量，哪个的误差大，为什么？

(3)用分光光度计测次甲基蓝溶液浓度时，为什么还要将溶液再稀释到 ppm 级浓度，才进行测量？

七、教学讨论

查阅文献资料，设计方案研究竹炭对甲基橙溶液吸附行为。

八、课余实践

吸附功能主要是指活性炭可以吸收固体、液体、气体中有害物质的分子。具有微孔的活性炭主要用于对气体的吸附；过渡孔较多及平均孔径较大的活性炭多用于液体的吸附。根据活性炭的吸附特点，活性炭主要用于除去水中的污染物、脱色、过滤净化液体、气体，还用于对空气的净化处理、废气回收(如在化工行业里对气体“苯”的回收)、贵重金属的回收及提炼(如对黄金的吸收)。

实验十二　黏度法测定高聚物的摩尔质量

一、实验目的

高聚物分子量对于它的性能影响很大，如橡胶的硫化程度、聚苯乙烯和醋酸纤维等薄膜的抗张强度、纺丝黏液的流动性等，均与其分子量有密切关系。通过分子量测定，可进一步了解高聚物的性能，指导和控制聚合时的条件，以获得具有性能优良的产品。

本实验测定聚乙烯醇的分子量。通过实验掌握测量原理和使用三管黏度计测定黏度的方法。

二、实验原理

在高聚物中分子量大多是不均一的，所以高聚物分子量是指统计的平均分子量。对线型高聚物分子量的测定方法有下列几种，其适用的分子量 M 的范围如下：

端基分析：$M < 3 \times 10^4$；

沸点升高，凝固点降低，等温蒸馏：$M < 3 \times 10^4$；

渗透压：$M < 3 \times 10^6$；

光散射：$M < 3 \times 10^7$；

超离心沉降及扩散：$M < 3 \times 10^7$。

此外还有黏度法，是利用高聚物分子溶液的黏度和分子量间的某种经验方程来计算分子量适用于各种分子量的范围，只是不同的分子量范围要用不同的经验方程。

上述方法除端基分析外，都需要较复杂的仪器设备和操作技术。而黏度法设备简单，测定技术容易掌握，实验结果亦有相当高的准确度，因此，用溶液黏度法测高聚物分子量，是目前应用得较广泛的方法。但黏度法不是测分子量的绝对方法，因为此法中所用的特性黏度与分子量的经验方程是要用其他方法来确定的。高聚物不同、溶剂不同、分子量范围不同，就要用不同的经验方程式。

高聚物溶液的黏度 η，一般都比纯溶剂的黏度 η_0 大得多，黏度增加的分数叫做增比黏度 η_{sp}。

$$\eta_{sp} = \frac{\eta - \eta_0}{\eta_0} = \eta_r - 1 \tag{2.48}$$

式中：η_r—— 相对黏度，$\eta_r = \dfrac{\eta}{\eta_0}$。

增比黏度随溶液中高聚物浓度的增加而增加，常采用单位浓度时溶液的增比黏度作为高聚物分子量的量度，称为比浓黏度，其值为$\dfrac{\eta_{sp}}{c}$。

比浓黏度随着溶液的浓度 c 而改变(图 19.1)，当 c 趋近 0 时，比浓黏度趋近一个固定的极限值[η]，[η] 叫做特性黏度。即

$$\lim_{c \to 0} \frac{\eta_{sp}}{c} = [\eta] \tag{2.49}$$

$[\eta]$ 值可利用 $\frac{\eta_{sp}}{c}$-c 图由外推法来求得。因为增比黏度与特性黏度之间的经验关系如下：

$$\frac{\eta_{sp}}{c}=[\eta]+K'[\eta]^2c \tag{2.50}$$

故作 $\frac{\eta_{sp}}{c}$-c 的图，在 $\frac{\eta_{sp}}{c}$ 轴上的截距，即为 $[\eta]$。

另外，当 c 趋近于 0 时，$\frac{\ln\eta_r}{c}$ 的极限值也是 $[\eta]$，这是因为

$$\frac{\ln\eta_r}{c}=\frac{\ln(1+\eta_{sp})}{c}=\frac{\eta_{sp}}{c}\left(1-\frac{1}{2}\eta_{sp}+\frac{1}{3}\eta_{sp}^2+\cdots\right)$$

当浓度不大时，忽略掉高次项，则得

$$\lim_{C\to 0}\frac{\ln\eta_r}{c}=\lim_{C\to 0}\frac{\eta_{sp}}{c}=[\eta] \tag{2.50'}$$

这样以 $\frac{\eta_{sp}}{c}$ 及 $\frac{\ln\eta_r}{c}$ 对 c 作图（见图 2.12.1）得两根直线，这两根直线在纵坐标轴上相交于同一点，可求出 $[\eta]$ 数值。

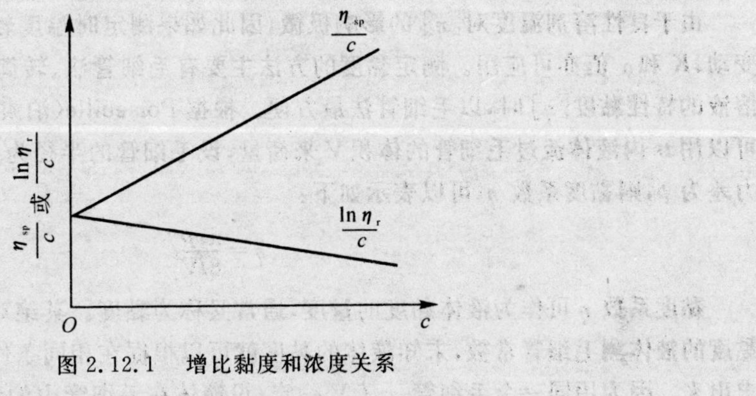

图 2.12.1　增比黏度和浓度关系

$[\eta]$ 的单位是浓度单位的倒数，均随溶液浓度的表示法不同而异，文献中常用 100mL 溶液内所含高聚物的克数作浓度的单位。

$[\eta]$ 和高聚物的分子量的关系可用下面的经验方程表示：

$$[\eta]=KM^{\alpha} \tag{2.51}$$

式中分子量是个平均分子量，用黏度法求得的分子量简称黏均分子量。而 K 和 α 是经验方程的两个参数，对于一定的高聚物分子在一定的溶剂和温度下，K 和 α 是个常数。其中指数 α 是溶液中高分子形态的函数。若分子在良溶剂中，舒展松懈则 α 较大；若在不良溶剂中，分子团聚紧密则 α 较小，一般在 0.5～1.7 之间。所以根据高分子在不同溶剂中 $[\eta]$ 的数值，也可以相互比较分子的形态。K 和 α 的数值都要由其他实验方法（如渗透压法）确定。

注意：要定每一种高分子和溶剂系统 $[\eta]$-M 的关系式中的 K 和 α，必须先将高聚物尽可能按分子量分级，然后测定各级分的 $[\eta]$ 和平均分子量 M。假如在做实验的分子量范围内 α 是常数，$\lg[\eta]$-$\lg M$ 图是直线；也可求各段分子量范围内的 K 和 α。平均分子量由于算法不同而不同，如 M_n 和 M_w 数值不同。假如在定 K 和 α 时所用样品的分子量分布和待测试样分子量分布大体相近，则黏均分子量 M_η 可看做所用的平均分子量的近似值。在早期工作中，K 和 α 的数

值往往是根据没有经过分级的各种试样来定的，实验结果指出对 α 影响不大，而 K 值比分级定的大些。在定 K 和 α 时，K 用光散射法和沉降扩散等方法较合适。实验结果也指出试样的多分散性差别并不影响从沉降扩散法得到 $[\eta]-M$ 关系。

由于在确定定常数时所用的方法不同，各方法的准确度和平均分子量不同，所用分级的分子量分布情况也可能有差异，因而 K 和 α 的数值有时也略有出入。将常用的几个数值列于表 2.12.1 中。

表 2.12.1　常用的 K 和 α 值

高聚物	溶　剂	温　度	K	α
聚苯乙烯	苯	20℃	1.23×10^{-4}	0.72
	苯	30℃	1.06×10^{-4}	0.74
聚乙烯醇	甲苯	25℃	3.70×10^{-4}	0.62
	水	25℃	2.0×10^{-4}	0.76

由于良性溶剂温度对 $[\eta]$ 的影响极微，因此如果测定时温度较表 2.12.1 指定的温度稍有变动，K 和 α 值亦可应用。测定黏度的方法主要有毛细管法、转筒法和落球法，在测定高分子溶液的特性黏度 $[\eta]$ 时，以毛细管法最方便。根据 Poiseuille（泊肃叶）公式，液体的黏度系数 η 可以用 ts 内液体流过毛细管的体积 V 来衡量，设毛细管的半径为 r，长度为 l，毛细管两端的压力差为 p，则黏度系数 η，可以表示如下：

$$\eta=\frac{\pi rp}{8lV}t \tag{2.52}$$

黏度系数 η 可作为液体黏度的量度，通常又称为黏度。其绝对值不易测定，一般都用已知黏度的液体测毛细管常数，未知液体的黏度就可以根据在相同条件下，流过等体积所需的时间求出来。因为用同一个毛细管，r,l,V 一定，设液体在毛细管中的流动单纯受重力的影响，$p=\rho gh$，则代入式(2.52)得

$$\eta=\frac{\pi rgh}{8lV}\rho t \tag{2.53}$$

式中：ρ—— 液体的密度；

h—— 流经毛细管液体的平均液柱高度，同一支毛细管 h 一定。

设 η_0,ρ_0,t_0 为已知黏度的液体（如纯水，纯苯等）的黏度、密度和流经毛细管的时间；η,ρ,t 为待测液体的黏度、密度和流经的时间。对未知黏度的液体与溶剂可得式(2.54)：

$$\eta=\frac{\rho t}{\rho_0 t_0}\eta_0 \tag{2.54}$$

若溶液很稀时，可看做 $\rho=\rho_0$，则

$$\eta=\frac{t}{t_0}\eta_0 \tag{2.55}$$

由上可见，由黏度法测高聚物分子量，最基础的测定是 t,t_0,c，而实验的成败和准确度亦取决于测量液体所流经的时间、配制溶液浓度的准确度和恒温槽的恒温程度、安置黏度计的垂直位置的程度以及外界的震动等因素。

三、仪器与试剂

三管黏度计，恒温槽，移液管，秒表，聚乙烯醇，砂芯漏斗，100 mL 烧杯，100 mL 容量瓶，正丁醇 。

四、实验步骤

1. 黏度计的选择

测定不同浓度溶液的黏度，最简便适用的方法是测定逐渐稀释系列溶夜的浓度，三管黏度计很适用。它的构造如图 2.12.2 所示。其中毛细管 K 的直径和长度与 E 球的大小(流出体积)的选择是根据所用溶剂的黏度而定的，使流出的时间不小于 100 s，但毛细管不宜小于 0.5 mm，否则测定时容易堵塞。F 球的容积应为从 B 管 a 处至 F 球底端的总容积的 10 倍左右，这样可以稀释至起始浓度的 1/5 左右，为使 F 球不致过大，E 球以 3 ～ 5 mL 为宜，D 球到 F 球底端距离应尽量减小。由于三管黏度计系由玻璃吹制而成，三根管子易攀折碎裂，使用时应特别小心，而三管之间的位置最好用软木塞系紧固定。

2. 配制高聚物溶液

称 0.5g 聚乙烯醇(分子量大的少称些，小的多称些，使测定时最浓溶液和最稀溶液与溶剂的相对黏度在 2 ～ 1.1 之间)放入 100 mL 烧杯中，注入约 60 mL 的蒸馏水，稍加热使溶解。冷却至室温，加入 2 滴正丁醇(去泡剂)，并移入 100 mL 容量瓶中，加水至 100 mL。为了除去溶液中的固体杂质，溶液应经过玻璃砂漏斗过滤，过滤时不能用滤纸，以免纤维混入。一般高聚物不易溶解，往往要几小时至一两天时间(溶液在实验前已配好)。

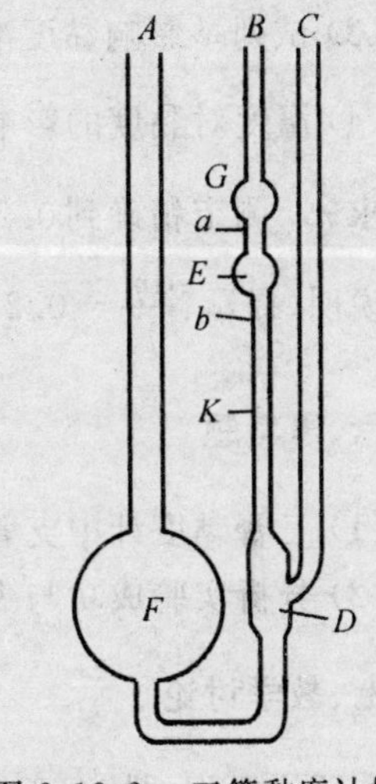

图 2.12.2　三管黏度计构造

3. 准备并安装好黏度计

所用黏度计洁净，有时微量的灰尘、油污等会产生局部的堵塞现象，影响溶液在毛细管中的流速，而造成较大的误差。所以做实验之前，应该彻底洗净，用洁净干燥的压缩空气吹干或用水泵抽干。然后在 B，C 两管的顶部，套上两段软橡皮管。橡皮管应事先用稀碱液煮沸，以除去管内的油蜡，橡皮管内不应有脏物，以免杂质微粒掉入管内。

4. 测定溶剂流过毛细管的时间 t_0

调节恒温槽至 25.00±0.05℃，将蒸馏水及配好的溶液置恒温槽中恒温。垂直放入黏度计，使 G 球完全浸没在水中，放置位置要合适，便于观察液体流动情况。恒温槽的搅拌器的搅拌速度应调节合适，不致产生剧烈震动，影响测定的结果。安装好后，用移液管准确注入已事先恒温好的蒸馏水 10mL，紧闭 C 管上的皮管，将 B 管上的橡皮管连上注射器(或吸耳球)慢慢抽气。至蒸馏水升至 G 球一半，打开 C 管及 B 管，G 球液面逐渐下降，空气进入 D 球；当水平面通过刻度 a 时，按下秒表，开始记录时间，至液面刚通过 b 时，按下秒表。由 a 至 b 所需的时间即为 t_0，重复三次，每次相差不超过 0.2 s，如果相差过大，则应检查毛细管有无堵塞现象；查看恒温槽温度是不稳定良好。

5. 测定溶液流过的时间 t

测完纯溶剂的 t_0 后，再用移液管注入浓度为 c_1 已经恒温好的溶液 10 mL，用上述方法测定流过的时间三次，每次相差不超过 0.4 s，求出其平均值 t_1，然后加入 5 mL 蒸馏水浓度变为 c_2，用注射器将溶液反复抽吸至 G 球内几次，使混合均匀。聚乙烯醇是起泡剂，搅拌抽吸混合时，容易起泡，不易混匀，溶液中分散的微小气泡好象杂质微粒，容易局部堵塞毛细管，所以应注意抽吸的速度。再测定流经的时间 t_2。同样依次加入 5，5，10，10 mL 蒸馏水使溶液浓度变为 c_3，c_4，c_5，c_6，测定流过的时间 t_3，t_4，t_5，t_6。最后一次如果溶液太多，可在均匀混合后倒出一部分。由于浓度的计算由稀释得来，故所加蒸馏水的体积必须准确，混合必须均匀。

实验完毕，黏度计应洗净，用洁净的蒸馏水浸泡或倒置使其晾干。在倒置干燥以前，黏度计内壁必须彻底洗净，以免所剩的高聚物在毛细管内形成薄膜。

五、数据记录与处理

(1) 将每次的浓度 c(以 100 mL 溶液中所含高聚物的克数表示)，相应流过黏度计的时间 t 以及不同浓度溶液的 η，η_r，η_{sp}，η_{sp}/c，$\ln\eta_r/c$ 等数值列表。

(2) 作 $\frac{\eta_{sp}}{c}-c$ 和 $\frac{\ln\eta_r}{c}-c$ 图，并外推至 $c=0$，求[η]值。

(3) 试列举影响黏度准确测定的因素。

(4) 温度对黏度的影响很大，在室温下，水的黏度的温度系数 $\frac{d\eta}{dT}=2\times10^{-5}$ Pa·s/℃，因此若要求 η，r 测定精确到 0.2%，则恒温槽的温度必须恒定在 ±0.05℃ 的范围之内。请用误差计算来说明(提示：$\frac{d\eta_r}{\eta_r}=0.2\%$)。

六、思考题

(1) 三管黏度计中支管 C 有什么作用？摘取支管是否可以测定黏度？

(2) 分析实验成功与失败的关键因素有哪些。

七、教学讨论

在严格操作的情况下，有时会出现如图 2.12.3 所示的反常现象，目前尚不能清楚地解释其原因，只能作一些近似处理。式(2.50)的物理意义明确，其中 κ 和 η_{sp}/c 值与高聚物结构(如高聚物的多分散性及高分子链的支化等)和形态有关；式(2.50′)则基本上是数学运算式，含义不太明确。因此，出现图中的异常现象时以 η_{sp}/c 与 c 的关系为基准来求得高聚物溶液的特性黏度[η]即可。

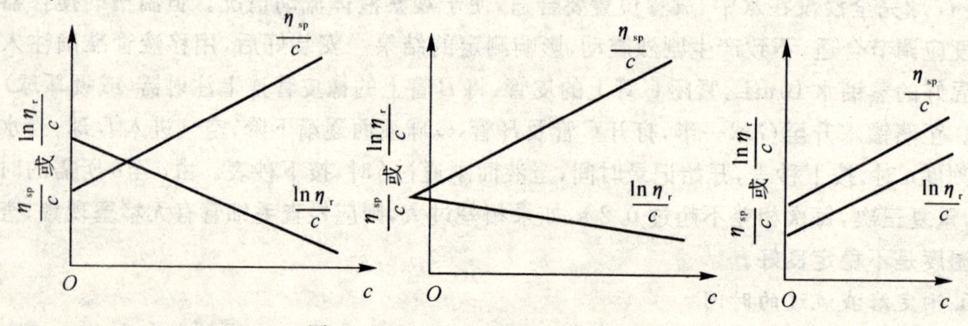

图 2.12.3 测定中出现的异常情况

八、课余实践

(1) 请查阅有关资料,用“一点法”求聚乙烯醇的摩尔质量。

(2) 测定多糖聚合物-右旋糖苷的平均相对分子质量。

实验十三　恒电位法测定阳极极化曲线

一、实验目的

测定镍在硫酸溶液中的恒电位阳极极化曲线及其钝化电势。

二、实验原理

在研究可逆电池的电动势和电池反应时,电极上几乎没有电流通过,每个电极反应都是在接近于平衡状态下进行的,因此电极反应是可逆的。但当有电流明显通过电池时,电极的平衡状态被破坏,电极电势偏离平衡值,电极反应处于不可逆状态,而且随着电极上电流密度的增加,电极反应的不可逆程度也随之增大。由于电流通过电极而造成电极电势偏离平衡值的现象称为电极的极化,描述电流密度与电极电势之间关系的曲线称为极化曲线,如图 2.13.1 所示。

在以金属作阳极的电解池中,通过电流时,通常会发生阳极的电化学溶解过程:

$$M \rightarrow M^{n+} + ne^-$$

当阳极的极化不太大时,溶液速度随着阳极电极电势(电极电位)的增大而增大,这是金属正常的阳极溶解。但是在某些化学介质中,在阳极电极电势超过某一正值后,阳极的溶解速度随着阳极电极电势的增大反而大幅度地减小,这种现象称为金属的钝化。

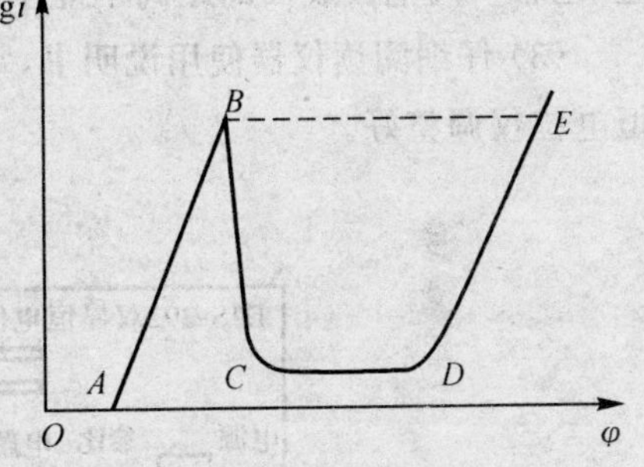

图 2.13.1　极化曲线

AB—— 活性溶解区;　*B*—— 临界钝化点;
BC—— 过渡钝化区;　*CD*—— 稳定钝化区;
DE—— 超(过)钝化区

研究金属的钝化过程,通常用恒定电位法。将被研究金属如铁、镍、铬等或其合金置于硫酸盐溶液中即为研究电极,它与辅助电极(铂电极)组成一个电解池,同时它又与参比电极(饱和甘汞电极)与被研究电极组成原电池,以镍作阳极。通过恒电位仪对研究电极给定电极给定一个恒定电位后,测量与之对应的准稳态电流值 I。以超电势 η 对通过被研究电极的电流密度 j 的对数 $\lg[j]$ 作图。稳态体系指被研究体系的极化电流、电极电势、电极表面状态等基本上不随时间而改变。在实际测量中,常用的控制电位测量方法有以下两种:

(1) 静态法。将电极电势恒定在某一数值,测定相应的稳定电流值,如此逐点地测量一系列各个电极电势下的稳定电流值,以获得完整的极化曲线。对某些体系,达到稳态可能需要很长时间,为节省时间,提高测量重现性,往往人们自行规定每次电势恒定的时间。

(2) 动态法。控制电极电势以较慢的速度连续地改变(扫描),并测量对应电位下的瞬时电流值,以瞬时电流与对应的电极电势作图,获得整个极化曲线。一般来说,电极表面建立稳态的速度愈慢，则电位扫描速度也应愈慢。因此对不同的电极体系，扫描速度也不相同。为测得稳态极化曲线，人们通常依次减小扫描速度测定若干条极化曲线，当测至极化曲线不再明显变化时，可确定此扫描速度下测得的极化曲线即为稳态极化曲线。同样，为节省时间，对于那些只是为了比较不同因素对电极过程影响的极化曲线，则选取适当的扫描速度绘制准稳态极化曲线就可以了。

三、仪器与试剂

恒电位仪 1 台，饱和甘汞电极（参比电极）1 支，直径 9 mm 的 Ni 电极 1 支，铂电极（辅助电极）1 支，电解槽 1 套，带鲁金毛细管的盐桥；0.5 mol · dm^{-3} H_2SO_4 溶液，丙酮溶液。

四、实验步骤

(1) 将研究电极（Ni 电极）用金相砂纸磨至镜面光亮，然后在丙酮中清洗除油，用石蜡涂封多余面积，再用被测硫酸溶液洗 1 ～ 2 min，除去氧化膜，并测量其表面积。

(2) 在电解池内倒入约 60 mL 0.05 mol · L^{-1} H_2SO_4 溶液，按图 2.13.2 所示组装实验设备。其中盐桥右支充满饱和硝酸钾琼脂，由盐桥支管接出的乳胶管用吸耳球经鲁金毛细管吸入电解液，随即用弹簧夹紧乳胶管。应注意使电解液与硝酸钾琼脂接通。将研究电极置于电解槽时，要注意与鲁金毛细管之间的距离每次应保持一致。研究电极与鲁金毛细管应尽量靠近，但管口离电极表面的距离不能小于毛细管本身的直径，约 2 mm 左右。

(3) 仔细阅读仪器使用说明书，掌握各旋钮、开关的作用。打开恒电位仪的电源开关，将恒电位仪调整好。

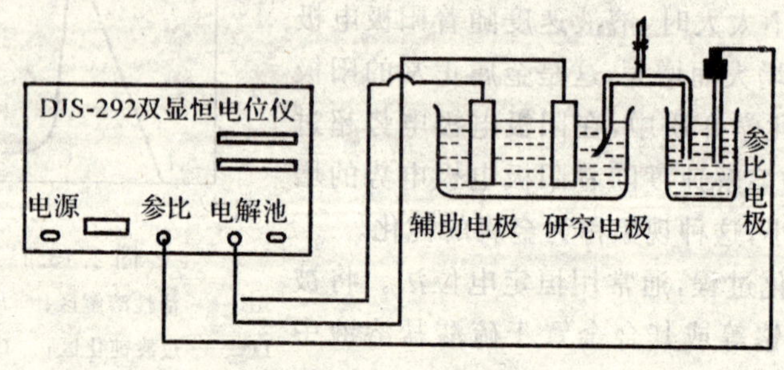

图 2.13.2　实验装置图

(4) 恒电位法测定极化曲线的步骤。

1) 准备工作。仪器开启前，“工作”键置于“断”，“电流量程”置于“1A”，“工作选择”置于“恒电位”打开电源开关预热 30 min。

2) 参比电位的测量。将“工作方式”置于“参比”，工作左键置于“通”，右键置于“电解池”。面板电压表显示电位为“参比电极”相对于“研究电极”的开路电位，即为研究电极相对饱和甘汞电极的相对电极电位的相反值。

3) 平衡电位的设置。将“工作方式”置于“平衡”，“负载选择”置于“电解池”，调节内给定电位，是电压表显示 0.000，该给定电位即所要设置的平衡电位。

4) 极化电位的调节。对电化学体系进行恒电位测量时，应先在模拟电解池上调节好极化电位，然后再将电解池接入仪器。将恒电位仪面板上“工作方式”置于“恒电位”；合上“内给定”开关；将“内给定极性”置于“−”；将“负载选择”置于“模拟”；“显示选择”置于“电位”；调节内给定“微调”旋钮，使数字电压表显示“开路电位”。

5) 阳极极化。将“负载选择”置于“电解池”；记录数字表显示的“开路电位”后将“显示选择”置于“电流”；记录数字表显示的“电流”；注意在恒电位工作方式时，使电流量程处于合适的位置，一般应从大电流量程到小依次选择；极化电流的数值等于数字表上的显示值乘以电流量程值。

6) 依次调节内给定电位（注意先在“模拟电解池”上调节，再施加于电解池上，逐一改变 0.05 V），2 min 后记录相应的极化电压和电流。直到出现 E 点为止。

(5) 实验完毕，将恒电位仪上“工作键”置于断档，“工作方式”置于“参比”，关闭“电流选择”，拆除三电极上的连接导线，洗净电极和电解池。

五、数据记录与处理

(1) 记录实验条件，计算超电势 η。将实验数据记入表 2.13.1 中。

室温：________；大气压：________；实验日期：________。

表 2.13.1　数据记录表

E/V							
I/A							

(2) 计算电流密度 j，列表并描绘极化曲线。

(3) 从极化曲线上确定 Ni 在 H_2SO_4 溶液中维钝电位范围和维钝电流密度值。

六、思考题

(1) 金属钝化的基本原理是什么？

(2) 测定阳极极化曲线为什么要用恒电位法？

(3) 做好本实验的关键有哪些？

七、教学讨论

金属钝化是一种界面现象，它没有改变金属本体的性能，只是使金属表面在介质中的稳定性发生了变化。由钝化剂发生化学反应引起的金属钝化，通常称为“化学钝化”。阳极极化引起金属的钝化称为阳极钝化或电化学钝化，它是使某些金属在一定的介质中，外加阳极电流超过某一定数值后，可使金属由活化状态转变为钝态的过程。

八、课余实践

测定碳钢在硫酸溶液中的钝化曲线，并测试氯离子对钝化的影响。

实验十四　旋光法测定蔗糖水解反应的速率常数

一、实验目的

(1) 根据物质的光学性质研究蔗糖水解反应，测定其反应速率常数。

(2) 掌握旋光仪的使用方法。

二、实验原理

蔗糖溶液在 H^+ 催化作用下酸性介质中可水解生成葡萄糖和果糖。反应如下：

$$C_{12}H_{22}O_{11} + H_2O \rightarrow C_6H_{12}O_6 + C_6H_{12}O_6$$

蔗糖　　　　　　葡萄糖　　果糖

水解反应中，水是大量的，虽然有部分水分子参加了反应，但与溶质浓度的改变相比可以认为它的浓度是恒定的，而且氢离子是催化剂，其浓度也保持不变，故可视为一级反应，反应速率只与蔗糖浓度有关，其速率方程为

$$-\frac{\mathrm{d}c}{\mathrm{d}t} = kc \tag{2.56}$$

积分上式得

$$\ln\frac{c_0}{c} = kt \tag{2.57}$$

由积分式不难看出：只要测得不同反应时刻对应反应物的浓度，就可以 $\ln c$ 对 c 作图得到一条直线，由直线斜率求得反应速率常数。

反应进行一半所用的时间称为半衰期，用 $t_{1/2}$ 表示，则

$$\ln\frac{c_0}{c_0/2} = kt_{1/2} \tag{2.58}$$

解得

$$t_{1/2} = \frac{\ln 2}{k} = \frac{0.693\,2}{k} \tag{2.59}$$

蔗糖、葡萄糖、果糖都含有不对称的碳原子，它们都具有旋光性，即都能使透过它们的偏振光的振动面旋转一定的角度，此角度称为旋光度，以 α 表示。蔗糖、葡萄糖能使偏振光的振动面按顺时针方向旋转，为右旋物质，旋光度为正值。果糖为左旋物质，旋光度为负值。溶液的旋光度与溶液中所含旋光物质的种类、浓度、液层厚度、光源的波长以及反应时的温度因素有关。为了比较各种物质的旋光能力，引入比旋光度$[\alpha]$这一概念，并以下式表示：

$$[\alpha]_D^t = \frac{\alpha}{lc} \tag{2.60}$$

式中：t —— 实验时的温度；

D—— 所用光源的波长；

α—— 旋光度；

l—— 液层厚度；

c—— 浓度。

式(2.60)可写成

$$\alpha=[\alpha]_D^t l\cdot c \tag{2.61}$$

由式(2.61)可以看出，当其他条件不变时，旋光度 α 与反应物成正比，即

$$\alpha=K'c$$

式中：K'——与物质的旋光能力、溶液层厚度、溶剂性质、光源的波长、反应时的温度等有关系的常数。

蔗糖是右旋物质（比旋光度 $[\alpha]_D^{20}=+66.5°$），产物中葡萄糖也是右旋物质（$[\alpha]_D^{20}=+52.3°$），果糖是左旋物质（$[\alpha]_D^{20}=-92.3°$）。因此当水解反应进行时，右旋角不断减小，当反应终了时，体系将经过零变成左旋。

设 α_0，α_t 和 α_∞ 分别表示反应在起始时刻、t 时刻和无限长时体系的旋光度。反应在相同条件下进行，旋光度与浓度成正比，而且溶液的旋光度为各组成旋光度之和。

$$c_0=K(\alpha_0-\alpha_\infty),\qquad c=K(\alpha_t-\alpha_\infty)$$

代入式(2.57)得到

$$\ln\frac{\alpha_0-\alpha_\infty}{\alpha_t-\alpha_\infty}=kt$$

以 $\ln(\alpha_0-\alpha_\infty)$ 对时间 t 作图可得一条直线，由直线的斜率即可求得反应速率常数。

右旋光化合物：使偏振光的振动平面向右（顺时针方向）旋转的化合物，称右旋光化合物，用“+”表示右旋光方向。旋光仪的原理图如图 2.14.1 所示。

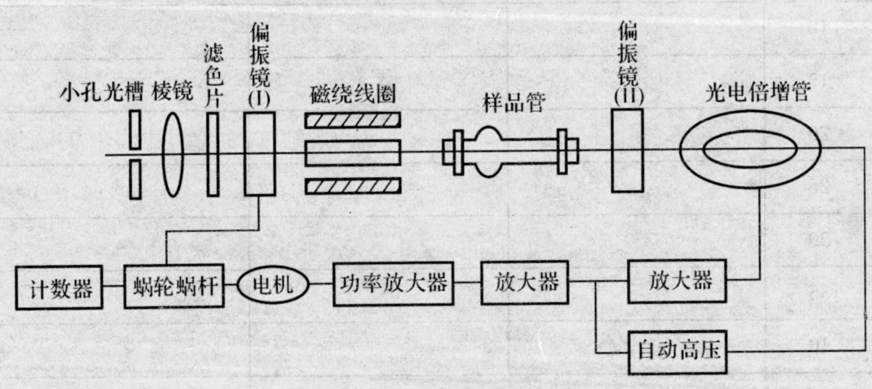

图 2.14.1　旋光仪原理图

三、仪器与药品

自动指示旋光仪；移液管(25 mL)2 支；超级恒温槽；烧杯(150 mL) 2 个；秒表；锥形瓶(100 mL)2 个；蔗糖(AR)；HCl 溶液(4 mol·L^{-1})

四、实验步骤

(1) 取 25 mL 质量分数为 20% 的蔗糖溶液注入一个锥形瓶中，另外取 25 mL 4 mol·L^{-1} 的盐酸溶液放入另一个锥形瓶中，将两个锥形瓶用玻璃塞或橡皮塞盖好后，置于 25℃ 的恒温槽中恒温 10 ～ 15 min。

(2) 仪器零点校正。将仪器面板上的光源开关向下扳至“∽”处，打开电源开关预热 5 ～ 10 min，再将光源开关扳指“—”处。将旋光管注满蒸馏水，用镜头纸擦净两端玻璃片，将旋光

管放入旋光仪，盖上仪器面盖。打开示数开关，待刻度读数基本稳定后，再调节调零旋钮使读数置零。

(3)α_t 的测定。将恒温后的两个锥形瓶取出，将 HCl 溶液倾倒至蔗糖溶液中。倾倒的同时，开始用秒表计时，然后将两个锥形瓶互相倾倒 2 ～ 3 次，使溶液混合均匀。用少许混合液荡洗旋光管 2 ～ 3 次。将加好溶液的旋光管擦净置于旋光仪中，打开示数开关测量各时间溶液的旋光度，每 5 min 测一次，测至 60 min 即可。

(4)α_∞ 的测定。将剩余混合液置于 50 ～ 60℃ 的水浴中加热 30 min，以加速水解反应，然后冷却至实验温度，测其旋光度 α_∞。

五、数据记录与处理

(1) 数据记录。将实验测得的数据填入表 2.14.1 中。

室温：＿＿＿＿＿＿；大气压：＿＿＿＿＿＿； 实验日期：＿＿＿＿＿＿；

实验温度：＿＿＿＿＿＿；α_∞：＿＿＿＿＿＿。

表 2.14.1　实验数据表

t/min	α_t	$\alpha_t-\alpha_\infty$	$\ln(\alpha_t-\alpha_\infty)$
5			
10			
15			
20			
25			
30			
35			
40			
45			
50			
55			
60			

(2) 以 $\ln(\alpha_t-\alpha_\infty)$ 对 t 作图，由直线斜率求蔗糖水解反应的速率常数，计算反应的半衰期 $t_{1/2}$。

六、思考题

(1) 蔗糖水解反应速率常数与哪些因素有关？

(2) 为什么可用蒸馏水来校正旋光仪的零点？求速率常数时，所测旋光度是否必须进行零点校正？

(3) 记录反应开始的时间迟一些或早一些是否影响 k 值的测定?

七、教学讨论

(1) 蔗糖水解在酸性介质中进行,H^+ 为催化剂,故反应是一个复杂反应,反应的计算方程式显然不表示此反应的机理反应并不是因为水的浓度变化可忽略而视为一级。为什么?

(2) 速度常数 k 与浓度有关,所以酸的浓度必须精确,以保证反应体系中 H^+ 浓度与实验要求的相一致。

(3) 温度对速度常数 k 的影响不容忽视,在测定 α_t 时,每测完一次,将旋光管置于25℃的恒温槽水浴中恒温,待下次测量时拿出。

(4) 在放置旋光管上的玻璃片时,将玻璃盖片沿管口轻轻推上盖好,再旋紧套盖,勿使其漏水或产生气泡。

(5) 旋光仪使用中,若两次测定中间的间隔时间较长,则应切断电源,让灯管休息一会,在下次使用提前10 min再开启。

八、课余实践

蔗糖水解属于酸催化反应。如果考虑 H^+ 对反应速率的影响,则

$$k = k_0 + k_{H^+} c_{H^+}$$

式中:k_0——$c_{H^+} \to 0$ 时的反应速率常数;

k_{H^+}——酸催化速率常数;

k——表观速率常数。

用6,4,2,1 $mol \cdot L^{-1}$ 的HCl溶液进行实验,测得各表观速率常数后,作 $k-c_{H^+}$ 图,从直线斜率得 k_{H^+},截距为 k。

实验十五 B-Z化学振荡反应

一、实验目的

(1)了解 Belousov-Zhabotinski 反应(以下简称 B-Z 反应)的基本原理及研究化学振荡反应的方法。

(2)掌握在硫酸介质中以金属铈离子作催化剂时,丙二酸被溴酸氧化体系的基本原理。

(3)了解化学振荡反应的电势测定方法。

二、实验原理

化学振荡是一种周期性的化学现象。早年波义尔(Boyle)就观察到磷放置在一个瓶口塞住的烧瓶中时,会发生周期性的闪亮现象。1921年,勃雷(W. C. Bray)在一次偶然的机会发现 H_2O_2 与 KIO_3 在硫酸稀溶液中反应时,释放出 O_2 的速率以及 I_2 的浓度会随时间周期变化。直到1959年,贝洛索夫(B. P. Belousov)首先观察到并随后为 A. M. Zhabotinski 深入研究,丙二酸在溶有硫酸的酸性溶液中被溴酸钾氧化的反应,随后人们发现了一大批可呈现化学振荡现象的含溴酸盐的反应系统。人们统称这类反应为 B-Z 反应。

对于以 B－Z 反应为代表的化学振荡现象，目前被普遍认同的是 Field，Kooros 和 Noyes 在 1972 年提出的 FKN 机理，他们提出了该反应由三个主过程组成：

过程 A　(1)$Br^- + BrO_3^- + 2H^+ \rightarrow HBrO_2 + HBrO$

(2)$Br^- + HBrO_2 + H^+ \rightarrow 2HBrO$

过程 B　(3) $HBrO_2 + BrO_3^- + H^+ \rightarrow 2BrO_2 \cdot + H_2O$

(4) $BrO_2 \cdot + Ce^{3+} + H^+ \rightarrow HBrO_2 + Ce^{4+}$

(5) $2HBrO_2 \rightarrow BrO_3^- + H^+ + HBrO$

过程 C　(6)$4Ce^{4+} + BrCH(COOH)_2 + H_2O + HBrO \rightarrow 2Br^- + 4Ce^{3+} + 3CO_2 + 6H^+$

过程 A 是消耗 Br^-，产生能进一步反应的 $HBrO_2$，HBrO 为中间产物。

过程 B 是一个自催化过程，在 Br^- 消耗到一定程度后，$HBrO_2$ 才按式(3)(4)进行反应，并使反应不断加速，与此同时，Ce^{3+} 被氧化为 Ce^{4+}。$HBrO_2$ 的累积还受到式(5)的制约。

过程 C 为丙二酸被溴化为 $BrCH(COOH)_2$，与 Ce^{4+} 反应生成 Br^- 使 Ce^{4+} 还原为 Ce^{3+}。

过程 C 对化学振荡非常重要，如果只有 A 和 B，就是一般的自催化反应，进行一次就完成了，正是 C 的存在，以丙二酸的消耗为代价，重新得到 Br^- 和 Ce^{3+}，反应得以再启动，形成周期性的振荡。

该体系的总反应为

$$3H^+ + 3BrO_3^- + 5CH_2(COOH)_2 \xrightarrow{Ce^{3+}} 3BrCH(COOH)_2 + 4CO_2 + 5H_2O + 2HCOOH$$

振荡的控制离子是 Br^-。

化学振荡体系的振荡现象可以通过多种方法观察到，如观察溶液颜色的变化，测定吸光度随时间的变化，测定电势随时间的变化等。

本实验以铂电极为导电电极，与溶液中 Ce^{3+}/Ce^{4+} 组成氧化还原电极，以饱和甘汞电极作参比电极组成原电池，则

$$\varphi(Ce^{3+}/Ce^{4+}) = \varphi^{\ominus} - \frac{RT}{nF}\ln\frac{Ce^{3+}}{Ce^{4+}}$$

$$E = \varphi(Ce^{3+}/Ce^{4+}) - \varphi_{甘汞}$$

测定 E 随时间 t 变化的 $E-t$ 曲线来观察 B－Z 反应的振荡现象，同时测定不同温度对振荡反应的影响。据 $E-t$ 曲线(见图 2.15.1)，得到诱导期($t_{诱}$)和振荡周期($t_{1振}, t_{2振}, \cdots$)。

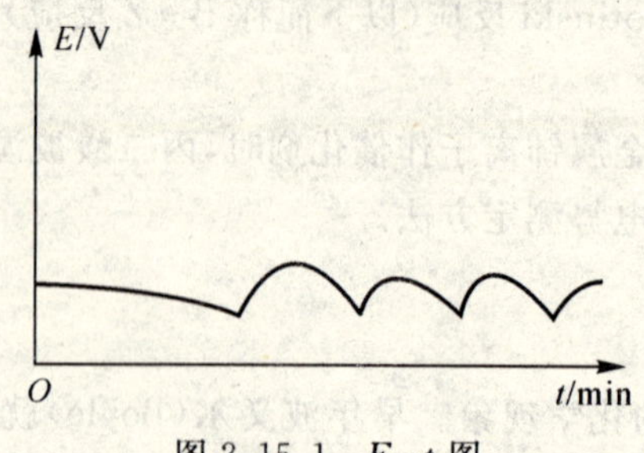

图 2.15.1　$E-t$ 图

按照文献的方法，依据 $\ln\frac{1}{t_{诱}} = -\frac{E_{诱}}{RT} + C$ 及 $\ln\frac{1}{t_{振}} = -\frac{E_{振}}{RT} + C$ 公式，计算出表观活化能 $E_{诱}$，$E_{振}$。

三、仪器与试剂

超级恒温槽1台；磁力搅拌器1台；ZR－BZ振荡实验装置1台；计算机采集系统一套；恒温反应器（双层杯）100 mL1支；铂电极1根；硫酸电极1根（甘汞电极用1 mol·L^{-1}硫酸做液接。0.45 mol·dm^{-3}丙二酸、3.0 mol·dm^{-3}硫酸、0.25 mol·dm^{-3}溴酸钾（现配）、0.004 mol·dm^{-3}硝酸铈铵。

如图2.15.2所示为实验装置图。

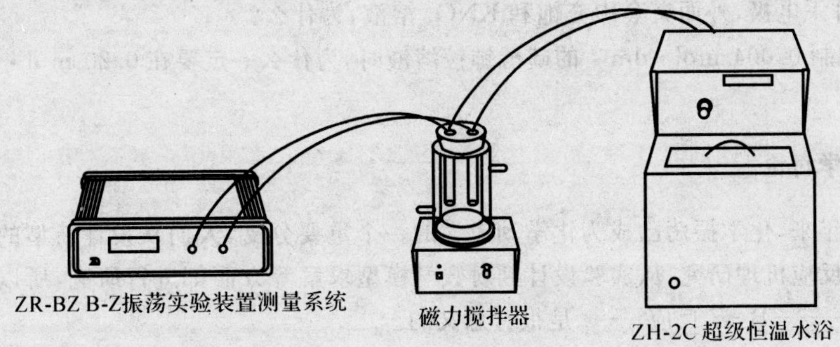

图2.15.2　实验装置图

四、实验步骤

(1) 连接好仪器，打开超级恒温槽，将温度调节到(25.0±0.1)℃。

(2) 在恒温反应器中加入已配好的丙二酸溶液、溴酸钾溶液、硫酸溶液各15 mL，恒温5 min后加入硝酸铈铵溶液15 mL，观察溶液的颜色变化，同时记录相应的$E-t$曲线。

(3) 用上述方法改变温度为30，35，40，45，50℃，重复上述实验。

五、数据记录与处理

(1) 从$E-t$曲线中得到诱导期和第一、二振荡周期。

(2) 根据$t_{诱}$，$t_{1振}$，$t_{2振}$与T的数据，作$\ln(1/t_{诱})-1/T$和$\ln(1/t_{1振})-1/T$图，由直线的斜率求出表观活化能$E_{诱}$，$E_{振}$。将数据填入表2.15.1中。

表2.15.1　实验数据表

T/K	$t_{诱}$	$t_{1振}$	$t_{2振}$	$\ln(1/t_{诱})$	$\ln(1/t_{1振})$	$1/T$
25＋298						
30＋298						
35＋298						
40＋298						
45＋298						
50＋298						

六、思考题

(1) 其他卤素离子(如 Cl^-,I^-)都易与 $HBrO_2$ 反应,如果在振荡反应的开始或中间加入这些离子,将会出现什么现象?试用 FKN 机理加以分析。

(2) 系统中什么样的反应步骤对振荡行为最为关键?

(3) 实验所用试剂均须用不含 Cl^- 的去离子水配制,而且参比电极不能直接使用甘汞电极。若用 217 型甘汞电极时要用 1 $mol \cdot dm^{-3}$ H_2SO_4 作液接,可用硫酸亚汞参比电极,也可使用双盐桥甘汞电极,外面夹套中充饱和 KNO_3 溶液,为什么?

(4) 配制 0.004 $mol \cdot dm^{-3}$ 的硫酸铈铵溶液时,为什么一定要在 0.20 $mol \cdot dm^{-3}$ 硫酸介质中进行?

七、教学讨论

近 20 年来,化学振荡已成为化学动力学的一个重要分支,人们从设计新型的化学振荡器到对性质、反应机理研究,从实验设计到对数学模型求解等方面都进行研究,所以学会探讨它的系列之一 ——B - Z 反应 —— 是很有意义的。

八、课余实践

(1) 丙二酸-碘酸钠-过氧化氢[4](少量淀粉作指示剂)的振荡反应。

(2) 葡萄糖(或木糖) - $KBrO_3$ -丙酮- $MnSO_4$ - H_2SO_4 体系的振荡反应。

实验十六 沉降分析

一、实验目的

利用物质颗粒在介质中的沉降速度来测定物质的分散度称为沉降分析法。本实验用扭力天平测定白土颗粒在静止液体中沉降的速度,计算白土的颗粒分布。通过实验掌握测定原理和扭力天平的使用方法。

二、实验原理

根据 Stokes 定律,半径为 r 的球粒在恒定的外力作用下,在黏度为 η 的均相介质中作等速运动,其速度为 v,则粒子所受到的阻力(摩擦力) f 由下式所决定:

$$f = 6\pi \eta r v \tag{2.62}$$

若外力是重力,在颗粒的下降速度恒定后,摩擦力应等于重力,即

$$6\pi \eta r v = \frac{4}{3}\pi r^3 (D - d) g \tag{2.63}$$

式中:D—— 颗粒密度;

d—— 介质密度;

g—— 重力加速度。

由式(2.63)化简得

$$v=\frac{2}{9}gr^2\frac{D-d}{\eta} \tag{2.64}$$

若已知颗粒的沉降速度，则利用式(2.64)可解得颗粒半径 r(cm)：

$$r=\sqrt{\frac{9}{2g}}\sqrt{\frac{\eta v}{D-d}}=0.067\ 73\sqrt{\frac{\eta v}{D-d}} \tag{2.65}$$

在导出 Stokes 公式时，作了下述假定：

(1) 颗粒是球形的；

(2) 与介质的分子相比，颗粒要大得多；

(3) 与正在下降的颗粒相比，液体体积要大得多；

(4) 颗粒作等速运动，因此速度不应太大，不超过某一极限值。

实际上，悬浮液中的颗粒常常不是球形的，因而由式(2.65)得出的半径并非真正的实际半径，而是具有相同质量和运动速度的颗粒的有效半径或称为等当半径。上述条件在进行测定时，分散介质的浓度不能很大，否则颗粒间的相互作用会改变颗粒的沉降情形，一般不应大于1%～2%。另外条件(2)与(4)，也规定了沉降分析的应用范围，颗粒大小需在0.1～50间，故沉降分析法不适用于典型的胶体溶液。当颗粒小于0.1时可以在离心力场中进行沉降分析，而大于50可用金属筛分离。

设沉降前颗粒均匀地分布在介质中，并设所有颗粒大小完全一样，沉降速度相等。如按图2.16.3所示装置，称量不同时间(t_i)落在盘中的颗粒质量(P_i)作出 $P-t$ 曲线(沉降曲线)，其形状如图 2.16.1(a) 所示，为一条通过原点的直线，其斜率决定于颗粒的浓度、大小及介质的性质，而直线的长短决定于液面至盘的高度 h 和颗粒的沉降速度。至 t_1 时，原来处在液面的颗粒亦已全部落在盘上，盘的质量不再改变，根据 t_1 和 h 数值可算出颗粒的沉降速度 v。

$$v=\frac{h}{t_1} \tag{2.66}$$

将 v 值代入式(2.65)，即可求出颗粒的半径 r。

对于含两种半径颗粒的分散系统，其沉降曲线形状如图 2.16.1(b) 所示，OA 段代表两种粒子同时沉降的线段，斜率大，至 t_1 时，只剩第二种颗粒沉降，沉降线发生曲折，按 AB 段上升，至 t_2 两种颗粒均已沉降，质量不再改变。由 t_1，t_2 及 h 数值可求两种粒子的大小，而其相对含量则可通过 AB 线段的延线和纵轴交点 S 求得，OS 为第一种颗粒的相对质量。P_cS 为第二种颗粒的相对质量。

实际上所遇到的悬浮液均为颗粒半径连续分布的系统，其沉降曲线一般如图 2.16.2 形状。在任意时间 t_1，已沉降的颗粒总量为 P_1，按其大小可分为两部分，一为颗粒半径 $\geqslant r_1$ ($K\sqrt{\frac{h}{t_1}}$) 已全部沉降部分，其量为 S_1，另一部分为半径小于 r_1，而在 t_1 时仍继续沉降的颗粒，其已沉降的质量为 W_1，由于它们到 t_1 时仍以同样的速度继续沉降，其沉降速度可由 A 点的斜率 $\mathrm{d}P/\mathrm{d}t$ 表示，故

$$W_1=t_1\frac{\mathrm{d}P}{\mathrm{d}t}$$

$$S_1=P_1-t_1\frac{\mathrm{d}P}{\mathrm{d}t}$$

若总沉降量为 P_c，则 S_1/P_c 为半径大于或等于 r_1 的颗粒在总量中所占的比例，而其所占

的质量分数为

$$Q=\frac{S_1}{P_c}\times 100$$

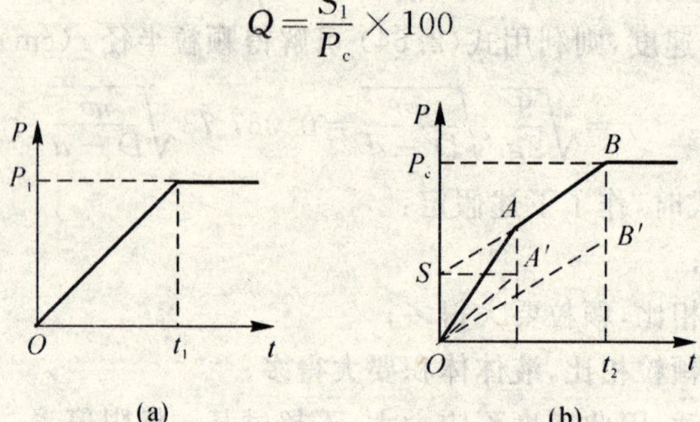

图 2.16.1 分散系统的沉降曲线

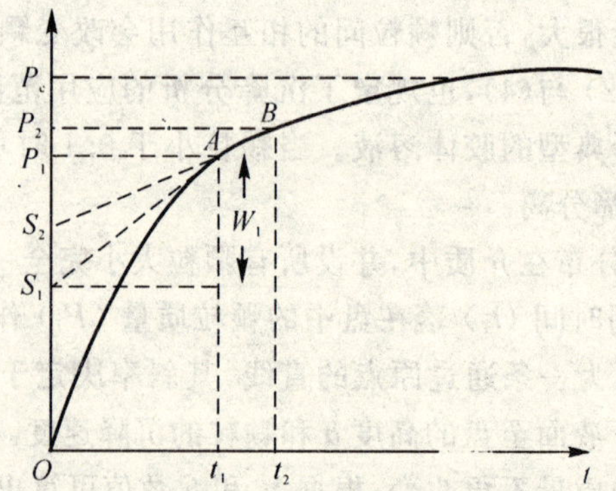

图 2.16.2 颗粒半径连续分布系统的沉降曲线

本实验是测定所给的白土样品的颗粒大小的分布，亦即要求出某一半径范围内颗粒的质量$\frac{dP}{dr}$和质量分数$\frac{dQ}{dr}$。

三、仪器与试剂

扭力天平；1 000mL 大量筒；白土样品；带小钩玻璃丝；金属小盘；玻璃搅棒；烧杯；停表；比重瓶。

四、实验步骤

1. 了解扭力天平的构造及使用方法

开始进行实验前，首先了解扭力天平的构造(见图 2.16.3)。调整螺旋支架使保持水平(依靠水平仪 2)，旋钮 4 是天平的开关，打开旋钮使天平臂 5 腾空，即可进行称量。旋钮 1 用来调节转盘 6 使转盘落在指示的某个质量处(相当于在天平上加所指示质量的砝码)，当天平已达到平衡时，平衡指针 3 应与零线重合。

2. 测定空盘重量及小盘至采面高度 h

将量筒、小盘等洗净，放水至一定的高度(约 30 cm，所用的水可用自来水加热沸腾，赶走溶解于水中的空气，然后冷却至定温即可使用)，将金属小盘用玻璃丝挂在天平臂 5 上，悬在水中，把开关 4 打开，旋转 1，使指针 3 处于零点，这时转盘指示的质量即为空盘在水中的相对质量 P_o。同时用米尺量出平衡时小盘至水面的高度 h，测出水温，查出水的黏度 η 和密度 d。

3. 悬浮液的配制及测量

称取约 10 g 左右的白土粉末样品，放在小烧杯内，然后加入少量量筒中的水搅拌均匀使其成稀浆，再倒入量筒，由于白土占体积不大可认为液面高度不变。用玻璃搅棒上下搅动浮液（搅拌时不要太猛烈，以免引起气泡产生，气泡附在金属小盘上会影响结果的正确性），至颗粒分布均匀后，迅速地将量筒放在天平侧旁，将小盘浸入量筒内，将玻璃丝挂在天平臂的小钩 5 上，在小盘浸入 $\frac{1}{2}h$ 高度时打开停表，开始记录时间。称量沉降在小盘上的质量和对应的时间，从搅拌完毕到第一次读数，动作要迅速，时间愈短愈好，一般以 10 ～ 15 s 为宜。

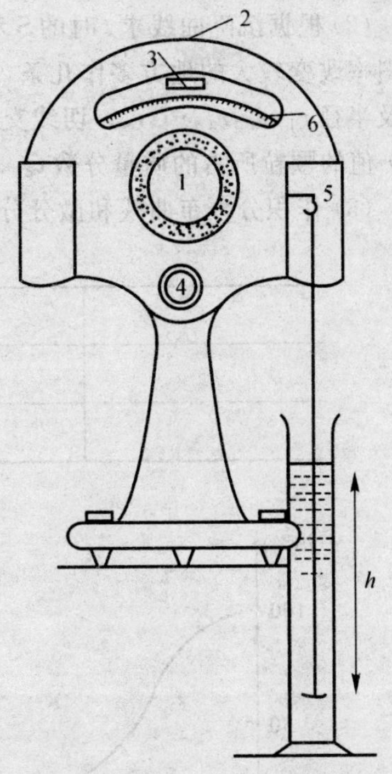

图 2.16.3　扭力天平

1— 旋纽；2— 水平仪；3— 平衡指针；4— 开关；5— 天平臂；6— 转盘

通常在实验开始时的沉降速度最大，每当小盘上沉淀质量增加约 3 g 时，进行一次读数，随后沉降速度变小，两次读数间质量差别可变小一些。当 15 ～ 20 min 内沉淀增加的质量不超过 0.5 mg 时，实验即可结束。每次称量时指针要向一个方向以极慢的速度增加，保持每次条件一致。而读数次序则是先记时间，后记下天平上的读数。实验完毕后，将天平关闭，取下小盘。

在实验中应该注意量筒、玻璃棒等物的清洁，少量杂质（电解质）的引入可能引起分散颗粒的聚结，从而影响结果的真实性。另外将小盘浸入量筒中时，应使其位置在横截面中心，并保持水平，靠近筒壁的颗粒在沉降时不遵守 Stokes 定律。

4、测量白土的密度

将实验数据填入表 2.16.1 中。

表 2.16.1　实验数据表

时间 t/s	天平读数 /mg	沉降质量 P/mg

固体密度常用比重瓶法测定。

五、数据记录与处理

(1) 作沉降曲线并求沉降量的极限值，根据表 2.16.1 中的实验数据作图，纵坐标为沉降量 P，单位是 mg，横坐标为时间 t，单位为 s。实验所得的 $P-t$ 曲线应该是光滑的，沉降曲线的极限值 P_c 的数值可用作图法求得，即在沉降曲线纵轴左边作 $P-At$ 图（A 是任意常数，t 是时间），由 t 值较大的各点作直线外推与纵轴的交点，即得 P_c。

(2) 根据沉降曲线求 t 时的 S 和 Q 值。在 $P-t$ 曲线上作 9～15 条切线，如图 2.16.4 所示，在斜率改变较大的地方多作几条，一直到水平部分，并求出相应于这些点的时间 $t_1, t_2, t_3, \cdots, t_n$ 及半径 $r_1, r_2, r_3, \cdots, r_n$。切线交于纵轴得截距 $S_1, S_2, S_3, \cdots, S_n$。并求出半径大于相应于某一 r 值的颗粒所占的质量分数 $Q_1, Q_2, Q_3, \cdots, Q_n$，并将结果列于表 2.16.2 中。

(3) 作积分分布曲线和微分分布曲线，如图 2.16.5、图 2.16.5 所示。

表 2.16.2　实验数据表

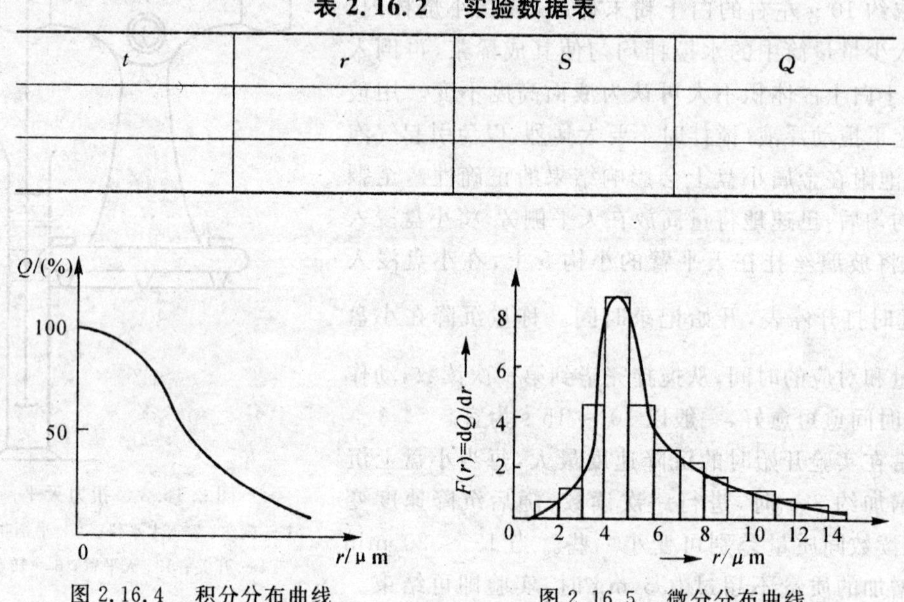

t	r	S	Q

图 2.16.4　积分分布曲线　　图 2.16.5　微分分布曲线

根据表 2.16.2 画出颗粒的积分分布曲线($Q-r$ 曲线)，纵坐标是各颗粒组的总共质量分数 Q，横坐标是颗粒的半径 r，其值采取该颗粒组中半径的最小值。

积分曲线的物理意义是：在曲线上任意一点表示系统中半径大于该值的颗粒的总共质量分数。

从积分分布曲线可以求得微分分布曲线。作微分分布曲线时，纵轴代表分布函数 dQ/dr，横轴代表半径，微分分布曲线表示各颗粒组的相对含量，曲线和横轴 r_1, r_2 间包围的面积和曲线下面整个面积之比，表示半径在 r_1 至 r_2 间的相对含量。为了找出微分分布曲线，先由积分曲线求 $\frac{\Delta Q}{\Delta r}$，所得结果记入表 2.16.2 中(所取 Δr 应较小，使 $\frac{\Delta Q}{\Delta r}$ 较接近 $\frac{dQ}{dr}$)。

根据表 2.16.2 中数据，作 $\frac{dQ}{dr}$ 对 r 曲线。求微分分布曲线方法如下：

先画出长方形(见图 2.16.5)，长方形的底是颗粒组半径范围，其高是 $\Delta Q/\Delta r$，连接各长方形顶边的中点得到光滑的曲线，即为微分分布曲线。若半径间隔是同等的，则长方形的高和颗粒组的质量分数相应，曲线的最高点相应于系统中含量最大的颗粒的半径值 r_m。

六、思考题

(1) 如果粒子不是球形的，则测得的粒子半径意义是什么？

(2) 粒子含量太多(或液体体积太少)对测定有何影响？

(3) 密度不同的液体介质对同一种沉降颗粒的沉降速率有何影响？

七、教学讨论

(1) 沉降分析所用的液体介质不应与试样产生作用，其黏度和密度应与粒子的密度结合起来考虑，使粒子达到一定的沉降速率。

(2) 将天平小盘浸入量筒中时，为何应使其位置在横截面中心，并保持水平？为什么说靠近筒壁的颗粒在沉降时不遵守 Stokes 定律？

八、课余实践

(1) 请依据 Stokes 定律计算密度为 2.60 g / cm^3、粒度分别为 74 μm 和 32 μm 的碳化硅颗粒经时 5 min 在水中的沉降位移分别是多少，设计实验将两种粒径的碳化硅粉体分离。

(2) 测定 $CaCO_3$ 粉末的粒度分布曲线，熟悉材料粒度分析方法。

实验十七　磁化率的测定

一、实验目的

用古埃(Gouy) 磁天平测定硫酸亚铁、亚铁氰化钾和铁氰化钾的磁化率并计算其不成对电子数。

二、实验原理

物质在外磁场的作用下会被磁化而产生一个附加磁场，其磁场强度 $\boldsymbol{H}'$ 与外磁场强度 $\boldsymbol{H}$ 的和称为介质内部的磁场强度 $\boldsymbol{B}$，即

$$\boldsymbol{B} = \boldsymbol{H}' + \boldsymbol{H} \tag{2.67}$$

$\boldsymbol{B}$ 又称为磁感应强度。$\boldsymbol{H}'$ 的方向可以与 $\boldsymbol{H}$ 的方向相同，也可以相反。$\boldsymbol{H}'$ 与 $\boldsymbol{H}$ 方向相同的叫顺磁性物质，相反的叫反磁性物质。一般反磁性物质的 $\boldsymbol{H}'$ 比 $\boldsymbol{H}$ 小得多，而大多数的顺磁性物质的 $\boldsymbol{H}'$ 比 $\boldsymbol{H}$ 要小，有几种物质如铁、镍等金属和它们的合金的 $\boldsymbol{H}'$ 比 $\boldsymbol{H}$ 则要大得多，且附加磁场、磁场不随外磁场的消失而立刻消失，这类物质称为铁磁物质。本实验只讨论非铁磁性物质。物质的磁化用磁化强度 $\boldsymbol{I}$ 来描述，且有 $\boldsymbol{H}' = 4\pi\boldsymbol{I}$。对非铁磁性物质来讲，磁化强度与外磁场强度 $\boldsymbol{H}$ 成正比。

$$\boldsymbol{I}' = k\boldsymbol{H} \tag{2.68}$$

k 称为物质的体积磁化率，在化学研究工作中常用质量磁化率 x_g 和摩尔磁化率 x_M，它们的定义是

$$x_g = \frac{k}{\rho} \tag{2.69}$$

$$x_M = \frac{kM}{\rho} \tag{2.70}$$

式中：ρ, M—— 物质的密度和摩尔质量。

物质的磁性与组成物质的原子、离子或分子的性质有关。当原子或分子中电子的总角动

量不为零时，其总磁矩不为零，并能顺着磁场方向，这时物质表现出顺磁性。当物质的原子和分子中的电子总角动量为零时，总磁矩也为零。但是，在外磁场的作用下，产生一种感应圆形电流，因而有感应的磁矩。这个磁矩与外磁场方向相反，表现反磁性。反磁性是普遍存在的，顺磁性物质也具有反磁性，只不过顺磁性超过了反磁性。所以物质的摩尔磁化率 x_M 为顺磁化率 $x_{顺}$ 和反磁化率 $x_{反}$ 之和，即

$$x_M = x_{顺} + x_{反} \tag{2.71}$$

通常 $|x_M| \geqslant |x_{反}|$，作近似处理时，$x_M = x_{顺}$，要精确计算时，可用 $x_{反}$ 的加和性质，查表校正之。

当分子或原子中的电子总角动量不为零时，其磁矩并不为零；对大量单个分子或原子的磁矩作统计平均而得到摩尔顺磁化率，即

$$x_{顺} = \frac{N_A \mu_m^2}{2kT} \tag{2.72}$$

式中：μ_m—— 分子或原子的磁矩；

N_A—— 阿伏加德罗常数；

k—— 玻耳兹曼常数；

T—— 热力学温度。

分子的磁矩与其电子的角动量之间有如下关系：

$$\mu_m = \gamma p_J = g\mu_B \sqrt{J+(J+1)} \tag{2.73}$$

式中：p_J—— 总角动量；

$\gamma = \frac{\mu_m}{P_J} = g\,\frac{e}{2m_e c}$，式中 γ 为旋磁比，e 为电子电荷，m_e 为电子质量，c 为光速；

μ_B—— 玻耳磁子，等于 $9.273 \times 10^{-24}\ \mathrm{J \cdot K^{-1}}$；

$g = 1 + \frac{S(S+1)+J(J+1)-L(L+1)}{2J(J+1)}$，为朗德因子，$J = L + S$ 为总角量子数，L 为总轨道角量子数，S 为总自旋量子数。

一般情况下，分子的顺磁性几乎都是自旋贡献的，因此 $L=0$，$J=S$，$g=2$。如有 n 个未配对电子，则其总的自旋量子数 $S=n/2$，代入式(2.69)得

$$\mu_m = \mu_B \sqrt{n(n+2)} \tag{2.74}$$

通过实验测得磁化率后，就能够确定分子的磁矩和配对电子数，因而就可能获得关于简单分子的电子结构，金属络合物的键型和立体化学的某些知识。

古埃法测定磁化率的装置如图 2.17.1 所示。将装有样品的圆柱形玻璃管按图 2.17.1(a)或(b) 方式悬挂在一端位于场强最大的区域(H)，另一端位于场强最弱(甚至为零) 的区域(H_0)。这样整个样品管就处于不均匀磁场中。设柱形样品的截面积为 A，沿样品管长度方向 dz 的体积 Adz 在非均匀磁场中所受到的作用力 dF 为

$$\mathrm{d}F = kAH\,\frac{\mathrm{d}H}{\mathrm{d}z}\mathrm{d}z \tag{2.75}$$

式中：k—— 体积磁化率；

$\frac{\mathrm{d}H}{\mathrm{d}z}$—— 场强梯度。

对顺磁性物质，作用力指向场强最大的方向，反磁性物质则指向场强最弱的方向。当不考虑样品管周围介质和 H_0 的影响时，积分式(2.75)，得到作用在整个样品管上的力：

$$F=\frac{1}{2}kH^2A \tag{2.76}$$

当样品受到磁场的作用力时，天平的另一臂上加减砝码使之平衡，设 ΔW 为施加磁场前后的质量差，则

$$F=\frac{1}{2}kH^2A=g\Delta W \tag{2.77}$$

式中：g—— 重力加速度。

又样品质量 $m=\rho hA$，式中，ρ，h 为柱形样品的密度和高度。

综合整理式(2.69)、式(2.70)、式(2.76) 和式(2.77) 得

$$x_g=\frac{2\Delta Whg}{mH^2} \tag{2.78}$$

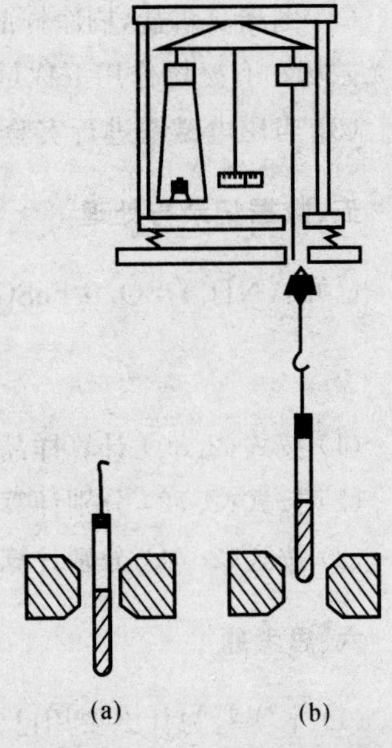

图 2.17.1　古埃磁天平示意图

$$x_M=\frac{2\Delta WhgM}{mH^2} \tag{2.79}$$

一般用已知磁化率的物质校正磁天平。当待测样品和校正用样品在同一样品管中的装填高度相同并且在同一场强下进行测量时，由式(2.78)、式(2.79) 可得待测样品的摩尔磁化率 x_{M2} 为

$$x_{M2}=x_{g1}\frac{\Delta W_2-\Delta W_0}{\Delta W_1-\Delta W_2}\frac{m_1}{m_2}M_2 \tag{2.80}$$

式中：ΔW_0，ΔW_2，ΔW_1—— 空样品管、待测样品、校正样品施加磁场前后的质量变化；

m_1，m_2—— 待测样品和校正样品的质量；

M_2—— 待测样品的摩尔质量。

三、仪器与试剂

古埃磁天平 1 套(由自动加码分析天平和磁场强度大于 0.3T 的永久磁铁组成)，也可采用电磁铁；样品管(内径约 6 mm 的玻璃管)3 支；$K_4Fe(CN)_6\cdot 3H_2O$；$K_3Fe(CN)_6$；化学纯 $(NH_4)_2SO_4\cdot FeSO_4\cdot 6H_2O$(莫尔盐)；$FeSO_4\cdot 7H_2O$。

四、实验步骤

(1) 取干燥样品管一支，挂在磁天平的一个臂上，称得空管的质量，然后小心地移动磁铁架，恰好使样品管底部处于磁场两极的正中(要特别注意，不能使样品管与磁极间有任何摩擦)，称得样品管在磁场中的质量。再重复称量两次，取平均值。取下样品管，细心地将已研细的莫尔盐装入管中，并不断使样品管底部在木垫上轻轻碰击，直至装满约 12 cm 为宜。继续碰击至样品在管中的高度不再变化为止，在无磁场作用下称量，然后小心地移动磁铁，同样使样品管底部处于磁场两极的正中，再称样品管的质量，如此重复称量两次，取平均值。

(2) 倒出莫尔盐,刷净样品管,用上述同一操作方法先后装入硫酸亚铁、亚铁氰化钾样品,在无磁场和有磁场作用下称量(特别注意使样品管中的样品高度一致)。

(3) 当用电磁铁进行实验时,可改变磁电流,以便在不同磁场强度下进行实验。

五、数据记录与处理

已知:$(NH_4)_2SO_4 \cdot FeSO_4 \cdot 6H_2O$ 的质量磁化率与温度关系如下:

$$x_g = \frac{9\ 500}{T+1} \times 10^{-6}$$

(1) 按式(2.80) 计算样品的摩尔磁化率。

(2) 按式(2.72) 分别计算上述样品的磁矩 μ_m。

(3) 按式(2.74) 分别计算样品的不成对电子数 n。

六、思考题

(1) 本实验为什么要用已知磁化率的物质校正磁天平?

(2) 样品在玻璃管中的充填密度对测量有何影响?

(3) 用古埃磁天平测定磁化率的精密度与哪些因素有关?

(4) 不同磁场强度下测得样品的摩尔磁化率应否相同?

七、教学讨论

用古埃磁天平进行精密测定时,除用已知磁化率的物质校正磁天平外,还应对样品所具有一定磁化率的空气加以校正。校正值应为

$$F_{校} = \frac{1}{2} k_0 H^2 A \tag{2.81}$$

式中:k_0—— 空气的体积磁化率,20℃ 时,$k_0 = 0.029 \times 10^{-6}$。

对于一个给定样品管,H_{2A} 为常数。引入样品密度后,式(2.72) 改写成质量磁化率,即

$$x_g = \frac{0.029 \times 10^{-6} V + \beta(\Delta W_1 - \Delta W_2)}{m} \tag{2.82}$$

式中:V—— 样品体积;

m—— 样品质量;

β—— 样品管校正常数,可由已知磁化率的标准物质确定。

常用的标准物为氯化镍溶液,其磁化率为

$$x_g = \left[\frac{100\ 30}{T} y - 0.72(1-y)\right] \times 10^{-6}$$

式中:y—— 氯化镍质量分数;

T—— 热力学温度。

八、选作课题

用氯化镍溶液校正样品管,求样品管校正常数 β。

提示：样品为溶液时还须对圆管的弯月面体积作校正，对小圆管的校正体积是 $V=\frac{1}{3}\pi r^3$，r 为管半径。校正体积加入样品体积中。

八、课余实践

通过磁化率的测定，可以推断分子、原子、离子，包括络离子和自由基中的未成对电子数，由此可确定其电子排布及空间构型。测定磁化率是研究过渡金属络离子的价键类型和络离子构型的重要手段之一。选择一种金属络合物测定其磁化率，并推断其构型。

第3章 选做实验

实验一 氨基甲酸铵的分解平衡

一、实验目的

用等压法测定氨基甲酸铵的分解压力，并计算此分解反应的有关热力学函数。

二、实验原理

氨基甲酸铵的分解平衡可用下式表示：

$$NH_4CO_2NH_2(s) \rightleftharpoons 2NH_3(g) + CO_2(g)$$

在实验条件下可把气体看成是理想的，上式的标准平衡常数可表示为

$$K^{\ominus} = \left(\frac{p_{NH_3}}{p^{\ominus}}\right)^2 \left(\frac{p_{CO_2}}{p^{\ominus}}\right) \tag{3.1}$$

式中：p_{NH3}，p_{CO2}——NH_3 和 CO_2 的分压；

$p^{\ominus}$ —— 标准压力，通常选用 100 kPa。

设平衡总压是 p，则 $p_{NH_3} = \frac{2}{3}p$，$p_{CO_2} = \frac{1}{3}p$ 代入式(3.1)，得

$$K^{\ominus} = \frac{4}{27}\left(\frac{p}{p^{\ominus}}\right)^3 \tag{3.2}$$

因此，测得给定温度下的平衡压力后，即可按式(3.2) 算出平衡常数 $K^{\ominus}$。当温度变化的范围不大时，测得不同温度下的 $K^{\ominus}$，可按

$$\lg K^{\ominus} = \frac{-\Delta_r H_m^{\ominus}}{2.303RT} + C$$

求得实验温度范围内的 $\Delta_r H_m^{\ominus}$。

根据 $\Delta_r G_m^{\ominus} = -RT\ln K^{\ominus}$ 的关系式，可求得给定温度下的 $\Delta_r G^{\ominus}$。

已知 $\Delta_r H_m^{\ominus}$ 及 $\Delta_r G_m^{\ominus}$ 就可根据 $\Delta_r G_m^{\ominus} = \Delta_r H_m^{\ominus} - T\Delta_r S_m^{\ominus}$ 的关系求得 $\Delta_r S_m^{\ominus}$。

三、仪器与试剂

仪器装置如图 3.1.1 所示；化学纯氨基甲酸铵，液体石蜡。

四、实验步骤

(1) 将烘干的等压计 3 与真空胶管 2 接好，旋塞 9 与真空泵相连接，检查系统气密性。

(2) 确认不漏气后，取下等压计，将氨基甲酸铵粉末装入等压计的盛样小球中，用乳胶管将小球与等压管连接(必要时用细铁丝扎紧)。在 U 形管中滴加适量液体蜡(或硅油) 作密封

液如图3.1.2所示。

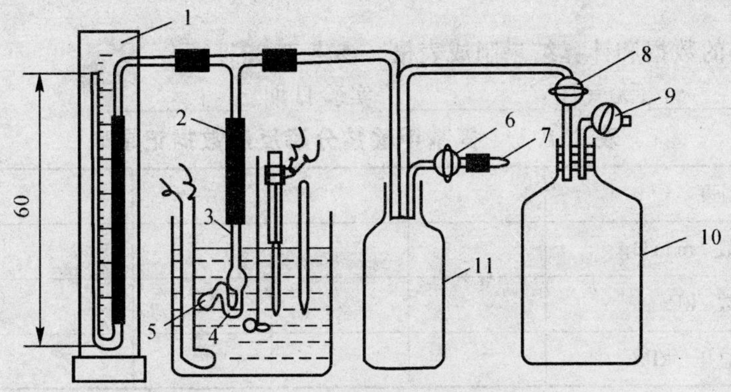

图3.1.1　等压法测定分解压装置

1—U型汞压计；2—厚壁胶管；3—等压管；4—封闭液；5—氨基甲酸铵；6,8,9—旋塞；7—毛细管；10,11—缓冲瓶

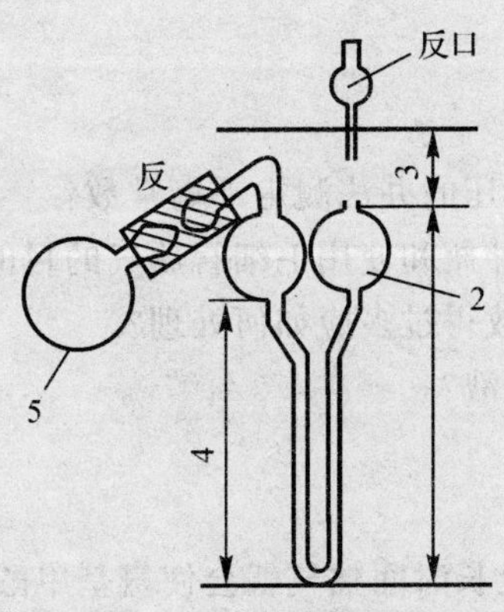

图3.1.2　等压管构造图

(3) 将等压管小心地与真空橡胶管连接好，然后把等压计固定于恒温槽中。调整恒温槽的温度至(26.00±0.05)℃。开动真空泵，通过调节旋塞9和8缓慢地将体系中的空气抽出。当等压计达到所设定的压力范围时，关闭旋塞9和8，停止抽气。开启旋塞6缓缓放入空气，通过毛细管进入体系，直至等压管两臂液面在同一水平面时，立即关闭旋塞，若在15 min内保持水平不变，则读取U形汞压计1的汞高差，读数应作温度修正。

(4) 为了检验盛氨基甲酸铵的小球内空气是否已经转换完全，可打开旋塞8，借缓冲瓶10的真空，让盛样小球继续排气10 min后，按上述操作测定氨基甲酸铵的分解压力。

(5) 如两次测定结果相差小2 mmHg，就可进行另一温度下的分解压测定。这时调整恒温槽的温度为(30.00±0.05)℃，观察U形管液面的变化，从毛细管7缓缓放入空气，至等压计U形管两臂液面齐平且保持10 min不变，即可读取U形压力计的汞高差、大气压及温槽的温度。然后用相同的方法并在此基础上继续测定35,40,45,50℃的分解压。实验过程中不能让液体石蜡(或硅油)进入装样玻泡中以防止阻碍氨基甲酸的分解。

(6) 试验完成后，将空气放入系统至汞高差接近为零时，取下等压管，将盛样小球洗净、烘干备用。

五、数据记录与处理

(1) 将测得的数据和计算结果制成表格。参考表 3.1.1。

室温：________；大气压：________；实验日期：________。

表 3.1.1 氨基甲酸铵分解反应数据记录表

温度/℃					
压力计读数/mmHg					
压力计读数/kPa					
系统平衡总压/kPa					

(2) 根据实验数据作 $\lg K^{\ominus}-1/T$ 图，并由图计算氨基甲酸铵分解反应的 $\Delta_r H_m^{\ominus}$

(3) 计算 25℃ 时氨基甲酸铵分解反应的 $\Delta_r G_m^{\ominus}$ 及 $\Delta_r S_m^{\ominus}$。

六、思考题

(1) 如何检查系统的气密性？

(2) 什么条件下才能用测总压的办法测定平衡常数？

(3) 在试验装置中，安置缓冲瓶和使用毛细管放气的目的是什么？

(4) 如在放空气入体系时，放得过多应如何处理？

(5) 怎样选择等压计的封闭液？

七、教学讨论

(1) 实验中如果在 40℃ 以上长时间抽气就会使氨基甲酸铵蒸气在管道系统冷凝结晶。这时可在试样未加热的情况下用电吹风加热管道，同时抽气使其气化排走。

(2) 氨基甲酸铵中存在少量碳酸铵盐，可通过抽气使其分解除去。但如吸水出现液相，则会因氨的溶解而出现巨大的 CO_2 平衡分压。

(3) 用于测定固体分解压、升华压的等压管封闭液必须是不与被测物反应的不溶解被测物气，最好是密度较小的液体，它本身的蒸气压可忽略或可从总压扣除。

(4) 可用负压传感器代替 U 形汞压计测压力。

八、课余实践

(1) 测定 NH_4HCO_3 在 25～50℃ 的分解压。

(2) 于 NH_4HCO_3 中加水至出现液相，这时是否还能用等压计测其蒸气总压？试从所得结果解释潮湿的碳酸氢铵不稳定的原因。

附：化学纯氨基甲酸铵的制备

如图 3.1.3 所示，氨和二氧化碳接触后，即能生成氨基甲酸铵，如果氨和二氧化碳都是干燥的，则不论两者的比例如何，都仅生成氨基甲酸铵。在有水存在时，则还会形成碳酸铵或碳酸氢铵。因此，在制造时必须保持氨、二氧化碳和容器都是干燥的。若将干燥的氨和二氧化碳通入外部冷却的反应器，则在器壁上也会形成一层致密、坚硬、黏附力极强的氨基甲酸铵，不仅这层不良导热物影响反应热的去除，而且产物也无法取出。

用聚乙烯薄膜袋做成反应器，不但反应热较易通过薄膜除去，且产物也不黏壁，只须稍加揉搓，产物即成粉末掉下。二氧化碳用浓硫酸干燥，氨气用固体氢氧化钾干燥。为便于估计气体流量，在洗气瓶3中装液体石蜡作鼓泡瓶。尾气鼓泡通入水中，洗去未反应的氨，然后排空。操作时先打开二氧化碳钢瓶，再缓缓打开液氨钢瓶，调节氨流速比二氧化碳大一倍。如果两种气体比例合适，反应进行完全，则可见尾气鼓泡很少。产品量达到要求后，停止通气，倒出产物，密封于干的磨口瓶中，并将瓶置干燥器中保存。薄膜反应器封好备用。如果没有气体钢瓶，也可用化学法生产氨和二氧化碳。

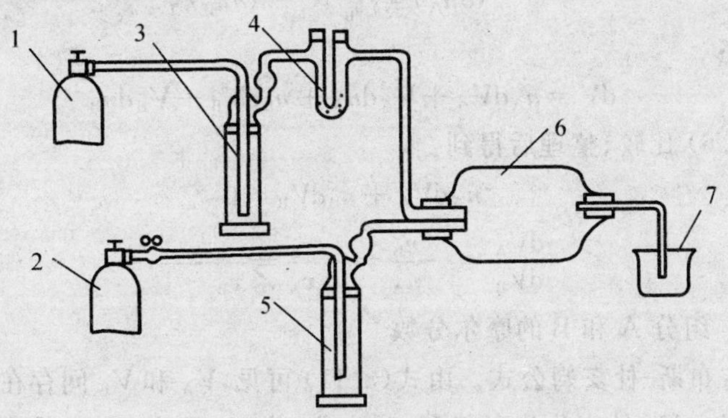

图 3.1.3　氨基甲酸铵制造流程

1— 氨钢瓶；2—CO_2 钢瓶；3— 液体石蜡鼓泡瓶；

4—固体氢氧化钾干燥管；5— 浓硫酸洗气瓶；6— 塑料薄膜袋；7— 水槽

实验二　偏摩尔体积的测定

一、实验目的

(1) 掌握求二组分溶液偏摩尔体积的方法；

(2) 加深对偏摩尔量概念的认识。

二、实验原理

在恒温恒压下，物质的量分别为 n_A 和 n_B 的组分A和组分B形成二组分溶液。该溶液的任何容量性质 Y 的全微分可表示为

$$dY=\left(\frac{\partial Y}{\partial n_A}\right)_{T,p,n_B}dn_A+\left(\frac{\partial Y}{\partial n_B}\right)_{T,p,n_B}dn_B \tag{3.3}$$

如果定义
$$Y_A=\left(\frac{\partial Y}{\partial n_A}\right)_{T,p,n_A},\quad Y_B=\left(\frac{\partial Y}{\partial n_B}\right)_{T,p,n_A}$$

则

$$dY=Y_A dn_A+Y_B dn_B \tag{3.4}$$

式中：Y_A和 Y_B—— 物质 A 和 B 的某种容量性质 Y 的偏摩尔量。

若溶液的容量性质为体积 V，则 V_A，V_B 分别为 A 和 B 的偏摩尔体积，定义为

$$V_A = \left(\frac{\partial V}{\partial n_A}\right)_{T,p,n_B}, V_B = \left(\frac{\partial V}{\partial n_B}\right)_{T,p,n_A} \tag{3.5}$$

有

$$dV = V_A dn_A + V_B dn_B \tag{3.6}$$

溶液总体积 V 与 n_A, n_B, T, p 有关，即

$$V = V(n_A, n_B, T, p) \tag{3.7}$$

当 T, p 一定时，

$$V = n_A \left(\frac{\partial V}{\partial n_A}\right)_{T,p,n_B} + n_B \left(\frac{\partial V}{\partial n_B}\right)_{T,p,n_A} \tag{3.8}$$

对式(3.8) 微分时，

$$dV = n_A dV_A + V_A dn_A + n_B dV_B + V_B dn_B \tag{3.9}$$

将式(3.9) 与式(3.6) 比较、整理后得到：

$$n_A dV_A + n_B dV_B = 0 \tag{3.10}$$

$$\frac{dV_A}{dV_B} = -\frac{n_B}{n_A} = -\frac{x_B}{x_A} = \frac{x_B}{x_B - 1} \tag{3.11}$$

式中：x_A 和 x_B—— 组分 A 和 B 的摩尔分数。

式(3.10) 为吉布斯-杜亥姆公式。由式(3.11) 可见，V_A 和 V_B 间存在着函数关系。V_A 和 V_B 彼此不是独立的。V_A 的变化将引起 V_B 的变化，若 V_A 不变，V_B 也保持不变，当 x_B 为一定值，即溶液浓度一定时，dV_A 一定，dV_B 也就一定了。

偏摩尔体积的物理意义可从两个角度理解。一是温度、压力及溶液一定的情况下，在一定量的溶液中加入极少量的 A(由于加入 A 的量极少，可以认为溶液浓度没有发生变化)，此时，系统体积的改变量与所加入A的物质的量之比即为该温度、压力及溶液浓度的情况下，A的偏摩尔体积。二是可以将 A 的偏摩尔体积理解为在一定温度、压力及溶液浓度的情况下，将 1 molA 加入到大量的溶液中(由于溶液量大，可以认为加入 1 mol A，溶液浓度没有发生改变)，此时，溶液体积的改变量则为该温度、压力及溶液浓度下 A 的偏摩尔体积。偏摩尔体积与纯组分摩尔体积 $V_{m,A}^*$ 不同，因为 $V_{m,A}^*$ 只涉及A分子本身之间的作用力，而 V_A 则不仅涉及A分子本身的作用力，还有 B 分子之间以及 A 与 B 分子之间的作用力。而且这三种作用力对溶液总体积的影响将随溶液中 A，B 分子的比例而变，亦即随溶液浓度而变。定量的描述这些分子之间的作用力是十分困难的，在大多数情况下，可简单地将 $V_{m,A}^*$ 和 V_A 进行比较，以作定性说明。

实验中，利用 V_A 和 V_B 与一些实验直接测定量关系，经过数据处理，求算 V_A 和 V_B。下面介绍两种求测偏摩尔体积的方法。

1. Q-$\sqrt{b}$ 图法

由式(3.5) 和式(3.8) 可得

$$V = n_A V_A + n_B V_B \tag{3.12}$$

式(3.12) 可改写为

$$V = n_A V_{m,A}^* + n_B Q \tag{3.13}$$

式中：Q——B 的表观摩尔体积；

$V_{m,A}^*$—— 纯 A 的摩尔体积。

$$Q=\frac{V-n_A V_{m,A}^*}{n_B} \tag{3.14}$$

由物质的量分别为 n_A 和 n_B 的物质 A,B 配成溶液，其体积质量为 ρ，则溶液的体积为

$$V=\frac{n_A M_A+n_B M_B}{\rho}$$

式中：M_A 和 M_B—— 物质 A 和 B 的摩尔质量。把此关系式代入式(3.14)，得

$$Q=\frac{1}{n_B}\left(\frac{n_A M_A+n_B M_B}{\rho}-n_A V_{m,A}^*\right) \tag{3.15}$$

当溶液组成用质量摩尔浓度 b_B 表示时，式中 $n_A=\frac{1\ \mathrm{kg}}{M_A}$，$n_B=b_B\mathrm{kg}$。

$$Q=\frac{1}{b_B}\left(\frac{1+b_B M_B}{\rho}-\frac{1}{M_A/V_{m,A}^*}\right)$$

因为$\frac{M_A}{V_{m,A}^*}=P_A$，$P_A$ 为纯 A 的体积质量，所以

$$Q=\frac{1}{b_B}\left(\frac{1+b_B M_B}{\rho}-\frac{1}{\rho_A}\right)$$

$$Q=\frac{1}{b_B\rho\rho_A}(\rho_A-\rho)+\frac{M_B}{\rho} \tag{3.16}$$

由式(3.16)可知，与 Q 有关的量 b_B，ρ_A，ρ 都可由实验测得，因此 Q 可由这些测量值计算而得。进而只要找到 V_A，V_B 和 Q 的关系，即可求摩尔体积。为此，先把式(3.13)对 n_B 求导，得

$$V_B=\left(\frac{\partial V}{\partial n_B}\right)_{T,p,n_A}=Q+n_B\left(\frac{\partial Q}{\partial n_B}\right)_{T,p,n_A} \tag{3.17}$$

而

$$V_A=\frac{V-n_B V_B}{n_A} \tag{3.18}$$

式(3.18)中的 V 和 V_B 分别用式(3.13)和(3.17)的关系代入，得

$$V_A=\frac{1}{n_A}\left[n_A V_{m,A}^*-n_B^2\left(\frac{\partial Q}{\partial n_B}\right)_{T,p,n_A}\right] \tag{3.19}$$

从式(3.17)和式(3.19)可以看出，已知 n_A，n_B，Q，$\frac{\partial Q}{\partial n_B}$，便可求算 V_A，V_B。上述计算方法，对于二组分溶液未加任何限制，所以原则上适用于所有的二组分溶液系统。

因溶液组成用质量摩尔浓度表示，故

$$\left(\frac{\partial Q}{\partial n_B}\right)_{T,p,n_A}=\left(\frac{\partial Q}{\partial b_B}\right)_{T,p,n_A}=\left[\frac{\partial Q}{\partial\sqrt{b_B}}\frac{\partial\sqrt{b_B}}{\partial b_B}\right]_{T,p,n_A} \tag{3.20}$$

将式(3.20)代入式(3.17)得

$$V_B=Q+\frac{\sqrt{b_B}}{2}\left(\frac{\partial Q}{\partial\sqrt{b_B}}\right)_{T,p,n_A} \tag{3.21}$$

因为

$$n_A=\frac{1\ \mathrm{kg}}{M_{H_2O}}=\frac{1\mathrm{kg}}{18.016\times10^{-3}\mathrm{kg\cdot mol^{-1}}}=55.51\ \mathrm{mol}$$

所以

$$V_B = Q^0 + \frac{b_B^2}{55.51}\left(\frac{1}{2\sqrt{b_B}}\frac{\partial Q}{\partial \sqrt{b_B}}\right) \tag{3.22}$$

对于强电解质稀薄水溶液，德拜-休克尔理论证明了其表观摩尔体积 Q 与 $\sqrt{b_B}$ 呈线性关系。如图 3.2.1 所示对于 Q-$\sqrt{b_B}$ 线上的任何一点 $p(\sqrt{b_B}, Q)$，有 $\dfrac{Q-Q^0}{\sqrt{b_B}}=\dfrac{\partial Q}{\partial \sqrt{b_B}}$。

$$V_B = Q^0 + \sqrt{b_B}\frac{\partial Q}{\partial \sqrt{b_B}}$$

则

$$V_B = Q^0 + \frac{3}{2}\sqrt{b_B}\left(\frac{\partial Q}{\partial \sqrt{b_B}}\right)_{T,p,n_A} \tag{3.23}$$

综上所述，为求偏摩尔体积，在实验中要先配制不同质量摩尔浓度的溶液，在恒温恒压下测定每一溶液及纯溶剂的体积质量，由式(3.16)计算每一溶液的 Q 值，作 Q-$\sqrt{b_B}$ 图。若是强电解质稀薄水溶液，得一条直线，直线的斜率为 $\dfrac{\partial Q}{\partial \sqrt{b_B}}$，由式(3.22)和式(3.23)计算 V_A 和 V_B。

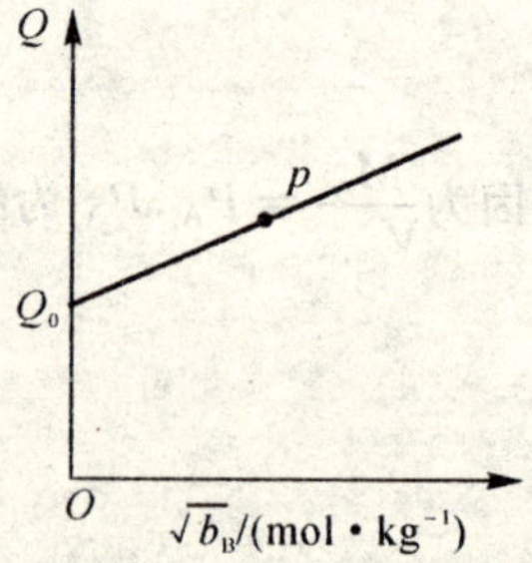

图 3.2.1　Q-$\sqrt{b_B}$ 图

2. 截距法

将式(3.12)两边同除以 (n_A+n_B)，则

$$\frac{V}{n_A+n_B} = \frac{n_A}{n_A+n_B}V_A + \frac{n_B}{n_A+n_B}V_B$$

$$V_m = x_A V_A + x_B V_B = x_A V_A + (1-x_A)V_B = x_A(V_A - V_B) + V_B \tag{3.24}$$

式中：$V_m=\dfrac{V}{n_A+n_B}$，可由测得溶液的体积算得。测得一系列溶液的 V_m 后作 V_m-x_A 图(一般为曲线)过线上任一点作切线，切线的斜率为 (V_A-V_B)，$x_A=0$ 的截距为 V_B。如图 3.2.2 所示为二组溶液的 V_A 和 V_B 的关系。

同理，

$$V_m = (1-x_B)V_A + x_B V_B = x_B(V_B - V_A) + V_A \tag{3.25}$$

在 V_m-x_B 图上，线上的任一点切线的斜率为 (V_B-V_A)，$x_B=0$ 的截距 V_A。所以 V_m-x_A(或 V_m-x_B 是同样的)线上任一点切线在 $x_A=0$ 和 $x_B=0$ 的截距即 V_B 和 V_A。

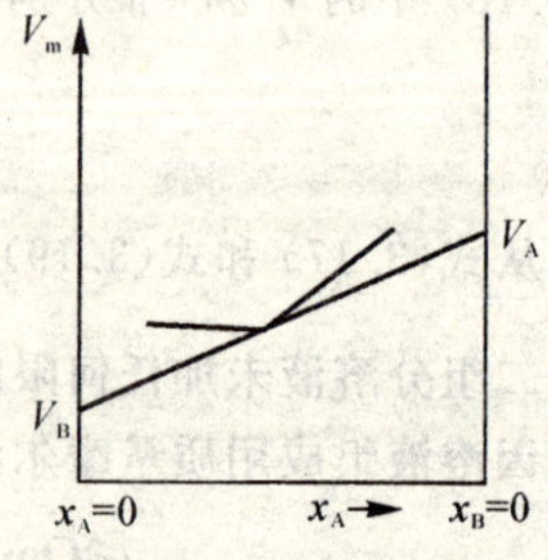

图 3.2.2　二组分溶液的 V_A 和 V_B 的关系

三、仪器与试剂

分析天平(公用)，比重瓶 1 个，恒温槽 1 套，磨口锥形瓶(25 mL)6 个，量筒(50 mL)1 个，烧杯(400 mL)1 个；NaCl(分析纯)，蒸馏水。

四、方法与步骤

(1) 用称量法精确配制质量摩尔浓度分别为 3.0，2.0，1.0，0.7，0.5 $mol \cdot kg^{-1}$ 的 NaCl 水溶液。

(2) 用比重瓶法测定 25℃ 时每一种 NaCl 溶液的密度 ρ_0 操作步骤如下：

1) 先将恒温槽的温度调到(25±0.1)℃。

2) 用分析天平精确称得洁净干燥的空比重瓶(连毛细管磨口塞和磨口帽一起)的质量 m_1。

3) 取下瓶帽和毛细管磨口塞,将纯水注满比重瓶,轻轻塞上毛细管磨口塞,使瓶内的水经磨口毛细管溢出,注意瓶内不得有气泡,将比重瓶置于恒温水槽中,使水浸没瓶颈。恒温10min后,用滤纸迅速吸去毛细管溢出的水,盖上磨口帽,将比重瓶从恒温槽中取出(只可用手拿瓶颈处)用吸水纸将瓶外壁擦干(这时要特别小心,不要因手的温度过高而使瓶中的水溢出),再精确称量装满水的比重瓶的质量 m_2。

4) 倒出比重瓶中的纯水,用待测 NaCl 溶液冲洗净比重瓶后,注满待测 NaCl 溶液,重复步骤 3) 的操作,称得装满被测 NaCl 溶液的比重瓶的质量 m_3。

5) 按以下公式计算 NaCl 溶液在温度 t 时的密度 $\rho(t)$

$$\rho(t)=\frac{m_3-m_1}{m_2-m_1}\rho(H_2O,\ t)$$

式中:$\rho(H_2O,t)$ —— 在温度 t 时纯水的密度。

五、数据记录与处理

(1) 列出原始数据。将实验数据填入表 3.2.1 中。

室温:________;大气压:________;实验日期:________;

蒸馏水密度:________。

表 3.2.2　实验数据表

序　号	NaCl 摩尔浓度	m_1	m_2	m_3	$\rho(t)$
1					
2					
3					
4					
5					

(2) 计算每一溶液的 b_B,$\sqrt{b_B}$,ρ 和 Q 值。

(3) 作 Q-$\sqrt{b_B}$ 图,由图求$\dfrac{\partial Q}{\partial\sqrt{b_B}}$及 Q^0 值

(4) 计算 25℃ 及实验大气压下,$b_B=0.500\ mol\cdot kg^{-1}$ 和 $b_B=1.000\ mol\cdot kg^{-1}$ 时水和 NaCl 的偏摩尔体积。

六 、思考题

用比重法测定液体的体积质量,测得精确结果的关键是什么?

七、教学讨论

对固体密度的测定也可用比重瓶法。其方法是首先称出空比重瓶的质量为 W_0,再向瓶内

注入已知密度的液体(该液体不能溶解待测固体,但能润湿待测固体),盖上瓶塞。置于恒温槽中恒温 10 min,用滤纸小心吸去比重瓶塞上毛细管口溢出的液体,取出比重瓶擦干,称出重量为 W_1。倒去液体,吹干比重瓶,将待测固体放入瓶内,恒温后称得质量为 W_2。然后向瓶内注入一定量上述已知密度的液体。将瓶放在真空干燥内,用油泵抽气 3 ~ 5min,使吸附在固体表面的空气全部抽走,再往瓶中注入上述液体,并充满。将瓶放入恒温槽,然后称得质量为 W_3,则固体的密度可由式(3.7)计算:

$$\rho_s = \frac{W_2 - W_0}{(W_1 - W_2) - (W_3 - W_2)}\rho$$

八、课余实践

测定指定质量分数的乙醇-水溶液中各组分的偏摩尔体积。

实验三　三组分液-液系统相图

一、实验目的

测绘苯-水-乙醇三组分系统的相图。

二、实验原理

如图 3.3.1 所示以等边三角形的三个顶点分别代表纯组分 A,B 和 C,则 AB 线代表(A + B)的二组分系统,BC 线代表(B+C)二组分系统,AC 线代表(A+C)二组分系统,而三角形内各点相当于三组分系统。三角形的每一边分为 100 等分,通过三角形内任何一点 O 引平行于各边的直线,根据几何原理,$a+b+c=$ AB = BC = CA = 100% 或 $a'+b'+c'=$ AB = BC = CA = 100%。因此 O 点的组成可由 a', b', c' 来表示,即 O 点所代表的三个组分的百分组成为 $B\% = b'$,$C\% = c'$,$A\% = a'$。要确定 O 点的 B 组成,只须通过 O 作出与 B 对边 AC 的平行线,割 AB 边于 D,AD 线段长即相当于 B%。依此类推。如果已知三组分的任两个百分组成,只须作两条平等平行线,其交点就是被测系统的组成点。

等边三角形还有下列两个特点:

(1) 通过任一顶点 B 向其对边引直线 BD,则 BD 线上的各点所代表的组成中,A,C 两个组分含量的比保持不变。这可由三角形相似原理得到证明,即

$$\frac{a'}{c'} = \frac{a''}{c''} = \frac{A\%}{C\%} = 常数$$

(2) 如果有两个三组分系统 D 和 E,将其混合之后其成分必位于 D,E 两点之间的连线上,例如为 O。根据杠杆规则,$\frac{E之量}{D之量} = \frac{DO之长}{EO之长}$。

在苯-水-乙醇三组分系统中,苯和水是不互溶的,而乙醇和苯及乙醇和水都是互溶的,在苯 - 水系统中加入乙醇则可促使苯与水的互溶。由于乙醇在苯层及水层中非等量分配,因此代表两层浓度的 a,b 点的连线并不一定和底边平等(见图 3.3.2)。设加入乙醇后系统总组成为 c,平衡共存的两相叫共轭溶液,其组成由通过 c 的连线上的 a,b 两点表示。图中曲线以下区域为两相共存,其余部分为液相。

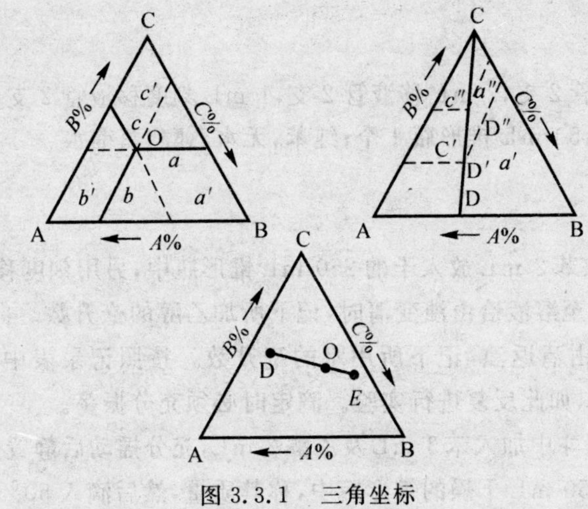

图 3.3.1 三角坐标

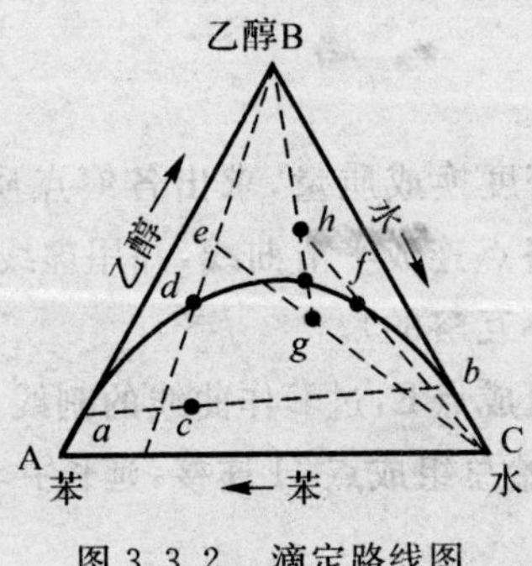

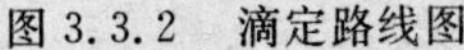

图 3.3.2 滴定路线图

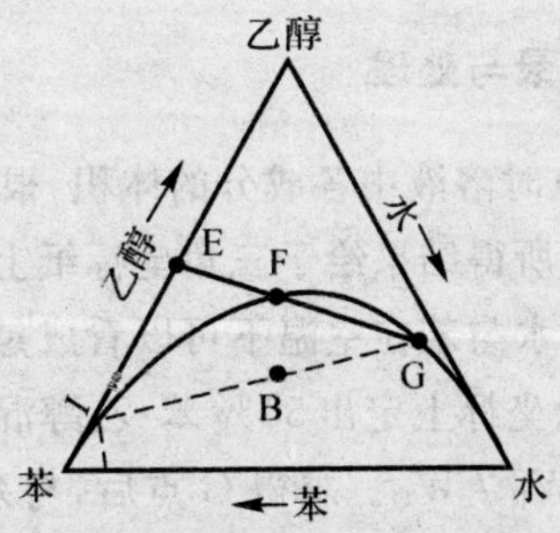

图 3.3.3 连接线的测定

现有一个苯-水的二组分系统，其组成为 K，于其中逐渐加入乙醇，则系统总组分沿 KB 变化(苯-水比例保持不变)，在曲线以下区域内则存在互不溶混的两共轭相，将溶液振荡时则出现浑浊状态。继续滴加乙醇直到曲线上的 d 点，系统将由两相区进入单相区，液体将由浑浊转为清澈，继续加乙醇至 e 点，液体仍为清澈的单相。如于这一系统中滴加水，则系统总组分将沿 e—C 变化(乙醇-苯比例保持不变)，直到曲线上的 f 点，则由单相区进入两相区，液体开始由清澈变浑浊。继续滴加水至 g 点仍为两相。如于此系统中再加入乙醇，至 h 点则由两相区进入单相区，液体由浑变清。如此反复进行，可获得 d,f,h,j 等位于曲线上的点，将它们连接即得单相区与两相区分界的曲线。

设组分为 E 的苯-乙醇混合液，滴加到组成为 G，质量为 W_G 的水层溶液中(见图 3.3.3)，则系统总组成点将沿直线 GE 向 E 移动。当移至 F 点时，液体由浊变清(由两相变为单相)，根据杠杆规则，加入苯乙醇混合物质量 W_E 与水层 G 的质量 W_G 之比按下式确定：

$$\frac{W_E}{W_G}=\frac{FG}{EF}$$

已知 E 点及 FG / EF 之比值后，可通过 E 作曲线的割线，使线段符合 $\frac{FG}{EF}=\frac{W_E}{W_G}$，从而可确定出 G 点的位置。由 G 通过原系统总组成点 H，即得连接线 GI。G 及 I 代表总组分为 H 的系统的两个共轭溶液，G 是它的水层。

三、仪器与试剂

50 mL 酸式滴定管 2 支,2 mL 移液管 2 支,1 mL 刻度移液管 2 支,250 mL 锥形瓶 1 个,50 mL 分液漏斗 1 个,50 mL 锥形瓶 1 个;纯苯,无水乙醇,蒸馏水。

四、实验步骤

(1) 用移液管移取苯 2 mL 放入干的 250 mL 锥形瓶中,另用刻度移液管加水 0.1 mL,然后用滴定管滴加乙醇,至溶液恰由浊变清时,记下所加乙醇的毫升数。向此液中再加乙醇 0.5 mL,用水滴定至溶液由清返浊,记下所用水的毫升数。按照记录表中所规定数字继续加入水,然后又用乙醇滴定,如此反复进行实验。滴定时必须充分振荡。

(2) 在干的分液漏斗中加入苯 3 mL 及乙醇 2 mL,充分摇动后静置分层。放出下层(即水层)1 mL 于已称量的 50 mL 干燥的锥形瓶中,称其质量,然后滴入 50% 苯-乙醇混合物,不断摇动,至由浊变清,再称其质量。

五、数据记录与处理

(1) 将终点时溶液中各成分的体积,根据其密度换成质量,求出各终点质量分数组成,填入表 3.3.1 中,所得结果绘于三角坐标纸上。将各点连成平滑曲线,并用虚线将曲线外延到三角形两顶点(因水与苯在室温下可以看成是完全不互溶的)。

(2) 在三角坐标上定出 50% 苯-乙醇混合物组成点 E,过 E 作曲线的割线 EG,割曲线于 F,使 $FG / EF = W_E / W_G$。求得 G 点后,与系统原始总组成点 H 连接,延长并与曲线交于 I 点,IG 即为所求连接线。

六、思考题

(1) 当系统总组分点在曲线内与曲线外时,相数有何变化?

(2) 连接线交于曲线上的两点代表什么?

(3) 用相律说明:当温度、压力为恒定时,单相区的自由度是多少?

(4) 使用的锥形瓶为什么要事先干燥?

(5) 用水或乙醇滴定至清浊变化以后,为什么还要加入过剩量?过剩量的多少对结果有何影响?

(6) 从测量的精密度看,系统的质量分数组成能用几位有效数字表示?

(7) 如果滴定过程中有一次清浊转变时读数不准,是否需要立即倒掉溶液重新做实验?

七、教学讨论

(1) 部分互溶系统的相图是液-液萃取操作的基础。通过本实验可使学生熟悉三角坐标的绘制和使用。

(2) 互溶曲线的测定多采用滴定法。即先配好一系列完全互溶二元液,再用第三组分滴至由清变浊,这样就较易观察转变点。连接线的测定多采用分析法。当各组分的折光率有较大差别时也可用折光仪分析,这时需先测得两饱和相中含不同量第三组分时的折光率数据(见

图 3.3.4)。共轭饱和液的组成也可采用化学分析法，特别是色谱法进行分析。

表 3.3.1 实验数据表

编号	苯	体积 /mL 水 每次加	水 合计	乙醇 每次加	乙醇 合计	质量 /g 笨	水	乙醇	合计	质量分数 /(%) 苯	水	乙醇	终点记录
1	2	0.1											清
2	2		0.5										浊
3	2	0.2											清
4	2		0.9										浊
5	2	0.6											清
6	2		1.5										浊
7	2	1.5											清
8	2		3.5										浊
9	2	4.5											清
10	2		7.5										浊

	苯	水	乙 醇	锥形瓶的质量
体 积 /mL	3	3	3	水层质量 W_c =
质量分数 /(%)				50% 苯-乙醇混合物质量 $W_E = W_E : W_G$

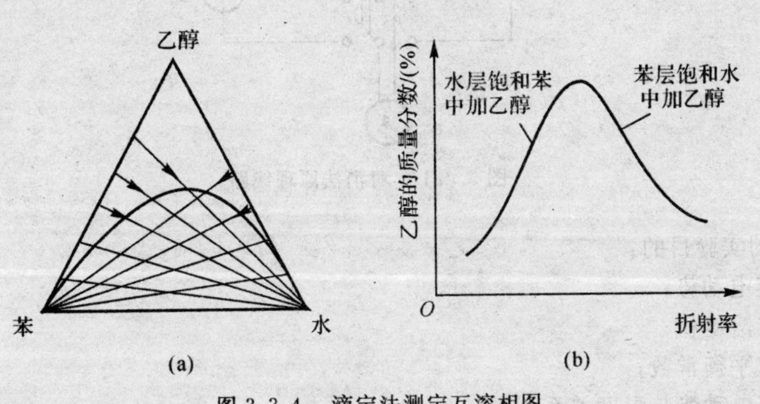

图 3.3.4 滴定法测定互溶相图

八、课余实践

(1) 采用“教学讨论”中提出的方法测绘环己烷-乙醇-水系统的相图。

(2) 自行设计苯-乙醇混合物，先用水萃取，然后用精馏法分离提纯的方案，并实施自己的这一方案。

实验四 电动势的测定和应用

测定可逆电池的电动势在物理化学实验中占有重要的地位，应用十分广泛。如平衡常数、活度系数、解离常数、溶解度、配位常数、溶液中离子的活度以及某些热力学函数的改变量等均可通过电池电动势的测定来求得。

电池的电动势不能直接用电压计来测量，由于电池与电压计相接后，便成了通路，有电流通过，发生化学变化，电极被极化，溶液浓度改变，电池电势不能保持稳定，且电池本身有内阻，电压计所测得的电位降仅为电势的一部分。利用对消法（又叫补偿法）可使在电池无电流（或极小电流）通过时，测得其二极的静态电势，这时的电位降即为该电池的平衡电势，此时电池反应是在接近可逆条件下进行的。因此对消法测电池电势的过程是一个趋近可逆过程的例子。

对消法的线路示意图如图 3.4.1 所示，调节 R_P 阻值，当工作电流 I 在 R_N 上产生电压降等于标准电池电势值 E_N 时，如开关 K 打入右边，检流计便指零，此时工作电流便准确等于 5.5 mA，该步骤称为对“标准”。

测量时，调节已知的电阻 R，使其工作电流产生的电压降等于被测值 $U_x = IR$，如开关 K 打入左边，检流计指零，从而可由已知的 R 阻值大小来反映 U_x 的数值。

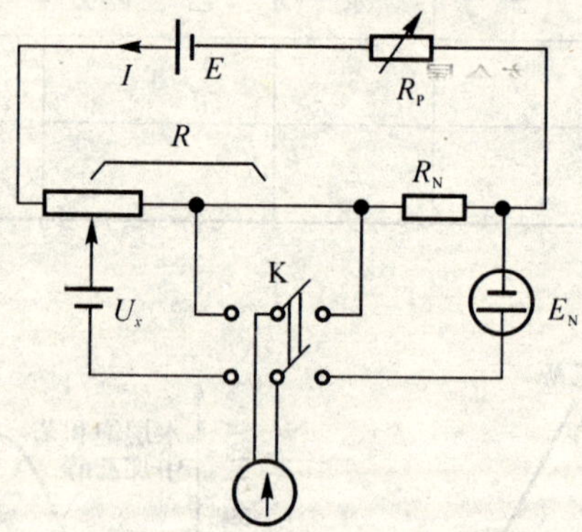

图 3.4.1 对消法原理线路

本实验的实验目的：

(1) 测定电动势；

(2) 测定溶度积；

(3) 测定平衡常数；

(4) 测定电动势与温度关系。

这些实验所根据的原理、实验操作方法和应用的仪器大部分相同，要求通过这些实验掌握对消法的原理、了解仪器的构造和使用，并正确而熟练地进行操作。

电动势的测定

一、实验原理

电池是由 2 个电极（半电池）组成，电池的电势是 2 个电极的电势差值（假设 2 个电极溶液互相接触而产生的液接电势已经用盐桥消除）。设负电极的电极电势为 φ_-，正电极的电极电势为 φ_+，规定 $E=\varphi_+-\varphi_-$。一定温度下电极电势的大小决定于电极的性质和溶液中有关离子的活度。由于电极电势的绝对值不能测量，在电化学中，电极电势是以某一电极电势为标准而求出的相对值。通常使用氢电极、当氢气压力为 1 atm、溶液中 $a_{H^+}=1$ 时的电极电势定为零，称为标准氢电极。采用 IUPAC 的惯例，把标准氢电极放在电池表示式的左边发生氧化反应，把待测电极放在右边发生还原反应，即

$$Pt \mid H_2(p^{\ominus}) \mid H^+(a_{H^+}=1) \parallel \text{待测电极}$$

若已消除液接电势，这样测得的电池电动势数值即为该电极的电极电势。由于使用氢电极较麻烦，故常用其他可逆电极作为参考电极来代替氢电极。常用的参考电极有甘汞电极、氯化银电极等。

本实验目的是测定几种金属电极的电极电势。将待测电极与饱和甘汞电极组成如下电池：

$$M \mid M^{n+}(a\pm) \parallel KCl(\text{饱和溶液}) \mid Hg_2Cl_2 \mid Hg$$

其电动势 E 为

$$E=\varphi_+-\varphi_-=\varphi_{\text{甘汞}}-\varphi^{\ominus}_{M/M^{n+}}-\frac{RT}{nF}\ln a_{M^{n+}}$$

式中已设液接电势为零。$\varphi^{\ominus}$ 为金属电极的标准电极电势。因此通过测定 E 值，再根据 $\varphi_{\text{甘汞}}$ 和溶液中金属离子的活度即可求得该金属的标准电极电势 $\varphi^{\ominus}_{M/M^{n+}}$。

二、仪器与试剂

UJ33b 型直流电位差计（使用方法见第 4 章 4.16），连线；饱和甘汞电极；Zn 电极；Cu 电极；$ZnSO_4$；$CuSO_4$；饱和 KCl；烧杯；盐桥（或测试装置）；保温瓶。

三、实验步骤

1. 准备电极（半电池）

须准备的电极有 $Hg \mid Hg_2Cl_2 \mid KCl$(饱和)（饱和甘汞电极）；$Zn \mid 0.1\,mol \cdot L^{-1}\,ZnSO_4$；$Zn \mid 0.01\,mol \cdot L^{-1}\,ZnSO_4$；$Cu \mid 0.1\,mol \cdot L^{-1}\,CuSO_4$； $Cu \mid 0.01\,mol \cdot L^{-1}\,CuSO_4$。

制作时，电极金属要加以处理，对于锌电极先进行汞齐化。将锌电极用砂纸磨光，除掉锌电极上的氧化层，用蒸馏水冲洗，然后浸入饱和氯亚汞溶液中 3～5 s，取出后再用蒸馏水淋洗，使锌电极表面上有一层均匀的汞齐。汞齐化的目的是消除金属表面机械应力不同的影响，使它获得重复性较好的电极电势。汞齐化时必须注意汞有剧毒，所用过的滤纸应丢在带水的盆中，绝不允许随便丢在地上。铜电极以细砂纸擦亮或以稀硫酸浸洗之。

取一个洁净的半电池管（可用烧杯代替），插入已处理的电极金属，然后由支管吸入所需的溶液，如图 3.4.2 所示。

2. 制作盐桥

将 30 mL 饱和氯化钾或硝酸钾的水溶液中加入约 0.2～0.3 g 的琼脂，水浴加热使其完全溶解，稍冷倒入盐桥中，完全冷却凝固后，即可使用。不用时，应将盐桥两端浸入饱和溶液中保存。注意盐桥中间不能产生气泡。

3. 以饱和 KCl 溶液为盐桥，测定下列电池的电势

实验装置如图 3.4.3 所示。

(1) $Zn \mid 0.1\ mol\cdot L^{-1}ZnSO_4 \parallel$ 饱和甘汞电极;
(2) $Zn \mid 0.01\ mol\cdot L^{-1}ZnSO_4 \parallel$ 饱和甘汞电极;
(3) 饱和甘汞电极 $\parallel 0.1\ mol\cdot L^{-1}CuSO_4 \mid Cu$;
(4) 饱和甘汞电极 $\parallel 0.01\ mol\cdot L^{-1}CuSO_4 \mid Cu$;
(5) $Zn \mid 0.1\ mol\cdot L^{-1}ZnSO_4 \parallel Cu \mid 0.1\ mol\cdot L^{-1}CuSO_4$;
(6) $Zn \mid 0.01\ mol\cdot L^{-1}ZnSO_4 \parallel Cu \mid 0.01\ mol\cdot L^{-1}CuSO_4$。

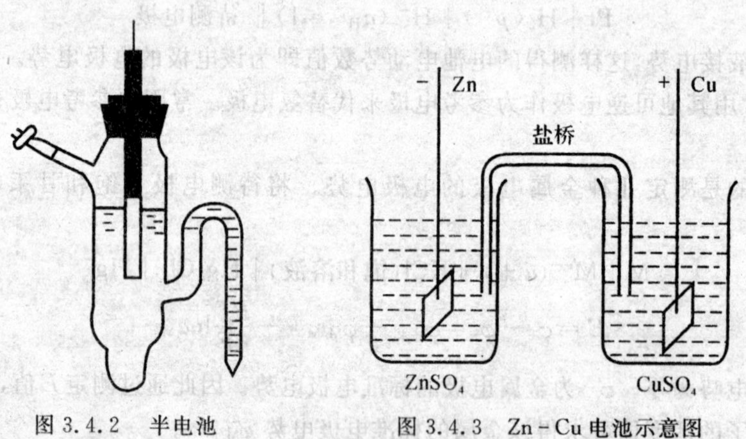

图 3.4.2　半电池　　　图 3.4.3　Zn－Cu 电池示意图

四、数据记录与处理

根据电池的结构和所测得电池电动势数据,并以饱和甘汞电极的电极势 $E_{甘汞}$、离子平均活度系数 $\gamma_{\pm}$ 及浓度数据计算锌、铜的标准电极势 E^0,$\gamma_{\pm}$ 的数据如表 3.4.1、表 3.4.2 所示。

室温:＿＿＿＿＿＿;大气压:＿＿＿＿＿＿;实验日期:＿＿＿＿＿＿。

表 3.4.1　离子平均活度系数 $\gamma_{\pm}$

	$0.1\ mol\cdot L^{-1}$	$0.01\ mol\cdot L^{-1}$
$CuSO_4$	0.16	0.40
$ZnSO_4$	0.150	0.387

表 3.4.2　电动势测定数据记录

电池序号	电池电动势	电动势				
		计算值	测得值			
			(1)	(2)	(3)	平均
1	E_1/V					
2	E_2/V					
3	E_3/V					
4	E_4/V					

续表

电池序号	电池电动势	电动势				
		计算值	测得值			
			(1)	(2)	(3)	平均
5	E_5/V					
6	E_6/V					

溶度积的测定

本实验是用电化学方法测定微溶盐 AgCl 的溶度积和溶解度。

一、实验原理

$$\mathrm{Ag} \mid \mathrm{AgNO_3}(a_1)\underset{\mathrm{NH_4NO_3}}{\|}\mathrm{AgNO_3}(a_2) \mid \mathrm{Ag}$$

这是一个用盐桥消除液接电势的浓差电池。其电动势为

$$E=\frac{RT}{F}\ln\frac{a_1}{a_2}=\frac{RT}{F}\ln\frac{\gamma_1 C_1}{\gamma_2 C_2} \tag{3.26}$$

电池为

$$\mathrm{Ag} \mid \mathrm{KCl}(0.01\ \mathrm{mol\cdot L^{-1}})\text{与饱和 AgCl 液}\underset{\text{饱和}\mathrm{NH_4NO_3}}{\|}\mathrm{AgNO_3}(0.01\ \mathrm{mol\cdot L^{-1}}) \mid \mathrm{Ag}$$

令 $0.01\ \mathrm{mol\cdot L^{-1}}$ KCl 溶液中 Ag^+ 的活度为 a_{Ag^+}，则

$$E=\frac{RT}{F}\ln\frac{a_{Ag^+}}{0.902\times 0.01} \tag{3.27}$$

式中：0.902——25℃ 时 $0.01\ \mathrm{mol\cdot L^{-1}}$ $AgNO_3$ 的平均离子活度系数。

由于氯化银活度积 $K_{sp}=a_{Ag^+}a_{Cl^-}$

因此

$$a_{Ag^+}=\frac{K_{sp}}{a_{Cl^-}}$$

代入式(3.27)即得：

$$E=-\frac{RT}{F}\ln 0.902\times 0.01+\frac{RT}{F}\ln K_{sp}-\frac{RT}{F}\ln a_{Cl^-}$$

所以 $$\lg K_{sp}=\lg 0.902\times 0.01+\lg 0.902\times 0.01+\frac{EF}{2.303RT}$$

在纯水中，AgCl 的溶解度很小，故活度积就是溶度积。因此$[Ag^+]=[Cl^-]=\sqrt{K_{sp}}$，即 AgCl 在纯水中的溶解度为$\sqrt{K_{sp}}\ \mathrm{mol\cdot L^{-1}}$。

二、实验步骤

(1) 制备电极。

银丝用浓氨水浸洗后，再用水洗净，然后浸入含有少量硝酸钠的硝酸中片刻。取出用水洗净(银丝也可用平衡常数测定实验中所述办法进行处理)。把处理好的 2 根银丝浸入同样浓度的 $AgNO_3$ 溶液，测其电池电势。如果电池电势不接近于 0，则银丝必须重新处理。按图 3.4.4 组成电池。其中左方电极(半电池)的制备方法如下：将新制的银丝插入半电池管中封好，吸入加有 2 滴 0.1 mol·L^{-1} $AgNO_3$(不能多加)的 0.1 mol·L^{-1} KCl 溶液即可。

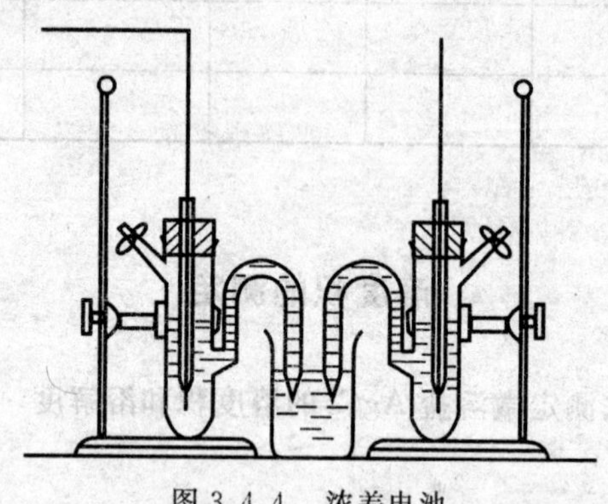

图 3.4.4　浓差电池

(2) 测定电池电动势。

三、数据记录与处理

计算 AgCl 的溶度积和溶解度。

平衡常数的测定

一、实验原理

电极电势法测定平衡常数，关键在于设计一个电池，使其中发生要测的化学反应。本实验求下述反应的平衡常数：

$$H_2Q + 2Ag^+ = Q + 2Ag\downarrow + 2H^+$$

式中：H_2Q—— 对苯二酚 $C_6H_4(OH)_2$。Q 表示醌 $C_6H_4O_2$ 上面反应可设计成下面电池，在两极上将进行下列反应。

Pt | 氢醌，0.1mol·L^{-1} HNO_3 ‖ 0.01mo·L^{-1} $AgNO_3$，0.1mol·L^{-1} HNO_3 | Ag

阳极反应为：　$H_2Q = Q + 2H^+ + 2e$

阴极反应为　$2Ag^+ + 2e = 2Ag\downarrow$

电池反应为　$H_2Q + 2Ag^+ = Q + 2H^+ + 2Ag\downarrow$

电池电势为

$$E = E^\circ + \frac{RT}{2F}\ln\frac{a_{H^+}^2 a_Q}{a_{Ag^+}^2 a_{H_2O}} \tag{3.28}$$

$$E^\circ = \frac{RT}{2F}\ln K \tag{3.29}$$

式中：K—— 上面电池反应的平衡常数。

可见，只要测出电池电势 E 及电池中各个物质活度 a_{H^+}，a_{Ag^+}，a_{H_2Q}，a_Q 就可以求出 E°。进

一步算出平衡常数 K。

由于氢醌($H_2Q \cdot Q$)为醌与对苯二酚的等分子化合物,在水溶液中依下式部分溶解:

$$C_6H_4O_2 \cdot C_6H_4(OH)_2 = C_6H_4O_2 + C_6H_4(OH)_2$$

在酸性溶液中,对苯二酚的离解度极小,因此醌与对苯二酚的活度可以认为相同,即 $a_Q = a_{H_2Q}$。又因为在两半电池中的溶离子强度近似相等,而 H^+ 和 Ag^+ 的价态一样,故可近似地认为这 2 种离子的活度系数相同,因此,上式可化成

$$E = E^{\circ} + \frac{RT}{2F}\ln\frac{c_{H^+}^2}{c_{Ag^+}^2} \tag{3.30}$$

因此只要知道电池中 H^+ 与 Ag^+ 的浓度,并测得电池电动势 E,就能求出此反应的平衡常数。

二、实验步骤

1. 银丝处理

以银丝为阳极(银丝的纯度为99.98%,并事先在400℃左右退火半小时。),Pt作为阴极,置于0.1 $mol \cdot L^{-1}$ HNO_3 溶液中进行电解。用电阻箱调节电流,维持电流强度 $I=2$ mA,通电几分钟。取出后用水洗干净即可。

直流电源可采用 2 V 的蓄电池或直流稳压电源。电流大小用毫安级电流表量度。

2. 制备下列电极

(1) 氢醌电极。取一半电池管,洗净。加入少量氢醌(0.1 g 即已足够,因氢醌在水中溶解度很小,1.1 $g \cdot L^{-1}$),然后插入一个铂电极封好,吸入已知其准确浓度的硝酸溶液(约0.1 $mol \cdot L^{-1}$)摇动数分钟。

(2) $Ag \mid Ag^+$ 电极。取一半电池管,插入一根已处理好的银丝,吸入已知准确浓度(约0.001 $mol \cdot L^{-1}$) 的 $AgNO_3$ 的硝酸溶液,硝酸浓度与氢醌电极中所用者一样。

(3) 以上述 HNO_3 溶液为盐桥,组成电池,测电池电动势。

三、数据记录与处理

(1) 根据电池电动势 E 和 c_{H^+} 和 c_{Ag^+},代入式(3.30)求出 E°。

(2) 根据 E° 算出式(3.29)的平衡常数 K,并与文献值对照。

(3) 计算该反应的 ΔG^0。

电动势与温度关系的测定

本实验目的是测定不同温度之下电池的电动势并根据吉布斯-亥姆霍茨(Gibbs-Helmholhz)公式求电池内化学变化的 ΔH 和 ΔS。

一、实验原理

化学反应的热效应可以用热量计直接测量,也可用电化学方法来测量。由于电池的电动势可以测得的很准,因此所得数据较热化学方法所得的结果更为可靠。在恒温恒压可逆的操作条件下,电池所做的电功是最大有用功。利用对消法测定电池的电动势 E,即可获得相应的电池反应的自由能的改变值,即

$$\Delta G = -nFE \tag{3.31}$$

根据吉布斯-亥姆霍茨公式

$$\Delta G - \Delta H = T\left(\frac{\partial \Delta G}{\partial T}\right)_p = -T\Delta S \tag{3.32}$$

将式(3.31)代入得

$$\Delta H = -nEF + nFT\left(\frac{\partial E}{\partial \mathrm{T}}\right)_p \tag{3.33}$$

$$\Delta S = nF\left(\frac{\partial E}{\partial T}\right)_p \tag{3.34}$$

因此,按照化学反应设计成一个电池,测量各个温度下电池的电动势,以温度对电动势作图,从曲线的斜率可以求得任一温度下的$\frac{\mathrm{d}E}{\mathrm{d}T}$值,利用上述公式,即可求得该反应的热力学函数$\Delta G$,$\Delta H$,$\Delta S$等。

$$\mathrm{Zn(固)} + \mathrm{PbSO_4(固)} \rightarrow \mathrm{ZnSO_4} + \mathrm{Pb(固)}$$

为求这一反应的热力学函数,可按照该反应设计成一个可逆的电池:

Zn(Hg)(6%Zn) | $ZnSO_4$(0.02 mol·L^{-1}) | PbSO4(固体)(悬浮液) | Pb(Hg) (6%Pb)

此电池是一个无迁移的电池,不存在液体接界电势,因而其电动势可以测准。若略去锌汞齐和铅汞齐的生成势,则根据不同温度下的电动势数据,就容易计算出这一反应的热力学函数。

二、实验步骤

1.制备电池

电池的构造如图 3.4.5 所示。由 H 管管底部焊接两根铂丝,作为电极的导线。管的两边分别装着锌汞齐和铅汞齐,在铅汞齐的上部悬浮固体 $PbSO_4$,整个电池管中充满 $ZnSO_4$溶液。在 H 管的横臂上放在有磨砂玻璃片,或塞有洁净的玻璃毛,以防止悬浮的 $PbSO_4$固体沾污锌半电池管。管口用橡皮塞、蜡密封,以便浸入恒温水槽中不致发生渗漏。将塞子的一个钻孔,接着一根玻璃管,使溶液在热膨胀时有伸缩余地。

汞齐的制备。用质量法准确称取 6%的锌或铅,放在研钵中与汞一起研磨片刻,加入少量的稀硫酸(0.5 mol·L^{-1})继续研磨。加酸的目的在于防止在表面上生成氧化物的浮渣,同时加快汞齐化。汞齐先用蒸馏水洗,再用 $ZnSO_4$溶液洗 3~4 次。所得的汞齐加入电池管中,要避免铂丝全部被浸没。如果锌汞齐表面形成较稠的淤渣,可以稍加温热而使其易于流动。配制 0.02 mol·L^{-1} $ZnSO_4$溶液,加到锌汞齐上。而铅汞齐上则加入带有悬浮的 $PbSO_4$颗粒的 $ZnSO_4$溶液。为此,取 100 mL 0.02 mol·L^{-1} $ZnSO_4$溶液,加入约 2 g $PbSO_4$,剧烈地摇动,将此悬浮液加到铅汞齐上。加时要小心,不要使 $PbSO_4$流到锌极上。

2.测定不同温度下电池的电动势

温度范围在 15~50℃之间每隔 5~10℃测一次。为了测定不同温度的电动势,将上述电池置于保温瓶中,加入温水,浸入电池。在保温瓶盖上开两个小孔,一个孔插入 1/10℃的温度计,另一孔将电池的两个电极用导线引出,接至电位计上。电池在暖瓶内,充分地达到热平衡后，测量其电动势，并记录其温度。测定一个温度的电动势之后，用吸管吸去一部分瓶内热水，加入等量的冷水，调节至另一个温度。放入电池，待电池充分达到热平衡后，测其电动势。每次测定时，都要使电动势准确到十分之几毫伏。

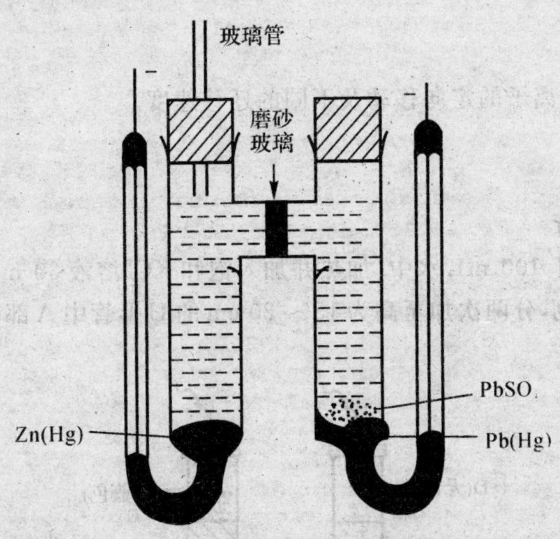

图 3.4.5 Zn－Pb 电池

三、数据记录与处理

(1) 将所得的电动势 E 与绝对温度 T 作图，并由图上的曲线求取 18，25，35℃ 三个温度下的 E 和 dE/dT 数值。dE/dT 值是通过作曲线的切线，由切线的斜率求得的。将实验数据填入表 3.4.3 中。

表 3.4.3 不同温度下电池的电动势

t/℃	15	20	25	30	35	40	45	50
E/V								

(2) 利用式(3.31)至式(3.33)计算 18，25，35℃ 时的 ΔG，ΔH 与 ΔS 的数值，以 J 为单位列表表示。

(3) 根据所计算出的 ΔG 值，计算该反应的平衡常数 K，利用平衡移动原理解释实验结果。

四、思考题

(1) 为何测电动势要用对消法，对消法的原理是什么？

(2) 请设计一个用 2 个电阻箱代替学生型电位差计的回路测定电池电动势。

(3) 怎样计算标准电极电势？“标准”是指什么条件？

(4) 测电动势为何要用盐桥？如何选用盐桥以适合不同的系统？

实验五　离子迁移演示实验

一、实验目的

演示在电场作用下离子的定向移动及不同的迁移速度。

二、演示方法

1. 在 U 形管中进行

(1) 取 2 g 琼胶溶于 100 mL 水中，加热并加入饱和 KCl 溶液 30 mL，加几滴酚酞，再加几滴 NaOH 使溶液呈红色，分两次加至高为 15 ～ 20 cm 的 U 形管中 A 部(见图 3.5.1) 并冷凝。

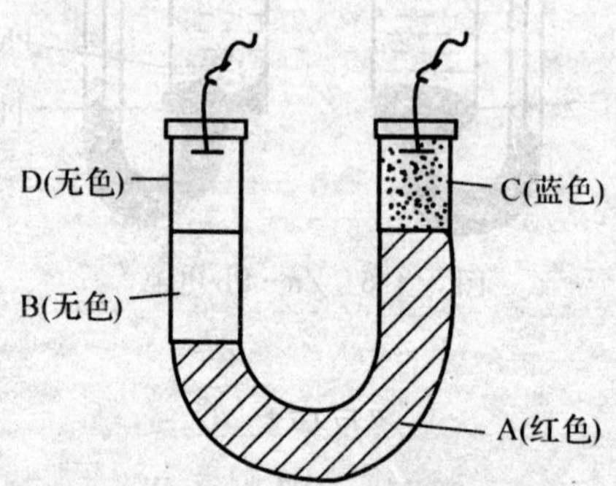

图 3.5.1　U 形管装置图

(2) 在余下的溶液中加入 HCl 溶液中和其中的碱，并过量几滴使溶液呈酸性，加入到左部的 B 处，并冷凝。

(3) 取 6 mL $CuCl_2$ 的饱和溶液加入 20 mL H_2O 中，滴加数滴 HCl 溶液，将此蓝色溶液放到 U 形管的右边的 C 处。

(4) 在 20 mL 饱和 KCl 溶液中加入 10%NaOH 溶液 2 mL，放到 U 形管左边的 D 处。

(5)U 形管两端各插入电极，加 32V 直流电压(电压高些较好，可使离子迁移快些，但要防止冷凝的琼胶被破坏) 通电 20 ～ 30 min 即可看出 U 形管中右边 A 红色的界面消失变成无色层，并逐渐向下移动。蓝色 C 界面也向下移动，且红色层消失总在蓝色层之前。说明 Cu^{2+} 及 H^+ 向阴极移动，且 H^+ 迁移速度大于 Cu^{2+} 的迁移速度。左边 OH^- 移动使无色 B 变成红色。

2. 在玻璃板进行

(1) 取一块长方形玻璃片，将两张滤纸分别浸入含有甲基橙、酚酞的 1 mol • L^{-1} 食盐溶液中浸湿，把浸湿的滤纸贴在玻璃片上，滤纸间用铜片串联起来。两边的滤纸以弹簧夹夹住。

(2) 将浸有 1 mol • L^{-1} HCl 溶液的脱脂棉纱线放在浸有甲基橙的滤纸中间，将浸有 1 mol • L^{-1} NaOH 溶液的棉纱线放在浸有酚酞的滤纸中间(见图 3.5.2)。

(3) 将 32 V 直流电压加到滤纸两端，通电后很快看到滤纸中棉线两个红色区域向不同方向电极移动，H^+ 向阴极，OH^- 向阳极移动。

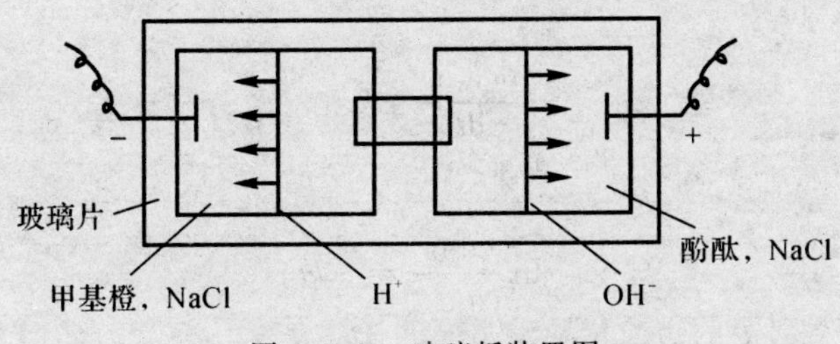

图 3.5.2　玻璃板装置图

三、教学讨论

界面移动法的关键是要形成一个鲜明的移动界面，必须满足三个条件。一是选择适当的指示离子，使上下两层分开而不相混。二是防止迁移管内两层间的对流和扩散。因此迁移管内温度应该均匀，且温度不宜过高；通过的电流不宜过大；迁移管截面积要小；实验时间不宜过长。三是选择最合适的指示剂，使两层的颜色反差明显。

实验六　过氧化氢的催化分解

一、实验目的

(1) 掌握量气法测定过氧化氢催化分解反应常数的动力学原理和方法；

(2) 了解催化剂在实际科学研究中的应用。

二、实验原理

过氧化氢是许多重要电化学反应（如氧电极的电化学还原）的中间产物，其分解反应为电化学总反应的控制步骤。常温下，过氧化氢的分解反应进行地比较缓慢，使用催化剂可以显著地提高过氧化氢的分解反应速率。

对过氧化氢的分解反应有明显催化作用的物质有铂黑、尖晶石结构的 Cu，KI，二氧化锰等，本实验以 KI 为例研究催化剂条件下过氧化氢分解反应的动力学原理。

过氧化氢分解的化学计算方程如下：

$$H_2O_2 \rightarrow H_2O + \frac{1}{2}O_2 \tag{3.35}$$

KI 作催化剂时，过氧化氢催化分解的步骤可表示如下：

$$KI + H_2O_2 \rightarrow KIO + H_2O \quad (慢) \tag{3.36}$$

$$KIO \rightarrow KI + \frac{1}{2}O_2 \quad (快) \tag{3.37}$$

由于反应(3.36) 的速率比反应(3.37) 慢得多，故反应(3.37) 为整个反应决定步骤，即总反应速率等于该步骤的反应速率，所以反应的速率方程可写成：

$$-\frac{dc_{H_2O_2}}{dt} = kc_{KI}c_{H_2O_2}$$

反应过程中催化剂 KI 经反应(3.36) 及(3.37) 的循环不断再生，因此浓度保持不变，上式

可简化为

$$-\frac{dc_{H_2O_2}}{dt}=kc_{H_2O_2}$$

积分,可得

$$\ln\frac{c_{H_2O_2}}{c_{H_2O_2 0}}=-kt \tag{3.38}$$

式中:$c_{H_2O_2,0}$——H_2O_2 的初始浓度;

$c_{H_2O_2}$——t 时刻 H_2O_2 的浓度;

k—— 反应速率常数。

由式(3.35)可知,在 H_2O_2 催化分解过程中,放出氧气的体积与分解的 H_2O_2 浓度成正比,而且比例常数为定值。设 V_∞ 表示 H_2O_2 全部分解放出氧气的体积;V_t 表示 H_2O_2 经时间 t 后放出氧气的体积;f 表示一定量溶液 H_2O_2 浓度与放出氧气的体积比例常数,则

$$V_\infty=c_{H_2O_2 0},\quad V_\infty-V_t=c_{H_2O_2}$$

将上面关系式代入式(3.38),可得:

$$\ln\frac{V_\infty-V_t}{V_\infty}=-k_c t$$

或

$$\ln(V_\infty-V_t)=-k_c t+\ln V_\infty \tag{3.39}$$

以 $\ln(V_\infty-V_t)$ 对 t 作图得一条直线,可验证是一级反应,由直线的斜率可求反应速率常数 k_1。

V_∞ 可由实验所用 H_2O_2 的初浓度及体积算出。在酸性溶液中以高锰酸钾标准溶液滴定实验所用 H_2O_2 的初浓度,其反应方程如下:

$$5H_2O_2+2KMnO_4+3H_2SO_4=2MnSO_4+K_2SO_4+8H_2O+5O_2$$

设分解所用 H_2O_2 的初浓度为 $c_{H_2O_2}$(由上述滴定反应得),体积为 $V_{H_2O_2}$,可得 V_∞ 的计算公式如下:

$$V_\infty=\frac{c_{H_2O_2}V_{H_2O_2}}{2}\frac{RT}{p} \tag{3.40}$$

式中:p—— 氧气的分压,即大气压减去实验室温度下水的饱和蒸汽压。

三、仪器与试剂

79-1 型电磁搅拌器 1 台;50 mL 量气筒 2 支;水位瓶 1 个;250 mL 锥形瓶 1 个;100 mL 磨口锥形瓶 1 个;三通旋塞及止水夹 1 个;铁架台 2 副;50 mL 棕色碱式滴定管 1 支;10 mL,20 mL移液管 1 支;10 mL 量筒 2 个;2% H_2O_2溶液,0.01 mol · L^{-1} $KMnO_4$标准溶液,4 mol · L^{-1} H_2SO_4溶液;橡胶管 2 根;电子秒表;0.1,0.2 mol · L^{-1}KI 溶液。

四、实验方法与步骤

(1)过氧化氢分解实验装置图如图 3.6.1 所示,在磨口仪器锥形瓶中加入搅拌器磁子,置于搅拌器上作为搅拌器 2。于反应器中加入 20 mL 的 H_2O 和 10 mL 2%H_2O_2溶液,塞好磨

口塞，检查是否漏气，打开电磁搅拌器1，并调节适宜的搅拌速度。

(2)打开止水阀6，并将旋塞3置于位置b。调节水位瓶，使量气管4液面恰好在零刻度，量气筒5液面与之齐平(不一定是零刻度)，关止水阀6，旋塞3置于位置a，水位瓶7实验过程置于桌上。

(3)打开磨口塞，将已经用量筒取好的10 mL 0.1 mol·L^{-1}的KI溶液快速倒入反应器中并盖好磨口塞，同时打开电子秒表累加计时，此时H_2O_2在催化剂的作用下分解，可观察到量气管4液面下降，当管4下降约5 mL时，打开止水夹6，使量气管5液面迅速下降至与管4液面水平时，关掉止水夹，立即读取量气管读数及累加时间。然后重复以上操作，直至量气筒4液面降至约40 mL为止。

(4)倒掉上述实验的残液，用量筒量取10 mL 0.2 mol·L^{-1}的KI溶液，并重复步骤(1)(2)(3)，再做一次，注意步骤(1)中电磁搅拌器的搅拌速度始终保持不变。

(5)测定H_2O_2的初浓度。用移液管取5 mL H_2O_2溶液于250 mL锥形瓶中，加入10 mL 4 mol·L^{-1}的H_2SO_4溶液，滴0.01 mol·L^{-1}的$KMnO_4$标准溶液至呈淡红色为止。

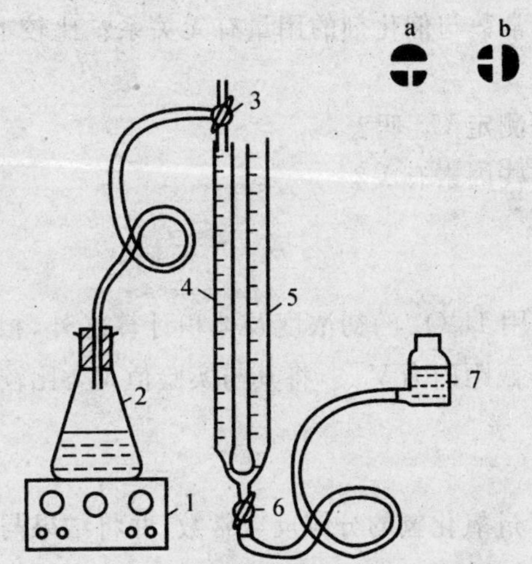

图3.6.1 过氧化氢分解实验装置图

1—电磁搅拌器；2—磨口锥形瓶；3—三通旋塞；4,5—50 mL量气筒；6—旋塞或止水夹；7—水位瓶

五、数据记录与处理

(1)将实验数据填入表3.6.1、表3.6.2中。

室温：________；大气压：________；实验日期：________。

表3.6.1 H_2O_2初浓度的滴定

H_2O_2的体积/mL	0.01 mol·L^{-1} $KMnO_4$标准溶液的体积/mL	H_2O_2的初浓度/moL^{-1}	V_∞/mL

表 3.6.2 H_2O_2分解放出氧气的体积

0.1 mol·L^{-1}KI 作催化剂			0.2 mol·L^{-1}KI 作催化剂		
时间/min	O_2的体积/mL	$\ln(V_\infty-V_t)$	时间/min	O_2的体积/mL	$\ln(V_\infty-V_t)$

(2) 根据表 3.6.1 和公式(3.40) 计算过氧化氢的初浓度及 V_∞。

(3) 在坐标纸上,以 $\ln(V_\infty-V_t)$ 为纵坐标,t 为横坐标作图,从所得的直线的斜率求速率常数 k_1 和 k_2。

六、思考题

(1) 如何检查仪器漏气? 如果活塞和旋塞漏气应采取什么措施? 更换 KI 浓度时,为什么搅拌器的搅拌速度保持不变?

(2) 本实验的反应速率常数与催化剂的用量有无关系? 比较本实验中速率常数 k_1 和 k_2 的大小,可以得出什么结论?

(3) 还可以用其他方法测定 V_∞ 吗?

(4) 化学速率常数与哪些因素有关?

七、教学讨论

V_∞ 可通过实验测得所用 H_2O_2 的初浓度及体积计算之外,根据式(3.39) 可知,以 V_t 对 $1/t$ 作图,外推至 $1/t=0$,得截距即为 V_∞。将其与实验值 V_∞ 比较,并简单讨论。

八、课余实践

用 $FeCl_3$ 作催化剂计算过氧化氢的分解反应常数,并将结果与用 KI 作催化剂的结果进行比较。

实验七　固体在溶液中的吸附

一、实验目的

对于比表面很大的多孔性、高度分散的吸附剂,像活性炭和硅胶等,在溶液中有较强的吸附能力。由于吸附剂表面结构的不同,对不同的吸附值有着不同的相互作用,因而吸附剂能够从混合溶液中有选择地吸附某一种溶质。根据这种吸附能力可选择吸附剂。本实验是测定活性炭在醋酸水溶液中对醋酸的吸附作用,并推算活性炭的比表面。

二、实验原理

吸附能力的大小常用吸附量 Γ 表示。Γ 通常指每 1 g 吸附剂上吸附溶质的物质的量。在恒定的温度下,吸附量和吸附质在溶液中的平衡浓度 c 有关,Freundlieh 从吸附量和平衡浓度的关系曲线，得到一个经验方程：

$$\Gamma=\frac{X}{m}kc^{\frac{1}{n}} \tag{3.41}$$

式中：X—— 吸附溶质的量，mol；

m—— 吸附剂的质量，g；

c—— 吸附平衡时溶液的浓度，以摩尔浓度表示；

k,n—— 常数，由温度、溶剂、吸附质与吸附剂的性质所决定（一般 $n>1$）。

式(3.41) 取对数，可得：

$$\lg\Gamma=\frac{1}{n}\lg c+\lg k \tag{3.42}$$

因此根据此方程以 $\lg\Gamma$ 对 $\lg c$ 作图，可得一条直线，由斜率和截距可求得 n 及 k 。式(3.41) 纯系经验方程式，只适用于浓度合适（不太大、不太小）的溶液。从表面上看，k 和 $c=1$ 时的 Γ 形成一定的关系式，但这时式(3.41) 可能已不适用。当吸附剂和吸附质改变时，n 改变不大而 k 值的变化很大。Langmuir 吸附方程式基于吸附过程的理论考虑，认为吸附是单分子层吸附，即吸附剂一旦被吸附质占据之后，就不能再吸附；在吸附平衡时，吸附和脱附达成平衡。设 Γ_∞ 为饱和吸附量，即表面被吸附质铺满一分子时的吸附量。在平衡浓度为 c 时的吸附量 Γ 可以表示为

$$\Gamma=\Gamma_\infty\frac{cK}{1+Kc} \tag{3.43}$$

将式(3.43) 重新整理可得下面的形式：

$$\frac{c}{\Gamma}=\frac{1}{\Gamma_\infty K}+\frac{1}{\Gamma_\infty}c \tag{3.44}$$

作 $\frac{c}{\Gamma}$ 对 c 的图，得一直线，由这一直线的斜率可求得 Γ_∞ 再结合截距可求得常数 K，这个 K 实际上带有吸附和脱附平衡的平衡常数的性质，而不同于 Freundlich 方程中的 k。

根据 Γ_∞ 的数值，按照 Langmuir 单分子层吸附的模型，并假定吸附质分子在吸附剂表面上是直立的，每个醋酸分子所占的面积以 $24.3\times10^{-20}\ \text{m}^2$ 计算（此数据是根据水 - 空气界面上对于直链正脂肪酸测定的结果而得的），则吸附剂的比表面积 S_0 可按下式计算得到：

$$S_0=\frac{\Gamma_\infty\times6.02\times10^{23}\times24.3}{10^{20}}\text{m}^2/\text{g} \tag{3.45}$$

根据上述所得的比表面积，往往要比实际数值小一些。原因有两方面：一是忽略了界面上被溶剂占据的部分，二是吸附剂表面上有小孔。脂肪酸不能钻进去，故这一方法所得的比表面一般偏小，不过这一方法测定时手续简便，又不需要特殊仪器，因此是了解固体吸附剂的性能的一种简便方法。

三、仪器与试剂

恒温槽；振荡机；磨口锥形瓶 7 个；移液管；滴定管；NaOH；HAc；活性炭。

四、实验步骤

取 6 个洗净干燥的带塞锥形瓶，对其编号，每瓶称取活性炭 1 g（准确至 mg）按下述方法加

入各种不同浓度的醋酸。配法见表 3.7.1。

表 3.7.1　各种浓度醋酸的配置

瓶　号	1	2	3	4	5	6	7
0.4 mol·L^{-1}HAc/mL	100	75	50	25	20	10	0
蒸馏水 /mL	0	25	50	75	80	90	100

分别将溶液配制后，装入瓶中(用磨口塞）塞好，并在塞上加橡皮套，置恒温水槽中振荡(若室温变化不大，可直接在室温下进行振荡)，使吸附达成平衡。浓度稀的溶液较易达成平衡，浓度大的溶液不易达成平衡。因此在振荡半小时以后，先对稀溶液进行滴定，浓溶液继续振荡。

为求得准确吸附量，应标定醋酸的原始浓度 c_0 和吸附后的平衡浓度 c，可用 0.1 mol·L^{-1} 的 NaOH 溶液滴定。其中 c_0 只要滴定原来 0.4 mol·L^{-1} HAc 即可。而平衡浓度 c 则应在振荡完毕后，用带有塞上玻璃毛的橡皮管的移液管吸取上部清净溶液，再用 NaOH 溶液滴定。由于吸附后 HAc 的浓度不同，所取的体积也应不同，1,2 瓶取 10 mL;3,4 瓶取 20 mL;5,6 瓶取 40 mL。

注意：(1) 在浓的 HAc 溶液中，应该在操作过程中防止 HAc 的挥发，以免引起结果较大的误差。

(2) 本实验溶液配制用不含 CO_2 的蒸馏水进行。

五、数据记录与处理

(1) 由平衡浓度 c 及初始浓度 c_0 数据按下式计算吸附量 Γ:

$$\Gamma=\frac{(c_0-c)V}{m}$$

式中：V—— 溶液的总体积，L，

m—— 加入溶液中的吸附剂的质量，g。

(2) 作吸附量 Γ 对平衡浓度 c 的等温线。

(3) 计算 $\lg\Gamma$ 及 $\lg c$，作 $\lg\Gamma-\lg c$ 图，并由斜率及截距求式(3.41) 中之常数 n 和 k 。

(4) 计算 $\frac{c}{\Gamma}$，作 $\frac{c}{\Gamma}-c$ 图，由图求得 Γ_∞，将 Γ_∞ 值用虚线在 Γ-c 图上作一条水平线。这条虚线即是吸附量 Γ 的渐近线。

(5) 由 Γ_∞ 根据式(3.45) 计算活性炭的比表面。

六、思考题

(1) 固体吸附剂从溶液中吸附溶质与吸附气体有何不同?

(2) 如何加快到达吸附平衡？怎样判断是否达到平衡?

七、教学讨论

固体在溶液中吸附所用溶液的浓度要适当，即初始浓度和吸附平衡浓度都选择在合适的范围内，初始浓度过高会造成出现多分子层吸附，若过低会使吸附达不到饱和。

八、课余实践

请设计实验，评价活性炭吸附印染废水中的次甲基蓝的吸附效果。

实验八 胶体系统电性的研究——电渗和电泳

一、实验目的

本实验测定素瓷片的电渗和 $Fe(OH)_3$ 溶胶的电泳，计算双层的 ζ 电势并了解胶粒的电性质。

二、实验原理

胶粒表面由于电离或吸附离子而带电荷，在胶粒附近的介质中必定分布着与胶粒表面电性相反而电荷数量相等的离子，因此胶粒表面和介质间就形成一定的电位差。由于胶粒周围有一定厚度的吸附层，称为溶剂化层，它与胶粒一起运动。由溶剂化层界面到均匀液相内部(此处电位等于 0) 的电位差叫做电动电势或 ζ 电势。ζ 电势是表征胶粒特性的重要物理量之一，在研究胶体性质及实际应用中起着重要作用。ζ 电势的数值和胶粒性质、介质成分及溶胶浓度有关。根据扩散双层的物理图像假设：

(1) 扩散双电层内外的液体性质皆相同，因而流体力学公式对双电层内外的流体皆适用；

(2) 流体流动(电渗) 或胶体质点运动(电泳) 的速度很慢，而且是流线型的；

(3) 流体或胶粒的移动是外加电场与双电层的电场共同作用的结果；

(4) 双电层的厚度相对于小胶粒的曲度半径，几乎可以忽略不计。

由此可得到关于电渗、电泳的 ζ 电势表达式：

$$\zeta=\frac{4\pi\eta\mu}{DE} \tag{3.46}$$

式中：ζ—— 电动势(绝对静电单位)；

η—— 介质的黏度，Pa·s；

μ—— 液体(电渗) 或胶粒(电泳) 的相对移动速度，cm/s；

D—— 介质的介电常数；

E—— 电位梯度，即单位长度上的电位差(绝对静电单位 /cm)。

由于电渗及电泳中所测的有关物理量不同，故公式(3.46) 在电渗及电泳的情况下分别化为别的形式。

对于电渗的情况：

$$\zeta=300^2\ \frac{4\pi\eta Vk}{ItD} \tag{3.47}$$

式中：V—— 在时间 t 内流过的液体体积，mL；

k—— 液体介质的电导率，$S\cdot cm^{-1}$；

I—— 电流强度，A。

因此，在不同的电流强度下测定不同时间的体积 V 就可求出 ζ 值，因为 ζ 电势是胶体系统的性质，它与实验测定的情况无关。若保持 V 不变时测定不同电流强度 I 下的时间，则 It 是个常数。

注意：式中的 300^2 由来自绝对静电单位换算成伏特所得。按式(3.46)，当外加电压为伏特时，换成分母 E 的绝对静电单位，应除以 1 300；另一是求得 ζ 电位后，将绝对静电单位换成伏特，应乘以 300，故得 300^2。

对于电泳的情况：

$$\zeta = 300^2 \frac{4\pi\eta sl}{UtD} \tag{3.48}$$

式中：s—— 在时间 t 内胶体与辅助液界面移动的距离，cm；

l—— 两电极间距离，cm；

U—— 两电极间的电位差，V。

注意：公式(3.48)是根据溶胶与辅助液的电导率相等下得到的(本实验近似地符合这条件，故利用式(3.48)可求 ζ)。若溶胶的电导率 k 与辅助液的电导率 k 不同时式(3.48)必须修正。

对一定的溶胶而言，若固定 U 及 l，测不同 t 时的 s 值，就可计算出 ζ。

三、素瓷片的电渗

本实验是测定素瓷片的带电符号及素瓷片对 0.01 $mol \cdot L^{-1}$ 的 KCl 溶液的 ζ 电势。用薄素瓷作膜片，它可看做是由许多毛细管组成的。在毛细管与介质(KCl 溶液)二相界面上有双电层存在，当外加电场时，双电层中扩散层离子朝带相反电荷的电极运动。由于分子间的内聚力和内摩擦力的存在，因而离子运动时带着毛细管中的液体一起走。故测定单位时间内流过薄片的液体体积就可求出 ζ 值。

1. 仪器与试剂

稳压电源；毫安表；电渗仪；烧杯；停表；0.01 $mol \cdot L^{-1}$ KCl；10% $CuSO_4$。

2. 实验步骤

仪器装置如图 3.8.1 所示。将毛细管与电渗仪顺次用蒸馏水及 0.01 $mol \cdot L^{-1}$ KCl 液洗净，(薄素瓷片不能用洗液洗)，并在其中注满 0.01 $mol \cdot L^{-1}$ 的 KCl 溶液。注意：电渗仪内不能有气泡及漏气。按图接好线路并使毛细管水平，用滴管吸走毛细管右边多余的液体，经检查后才可接电源进行实验。实验要求电流强度值固定，故必须用稳压电源控制电流数值。用反向开关控制 Cu 电极的正负。起初先使毛细管中的液体由右向左流动(即由薄素瓷片的上方向下流动)，待液面到毛细管中部后停电 4 ～ 5 min，然后再接通电源，调节稳压电源使电流固定在 4 mA。用停表记录液体流过 10 小格(体积是 0.01 mL)的时间，切断电路，休息 1 min。用反向开关接通电源，但使电流方向与上次相反，记录液体反向流过同样体积(10 小格)的时间，停止通电 1 min。用同样操作再重复测定两个往返的时间。同法固定电流为 5 mA 与 6 mA 再进行测量。

3. 数据记录与处理

(1) 根据电极符号及液体流动方向断定薄素瓷片带电的符号(即 ζ 电势的符号)。

(2) 由测得的电流强度 I，时间 t，液体流过的体积 V，利用公式(3.47)求不同 I 值下的 ζ 值，并求 ζ 平均值。将数据及处理结果列成表格。

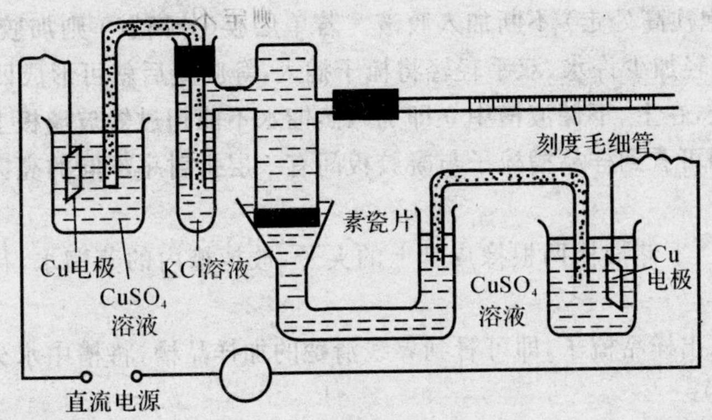

图 3.8.1 素瓷片参数的测定

利用公式(3.47)求ζ时,η,D均用水的相应值代替。水的η及0.01 mol·L^{-1}KCl的电导率K值见附录2,水的D按下式计算:

$$D=80-0.4(T-293)$$

式中:T—— 实验时的绝对温度。

四、$Fe(OH)_3$溶胶的电泳

本实验目的是利用U形管电泳仪测定$Fe(OH)_3$溶胶的胶粒带电符号及其ζ电势。

1. 仪器与试剂

稳压电源;停表;电泳仪;电泳槽;$Fe(OH)_3$溶胶;0.01mol·L^{-1}KCl。

2. 实验步骤

(1) 清洗部件。上述部件组装前要彻底清洗干净。长短玻璃板及凹形带槽橡胶模框必须用泡沫海绵沾少许肥皂粉或洗涤精彻底清洗干净。清洗后的玻璃板应干燥后方能使用。

(2) 组装电泳槽。

1) 将四只固定螺杆插进一只储液槽框的相应孔洞中,然后将储液槽框仰放在桌上。

2) 左手拿凹型带槽橡胶模框,右手的拇指与中指握住玻璃板的两侧边缘插到橡胶模框的短槽内,然后以同样方式将玻璃板插到相应的长槽内(注意手指不能接触灌胶面的玻璃板)。

3) 将带有玻璃的橡胶模框平放在仰放的储液槽框架上,其下缘必须对齐储液槽框下缘。

4) 双手拿另一只储液槽框与仰放在桌上的储液槽框相合,并使橡胶模框上的凸出线位于储液槽有机玻璃框的中央。

5) 装上四只螺母,拧紧螺丝。注意拧紧螺丝时用力应均匀,最好用双手按斜角位置双双逐渐拧紧。

6) 将电泳槽垂直竖起,放在桌上,带短玻璃板的储液槽称上槽(阴极端),带长玻璃板的储液槽称为下槽(阳极端),在长玻璃板与橡胶模框间有一缝隙可用熔化的10% 琼脂沿长玻璃板下端灌入,以防止产生气泡。如有气泡,可稍抬起一端即可赶去气泡。待琼脂完全凝固后才能灌胶。

(3) 灌胶。

1) 灌胶前接通冷却水,夹紧连接上下储液槽的两根橡皮管。

2) 用细头滴管吸取胶液,沿长、短玻璃板中间缝隙从一端加入胶液。为防止产生气泡,可稍抬起另一端(气泡往高处走)不断加入胶液。若单层胶(分离胶)则加胶量约距离短玻璃板上端 0.3 cm 处,轻轻加少许水,双手轻轻将梳子插入,等胶凝后就可形成凹形加样品槽。

3) 为防止漏胶,在上、下储液槽中立即加入蒸馏水不能超过短玻璃板上缘。

4) 胶凝固后即可看到样品槽梳子与凝胶板间有一层折射率不同的亮区。

(4) 加样品。

1) 松开连接上、下储液槽两根橡皮管上的夹子,放掉槽内的蒸馏水,待水流完后,再夹紧夹子。

2) 双手轻轻取出样品梳子,即可看到界线清楚的加样品槽,将槽中水分吸去(注意千万不要碰坏凹槽的平面)。

3) 在上、下储液槽中加入缓冲液,液体高度超过储液槽的短玻璃板上缘。

4) 用微量注射器吸取一定量的样品加到长、短玻璃板间的凹型凝胶样品槽内(注意加样品动作要轻,针头不能碰坏胶面)。

(5) 电泳。上储液槽导线与电泳仪的负极相连,下储液槽导线与电泳仪的正极相连。检查线路无误,方可按照所要求的电压电流进行电泳。

(6) 接好线路,打开停表,准确记录加样品槽中样品 0.5,1,1.5,2 cm时所需的时间。测完后关闭电源,测量两电极间的距离 l,最后计算电势 ζ。

3. 数据记录与处理

将测得的数据列成表格,根据式(3.48) 计算电势 ζ。

五、思考题

(1) 为什么薄素瓷片膜须事先长时间在 0.01 $mol \cdot L^{-1}$ KCl 溶液中浸放,说明其原因。

(2) 电渗仪内不能有气泡,也不能漏气,为什么?

(3) 为什么毛细管必须保持水平? 若垂直放置本实验能否进行?

(4) 连续通电使溶液不断发热,会引起什么后果?

实验九 差热分析

用差热分析仪进行差热分析

一、实验目的

(1) 掌握差热分析原理。

(2) 学会差热分析仪的操作,并对硝酸钾进行差热分析。

(3) 了解差热分析图谱定性、定量处理的基本方法,对实验结果作解释处理。

二、实验原理

1. 差热分析基本原理

物质在加热或冷却过程中,当达到特定温度时,会发生物理变化或化学变化,伴随着有吸热和放热现象，反映系统的焓发生了变化。热分析就是利用这一特点，通过测定样品与参比物的温度差对时间的函数关系，来鉴别物质或确定组成结构以及转化温度、热效应等物理化学性质。

物质在升温或降温时发生的相变过程，是一种物理变化，一般来说由固相转变为液相或气相的过程是吸热过程，而其相反的相变过程则为放热过程。在各种化学变化中，失水、还原、分解等反应一般为吸热过程，而水化、氧化、化合等反应则为放热过程。

差热分析时，试样与参比物（如 $\alpha-Al_2O_3$）分别放在坩埚中，然后放入电炉中加热升温，如图 3.9.1 所示。在升温过程中如果试样没有热效应，则试样与参比物之间的温度差 ΔT 为零；如果试样在某温度下有放热（吸热）效应，则试样温度上升速度加快（减慢），就产生温度差 ΔT，把 ΔT 转变成电信号放大后记录下来，可以得到如图 3.9.2 所示的峰形曲线。

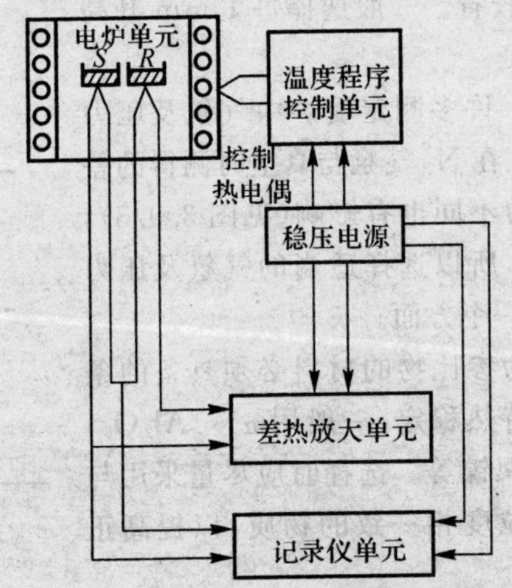

图 3.9.1 差热分析仪原理图

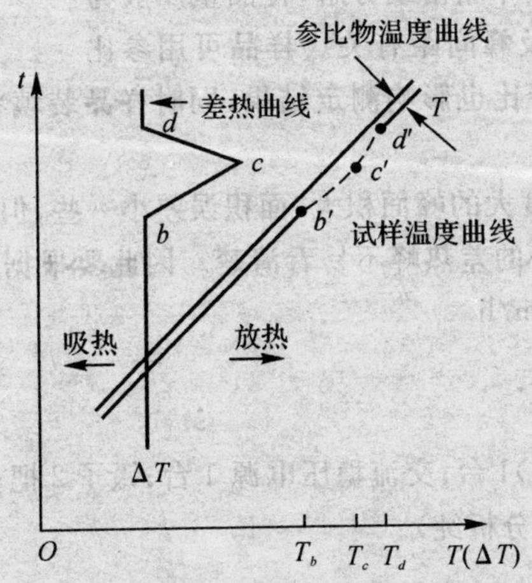

图 3.9.2 差热曲线和试样温度曲线示意图

分析差热图谱可根据差热峰的数目、位置、方向、高度、宽度、对称性以及峰的面积等。峰的数目表示在测定温度范围内，等测样品发生变化的次数；峰的位置表示发生转化的温度范围；峰的方向指示过程是吸热还是放热；峰的面积反映热效应大小（在相同测定条件下）。峰高、峰宽及对称性除与测定条件有关外，往往还与样品变化过程的动力学因素有关。这样从热图谱中峰的方向和面积可以测得变化过程的热效应(吸热或放热、以及热量的数值)。

除了测定热效应外，由差热图谱的特征还可以用以鉴别样品的种类，计算某些反应的活化能和反应级数等。

2. 影响差热分析的几个主要因素

影响差热分析结果的因素很多，有仪器存在的自身原因也有操作方面的因素，这里只讨论几个主要的因素。

(1) 升温速率的选择。升温速度对测定结果影响较大，一般说来速率低时，基线漂移小，可以分辨靠得近的差热峰，因而分辨力高，但测定时间长。速率高时基线漂移较显著，分辨力下降，测定时间较省。一般选择每 1 min 升高 2 ～ 20℃。

(2) 气氛及压力的选择。许多测定受炉中气氛及压力的影响很大。例如 NH_4ClO_4 在 N_2 气氛与真空时测得的差热曲线差别很大。而 N_2 压力不同也有影响(见图 3.9.3)，有些物质在空气中易被氧化，所以选择适当的气氛及压力也是使测定得到好的结果的一个方面。

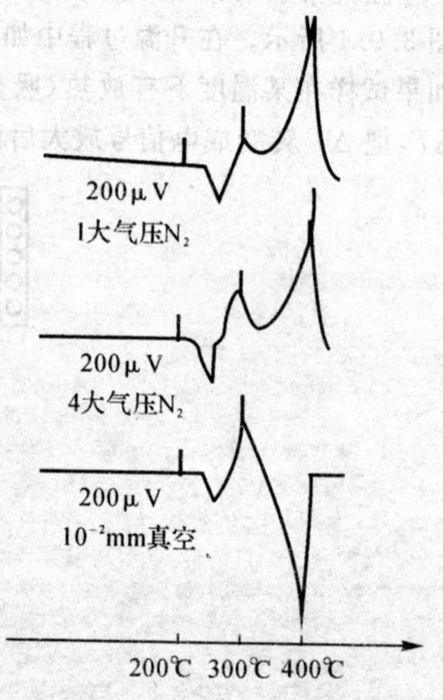

图 3.9.3 气氛及压力对 50％NH_4ClO_4 (50％α - Al_2O_3) 分解的影响

(3) 参比物的选择。作为参比物的材料必须具备的条件是在测定温度范围内，保持热稳定，一般用 α - Al_2O_3，MgO，(煅烧过的)SiO_2 及金属镍等。选择时应尽量采用与待测物比热、导热系数及颗粒度相一致的物质，以提高正确性。

(4) 样品处理。样品粒度大约 200 目左右，颗粒小可以改善导热条件，但太细可能破坏晶格或分解，样品量一般为几毫克，具体与热效应大小及峰间距有关。样品可用参比物稀释，稀释剂的种类及稀释比也影响测定结果，同时样品装填状态(稀密)对某些测定有很大的关系。

(5) 走纸速度。走纸速度大的峰面积大，面积误差小一些，但峰的形状平坦且费纸张。走纸速度太小，对原来峰面积小的差热峰不易看清楚。因此要根据不同样品选择适当的走纸速度。如本实验中选择 600 mm/h。

三、仪器与试剂

差热分析仪(CDR－1型)1台；交流稳压电源 1 台；镊子 2 把；吸耳球 1 只；α－Al_2O_3；硝酸钾；Sn 粉(200 目左右) 试剂(分析纯)。

四、实验步骤

1. 零位调整

转动电炉上的手柄把炉体升到顶部，然后将炉体向前方转出。取 2 个空的铂坩埚，分别放在样品杆上部的 2 个托盘上，将炉底转回原处(检查是否确实回到原处，否则样品杆会折断)。

再轻轻地向下摇到底，开启水源使水流畅通，把升温方式选择在温位置。开启电源开关（差动单元开关不开）接通电源后，如发现温度程序控制单元上的偏差指示的指针在满标处，则转动"手动"旋钮使偏差指示在零位附近。"手动"旋钮转动时必须先把速度选择开关放在二档速度之间，否则无法转动。仪器预热20 min后将差热放大器单元的量程选择开关置于"短路"位置。"差动、差热"选择开关置于"差热"位置，转动"调零"旋钮，使差热指示仪表指在"0"位。

2.差热（DTA）测量步骤

(1) 在2个铂坩埚中分别称取样品纯锡和参比物α - Al_2O_3 35 mg，打开电炉，将样品坩埚放在样品杆上的左侧托盘上，参比物放在右侧，关上电炉。

(2) 保持冷却水畅通（流量为200～300 mL/min）。

(3) 在空气气氛下，把升温速率选择在10℃/min一挡，接通电源，按下"工作旋钮"，让电炉温度按给定要求升温。

(4) 开启记录仪，选择走纸速度为600 mm/h。

(5) 升温到230℃后就可得到如图3.9.2所示相似的差热峰。在差热峰出现后蓝笔回到基线，这时就得到锡熔化的差热图谱。一次测定结束，关上记录开关把2支笔拨离记录纸，并关上"工作"旋钮和电炉电源。

(6) 开启电炉取出样品坩埚，使炉温下降到70℃以下，把预先称好2 mg左右KNO_3样品的坩埚放到样品杆上的左侧托盘上，并把内含2 mg α - Al_2O_3的坩埚放在右边。

(7) 在与锡相同的测定条件下升温，测得KNO_3在70～370℃范围内的差热曲线。每个样品测定差热曲线2次。

五、数据记录与处理

(1) 定性说明所得锡和KNO_3的差热图谱。

(2) 计算KNO_3相变的热效应。

1) 原理。样品的热效应：

$$\Delta H = \frac{C}{m}\int_b^d \Delta T \mathrm{d}\tau$$

式中：m—— 样品质量；

ΔT—— 在差热峰中τ时刻样品与参比物的温差；

b—— 峰的起始时刻；

d—— 峰的终止时刻（见图3.9.2）。

2) 求法。$\int_b^d \Delta T \mathrm{d}\tau$为差热峰面积（求面积的方法可根据实际条件从本实验附2的几种方法中选用）。

C与仪器特性及测定条件有关，同一仪器测定条件不变时C则为常数，它可以用数学方法推导，但比较麻烦，本实验采用标定法，即称一定量已知热效应的物质，测得差热峰的面积就可以求得C。本实验中已知纯锡的熔化热为59.39 J/g，可由锡的差热峰面积求得C值。

从求得的KNO_3样品差热峰的面积及C值，就能算出KNO_3相变的热效应。

注意：若在样品中加入一定量已知热效应的物质，可知已知热效应的物质

$$\Delta H_1 = \frac{C_1}{m_1}\int_{b_1}^{d_1} \Delta T_1 \mathrm{d}\tau_1$$

未知热效应的物质

$$\Delta H_2=\frac{C_2}{m_2}\int_{b_2}^{d_2}\Delta T_2\,\mathrm{d}\tau_2$$

由于两者同时测定，则

$$C_1=C_2\frac{\Delta H_1}{\Delta H_2}=\frac{m_2}{m_1}\frac{\int_{b_1}^{d_1}\Delta T_1\,\mathrm{d}\tau_1}{\int_{b_2}^{d_2}\Delta T_2\,\mathrm{d}\tau_2}$$

m_2，m_1 各为样品质量，ΔH_1 为已知，从峰面积之比就可以求得 ΔH_2，这样就不必求 C。

六、思考题

(1) 差热分析与简单热分析有何异同？

(2) 影响差热分析的主要因素有哪些？

附 1　差热分析仪(CDR－1 型)

差热分析一般由温度程序控制单元、差热放大器单元、记录仪单元及电炉单元组成。

1. 温度程序控制单元和可控硅加热单元

温控系统由程序信号发生器、微伏放大器、PID 调节器、可控硅触发器和可控硅执行元件五个部分组成，如图 3.9.4 所示。

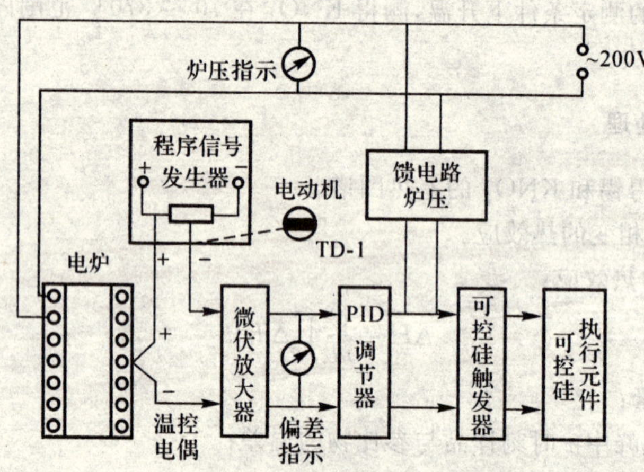

图 3.9.4　温度程序控制系统方框图

程序信号发生器按给定的程序方式(升温、降温、恒温或循环)和一定的温控速率给出毫伏信号，同电炉中的控温热电偶取得反应炉温的热电势，两者比较，若有偏差表示炉温偏离给定值。此偏差经微伏放大器放大后，送入 PID 调节器(比例-积分-微分式调节器)以提高控温质量。所得PID信号再经可控硅触发器去推动可控硅执行元件，可以调整电炉的加热电流，从而消除偏差，使炉温按要求的速度变化。

2. 差热放大器(DTA)单元

差热信号放大器用以放大温差电势，由于一般自动记录仪表的量程为毫伏级的，而差热分析中温差信号则很小，往往是几微伏到几十微伏，因此差热信号在输入自动记录仪前必须先放大。

3. 也可用微机处理实验数据，并有专用软件自动采集数据

差热放大器单元的原理如图 3.9.5 所示，差热信号 ΔT 通过斜率调整电路送入微伏放大器放大，再送入记录仪。

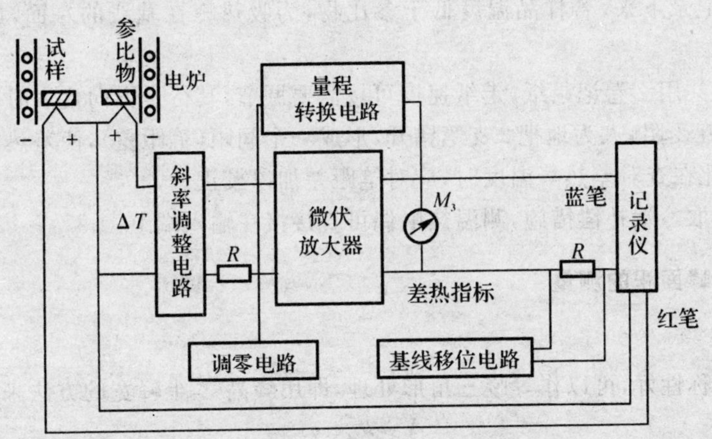

图 3.9.5 差热放大器方框图

由于差热电势是一种很微弱的直流信号，对外界各种干扰及放大器内部的噪声非常敏感，因此对 DTA 放大器的要求很严格，通常采用“调制-交流放大-解调”的形式，并带有深度负反馈，使其具有性能稳定、零漂移和输入阻抗高的特点。同时采用严格的电磁屏蔽以加强抗干扰能力。

在进行差热分析时，如升温时试样没有热效应，温差热电势为零，差热曲线为一直线，称为基线，但由于 2 个热电偶的热电势和热容量以及坩埚形状、位置等不可能完全对称，当温度变化时，仍有不对称电势产生，此电势随温度升高而变化，造成基线不直。这种情况可以用斜率调整电路，选择适当抽头加以调整，对消上述不对称电势。

由于电路元件的特性不可能完全一致，当放大器没有输入信号电压时，仍有输出电压可以用调零电路加以消除，与调零电路原理相同的基线移位电路，可以调节差热基线到记录仪上适当位置，再加量程选择开关可以使记录仪给出完整清晰的差热曲线。

3. 电炉单元

电炉一般采取立式，分为底座和炉体两部分。在底座一边的各插口分别与电源、温度控制器、差热放大单元连接。上面有冷却水和气体进出口，冷却水保证电炉金属不被损坏。根据样品测试的气氛要求，确定通气与否及通哪种气体。样品杆用插头插入底座上的插口，垂直于底座。样品杆用氧化铝材料制成，杆上保护罩中有一对平板热电偶，上面可放一对坩埚，样品和参比物放在坩埚中。样品放在左边，参比物放在右边。

炉体内部为石英罩，外罩以耐高温的陶瓷管作炉镗，外侧绕有电热丝，可以通电发热，最外层为保温材料和外壳，炉体采用手摇升降机构，炉子升到顶部后，可作横向移动，使安放样品及更换样品杆都很方便。

4. 记录仪单元

大型长图双笔自动平衡记录仪，实际上是将 2 台自动平衡电子电位差计组装在一起，可以同时记录样品温度和样品与参比物之间的温度差。

红笔指示样品温度。在0～800℃范围内直接测得试样在τ时刻的温度，并且所测得试样温度随时间变化而连续变化的曲线，在温度变化速率一定时应为一直线。

试样与参比物之间的温度差，由热电偶转化为温差电信号，输入差热放大器放大后再送入记录仪，由蓝笔记录下来，若样品温度低于参比物，为吸热峰在基线的左面，放热峰则在基线右面。

红笔与蓝笔共用一卷记录纸，走纸速度可按需要调节，其行走方向代表时间轴。为了避免2支笔相遇而相互受阻，人为地把2支笔错开，形成一个间距(笔距差)，使差热曲线的时间轴平移一段距离，因此在查对差热峰温度时，应对笔距差加以校正。

记录仪已采取冷端补偿措施，测温热电偶可直接接在输入端上。

附2　差热峰面积的测量

1. 三角形法

若差热峰对称性好，可以作等腰三角形处理，即用峰高×半峰宽的方法来求面积，即

$$A = h \times y_{\frac{1}{2}}$$

式中：A—— 峰面积；

h—— 峰高；

$y_{\frac{1}{2}}$—— 峰高$\frac{1}{2}$处的峰宽。

这种方法所得结果往往偏小，以后有人从经验加以修正，对差热峰的修正式可采用$A = hy_{0.4}$或$A = \frac{h}{3}(y_{0.1} + y_{0.5} + y_{0.9})$等以求得近似的峰面积。$y_{0.1}, y_{0.4}, y_{0.5}, y_{0.9}$分别为峰高$\frac{1}{10}$，$\frac{4}{10}$，$\frac{5}{10}$，$\frac{9}{10}$处的峰宽。

2. 面积仪法

当差热峰不对称时，常常用此方法，面积仪是手动方法测量面积的仪器。可准确到$0.1\ cm^2$，当被测面积小时，相对误差就大，必须重复测量几次取平均值，可以提高准确度。

3. 剪纸称量法

若用记录纸，可将差热峰分别剪下来在分析天平上称得其质量，其数值可代替面积代入计算公式，当面积小时误差也大，但也是常用方法之一。

除上述几种方法以外，也可用图解积分法，但比较麻烦。如果差热分析仪附有积分仪，则可以直接从积分仪上读得或自动记录下差热峰的面积。它是一种自动测量某一曲线围成面积的仪器。使用时要注意仪器的线性范围、基线漂移等问题。它在峰面积测量中的使用范围正在不断扩大，是解决峰面积测量自动化的方向。

用组装差热分析仪进行差热分析

一、实验目的

(1) 掌握差热分析原理。

(2) 学习差热分析仪的组装，本实验系采用单元仪器组装成差热分析装置，适于无实验室

组装条件，说明仪器各单元在差热分析装置中的作用及基本工作原理。

(3) 利用组装仪器对 $BaCl_2 \cdot 2H_2O$，$AgNO_3$ 与 KCl 反应进行差热分析。

二、实验原理

同用差热分析仪进行差热分析，在此不再详述。

三、仪器与试剂

交流稳压电源(1 kW)1 台；可控硅(3CT 20 A/600 V) 2 支；双笔长图记录信 1 台；坩埚炉(800 W)1 台；动圈式温度指示调节仪(XCT－191)1 台；镍铬-镍铝(康铜) 热电偶 3；可控硅电压调整器(ZK－50)1 台；保持器(钢或铜)1 只；同步马达(TD1/60)1 台；样品管(石英或陶瓷)2 只；SiO_2(A. R. 60 ～ 80 目)；$BaCl_2 \cdot 2H_2O$(A. R. 60 ～ 80 目)；$AgNO_3$(A. R. 60 ～ 80 目)；KCl(A. R. 60 ～ 80 目)。

四、操作步骤

(1) 熟悉"长图记录仪""XCT－191 动圈式温度指示调节仪""ZK－50 可控硅电压调整器"的基本原理及使用方法。以上仪器按图 3.9.6 所示，用两副热电偶组成了示差热电偶，接于记录仪，记录笔 1 记录炉温，记录笔 2 记录差热曲线。第三副热电偶作控温用，接于动圈式温度指示调节仪上。此组装仪器中，除记录仪记录基准物质的升温曲线和样品的差热曲线，其余部分为自控升温装置。

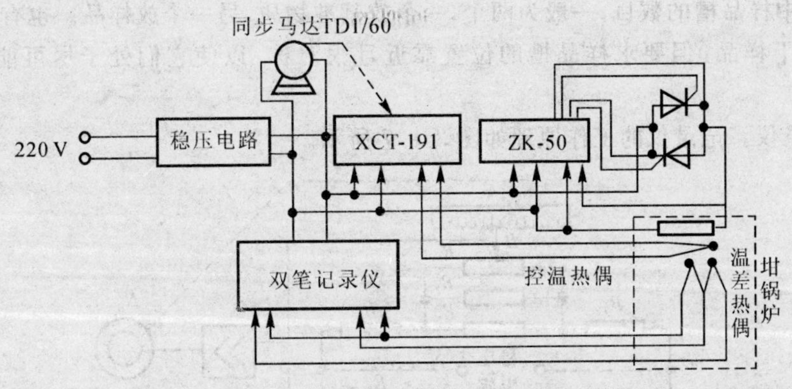

图 3.9.6　组装差热分析仪线路图

(2) 打开坩埚炉，取出样品管，在一支样品管内装入基准物 SiO_2，另一支样品管内装入样品 $BaCl_2 \cdot 2H_2O$。将两支样品管放在保持器内，置于坩埚炉中，使之保持在炉中位于对称位置上，盖好炉盖，装好示差热电偶。

(3) 接通电源，依次打开"稳压器""温度指示调节仪""可控硅电压调整器"的开关。调节"温度指示调节仪"的定温指针，使之稍前于其指温指针。将同步马达通过塔轮带动"温度指示调节仪"的定温指针。开动同步马达及"可控硅电压调整器"。控制升温速度为 10℃/min 左右。记录仪的开关、记录纸开关(纸的速度控制为 300 mm/h)。开始对样品 $BaCl_2 \cdot 2H_2O$ 进行差热分析(应加热到 250℃)。做完后，关闭"记录仪""可控硅电压调整器""温度指示调节仪"及同步马达，切断电源，打开坩埚炉，取出保持器，冷却。洗净样品管，准备第 2 个样品。

(4) 按物质的量比称取 $AgNO_3$ 和 KCl，均匀混合。按实验步骤(3) 进行(基准物如前)，加热至 200℃，测得该反应的差热曲线。

五、数据记录与处理

(1) 根据记录图纸，分别作出 $BaCl_2 \cdot 2H_2O$，$AgNO_3 + KCl$ 的差热曲线($\Delta T - T$ 曲线) 对 $BaCl_2 \cdot 2H_2O$ 在 80～240℃ 范围内选取 ΔT 及 T 值，对 $AgNO_3 + KCl$ 系统在 100～180℃ 范围内选取。

(2) 根据记录图纸，分别作出 $BaCl_2 \cdot 2H_2O$ 及 $AgNO_3 + KCl$ 的 $\Delta T - t$ 的差热曲线(选取的温度范围同上)。

(3) 定性说明 $BaCl_2 \cdot 2H_2O$ 及 $AgNO_3 + KCl$ 两条差热曲线，并说明哪个是放热反应，哪个是吸热反应，它们的反应温度是多少(热电偶如与记录仪不配套，则须标定热电偶)。

六、思考题

(1) 比较说明差热分析和热分析的异同点。

(2) 影响差热分析的主要因素有哪些?

附3　仪器装置

(1) 保持器和样品管。保持器和样品管的材料有两大类，即金属和陶瓷。常用的金属材料是镍、不锈钢、铜、银、铂等。样品管材料可以用耐火玻璃、石英、银、铂等。

保持器中样品槽的数目，一般为两个，一个放基准物质，另一个放样品。也有更多的，以便同时测定若干样品，但要求样品槽的位置靠近且很对称，以使它们处于尽可能相同的热场之中。

(2) 记录仪。记录仪的工作原理如图 3.9.7 所示。

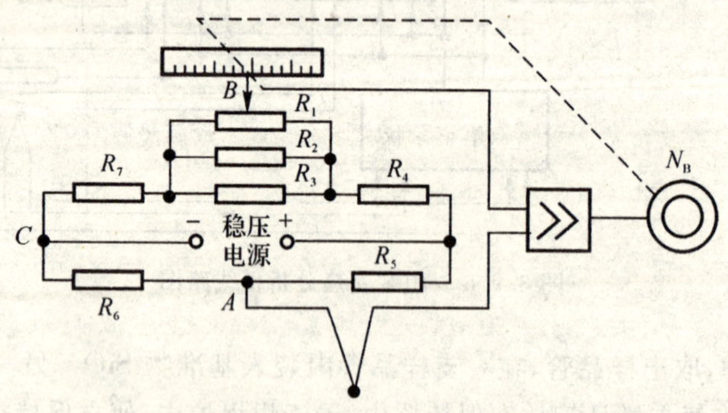

图 3.9.7　记录仪工作原理图

当热电偶由于其冷热端的温差而产生的热电势 E_x 大于或小于测量电桥 A，B 两端的电势时，便产生一个直流电压信号，此信号经过变流变为频率为 50 Hz 的交流电压，此电压信号经放大器放大后，驱动可逆电动机，带动滑线电阻触点 B 向平衡方向移动，直至线路达到平衡。平衡时，放大器的输入端无信号，可逆电动机停止转动。与可逆电动机相连的指示装置可记录下 E_x 值，如果用同步马达带动记录纸以一定速度移动，记录笔就可以自动记录下来信号电压的变化。

在差热分析中，采用双笔记录。笔1（红）记录炉温，笔2（蓝）记录差热曲线。如果采用单笔记录仪，则要两台配合，且须相互校对。为了能同时记录几个样品，应采用多点式记录仪。

(3) 自动升温装置。这部分是由"XCT－191温度指示调节仪""ZK－50可控硅电压调整器""TD $\frac{1}{60}$"同步马达以及可控硅元件等组成。

"TD $\frac{1}{60}$"同步马达通过塔轮带动"XCT－191温度指示调节仪"的定温指针，使其以所需的升温速度移动。

"XCT－191温度指示调节仪"接受坩埚炉内控温热电偶输送的信号，指示指针发生偏转，指示出该信号所表示的温度，同时又将指示指针和定温指针相差的信号经过振荡、放大后，变为电流信号输出。

"ZK－50可控硅电压调整器"接受前面"XCT－191温度指示调节仪"输出的电流信号，变为可控硅的触发信号，使可控硅以不同的导通角导通，从而实现对坩埚炉升温的控制。

自动控制升温线路如图3.9.8所示。

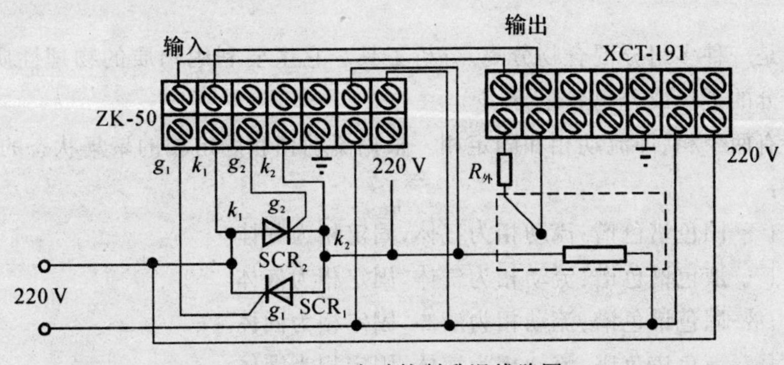

图3.9.8　自动控制升温线路图

(4) 本实验亦可简化设备，如图3.9.9所示。这里须将输入给坩埚炉的电压与电炉的功率匹配适当，亦可达到预期效果。

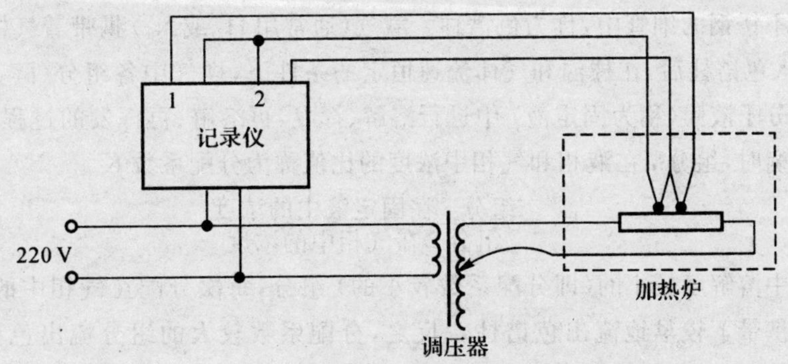

图3.9.9　简易差热分析装置

如无记录仪，亦可用直流检流计代替。将示差热电偶接入检流计，记录下不同时刻检流计光点移动的刻度，作出曲线（即差热曲线）。注意：在样品产生热效应的温度区间内，时间间隔要小。

(5) 所用试剂 $BaCl_2 \cdot 2H_2O$ 系毒品，实验后不得随意抛撒，应统一回收处理。

实验十　气相色谱法测定异丙醇的浓度

一、实验目的

气相色谱是最近十几年来迅速发展起来的一种新型分离技术，它具有效率高、灵敏度高及速度快的特点，因而广泛地用于气体和有机化合物的分离分析，成为化学、石油、生物和医药等工业生产及有关科学研究中的重要分离分析方法之一。此外在催化、吸附、化学反应、溶液理论的研究等方面也有重要的应用。在本教材中，气相色谱法是气相脉冲法研究异丙醇脱水反应动力学的一个附加部分，由于考虑到作为一个学生实验任务太重，因此单独安排一个气相色谱仪的使用实验，作为今后用微分反应器研究异丙醇脱水反应实验的准备。

二、实验原理

色谱分析是一种多组分混合物分离、分析工具。它主要利用物质的物理性质的差异测定混合物中各组分的含量或分离各组分。

色谱分析有两个相，即流动相和固定相。根据流动相和固定相的聚集状态的不同，色谱法可分以下几种：

气相色谱 { 气-固色谱色谱：流动相为气体，固定相为固体
　　　　　 气-液色谱色谱：流动相为气体，固定相为液体

液相色谱 { 液-固色谱色谱：流动相为液体，固定相为固体
　　　　　 液-液色谱色谱：流动相为液体，固定相为液体

1. 色谱柱分离原理

本实验采用气相色谱法。待分离分析的流动相为气体（异丙醇和水蒸气），固定相为有机担体 401（或 GDX－101）。401（或 GDX－101）担体对异丙醇和水有不同的溶解能力，固定相充装在玻璃或不锈钢的细管中，称为色谱柱。载气（通常用 H_2 或 N_2）携带着气样（异丙醇蒸气和水蒸气）进入色谱柱后，在柱温和气体流速恒定的条件下，样气中各组分（醇、水）在担体表面上涂覆的高分子液膜（称为固定液）中进行溶解、挥发，再溶解、再挥发的过程。当每次溶解和挥发达到平衡时，组分 i 在液相和气相中浓度的比值称为分配系数 K_i。

$$K_i = \frac{\text{组分 } i \text{ 在固定液中的浓度}}{\text{组分 } i \text{ 在气相中的浓度}}$$

在固定液中溶解度较小的（即分配系数较小的）组分，每次分配在气相中的浓度较大，因此在载气流的携带下较早地流出色谱柱。反之，分配系数较大的组分流出色谱柱的时间较迟。当分配次数足够多时，就能将不同的组分分离开来。分离过程如图 3.10.1 所示。分离效果的好坏与下列因素有关：

(1) 组分间分配系数相差越大分离效果越好。

(2) 色谱柱越长分离效果越好。

(3) 固定液的性质。一般要求固定液对被分析的组分有较大的 K_i 值，并要求黏度小，蒸气压力低。

(4) 担体的选择。要求担体能被固定液所润，以便形成一层均匀的液膜；粒度大小适宜，一般要求 60 ～ 100 目；颗粒大，比表面大。

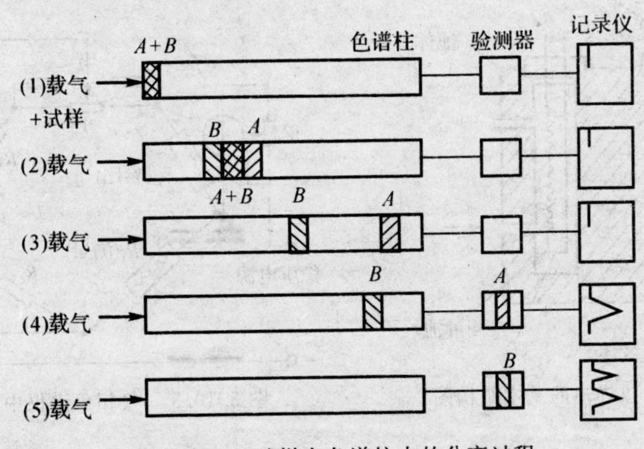

图 3.10.1　试样在色谱柱中的分离过程

(5) 载气性质及流速的影响。载气流速有一个最佳值，一般取线速度为 5 ～ 10 cm/s(填充柱)；气体流速大时宜用分子量小些的载气如 H_2，He；气体流速小时选用分子量较大的载气如 N_2；因为 H_2 的导热系数大，所以选用热导池做检定器时，使用 H_2 作载气可以提高检定器的灵敏度。

(6) 柱温的选择。柱温的选择与待分离的试样的沸点有关，沸点在 100 ～ 200℃ 的混合物，柱温应取其平均沸点附近；沸点更低的混合物，柱温可以选择其沸点附近。一般地选用低的柱温使组分有较大的 K_i 值，分离的选择性好。

2. 热导池检定器及其工作原理

检定器(即检测器) 是检测和测定试样的组成(定性) 及各组分含量(定量) 的部件。它的作用是将经色谱柱分离后的各组分按其特性及含量转换为相应的电信号。热导池检定器由不锈钢块制成，在对称的孔道中固定着两根长短、粗细、电阻值都相同的热敏元件 —— 钨丝 —— 如图 3.10.2 所示。其中 R_1 是参比池，另一臂 R_2 是测量池。参比池上有载气的进口和出口，测量池上有载样气流的进口和出口。

电流通过钨丝时，钨丝被加热到一定温度，当载气通入参比池而载样通入测量池时，因气体的热导作用而使钨丝的温度下降，但由于载气和载样气体的导热系数不同，钨丝温度下降的程度不同，因而使两根钨丝的电阻值之间有了差异，此差异可以利用电桥测量出。

气相色谱仪中的电桥如图 3.10.3 所示。图中 R_1 和 R_2 分别为热导池中参比池和测量池中钨丝的电阻且 $R_1 = R_2$。R_2 和 R_4 为阻值相等的两个电阻。四个电阻构成一个惠斯顿电桥，桥平衡的条件是：当参比池和测量池均通载气时，两池钨丝值下降相等，即 $\Delta R_1 = \Delta R_2$，故仍能满足 $(R_1 + \Delta R_1)\ R_4 = (R_2 + \Delta R_2)\ R_3$，所以电桥处于平衡状态，此时 C，D 两端的电位相等，$\Delta E = 0$，因而没有电信号输出，在电位差记录仪上记录的是一条零位直线，称为基线。当参比池中通入载气，而测量池中通入载样气体(载气 ＋ 样品气) 时，两池钨丝的电阻值变化不相等，即 ΔR_1

$\neq \Delta R_2$,因而 $(R_1+\Delta R_1)R_4 \neq (R_2+\Delta R_2)R_3$,这样电桥就不平衡,在C,D两端产生不平衡电位差,于是就有信号输出 。某组分浓度越大,不平衡电位差也越大,记录仪中记录的色谱峰也越大。为了增大输出信号,在SP-2305型色谱仪中采用四臂热导池,R_3 和 R_4 也分别作为参考池和测量池的钨丝电阻。

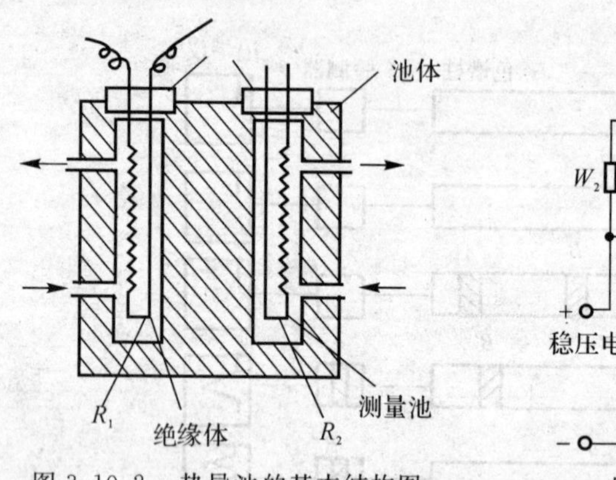

图 3.10.2　热导池的基本结构图

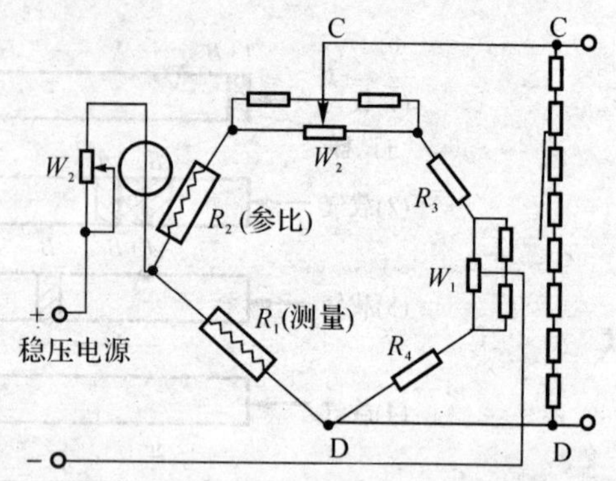

图 3.10.3　气相色谱仪中的桥路

调节电位器 W_1,W_2 时都要影响电桥一臂的电阻值,因此影响电桥的输出信号 ΔE 值,所以 W_1,W_2 都是用来调节桥路平衡的,其中 W_1 称为零点调节粗调,W_2 为零点调节细调。进样品前首先调节 W_1,W_2,使记录仪的基线处在一定位置 。

电位器 W_3 是用来调节电路工作电流大小的。

色谱峰的高低是由电桥输出的电压决定的。当试样中某一组分的含量很大时,电桥输出电位差很大,超过了记录仪的测量范围,即所谓色谱峰出格,此时应予衰减。从图 3.10.4 可知,在C,D间串联一系列电阻,其阻值见图示,C,D间的总电阻为 400Ω。C,D间的电压为 U_{CD}。通过各电阻的电流都相等。根据串联电阻分压原理可知

$$U_{CD1}=\frac{1}{2}U_{CD},\quad U_{CD2}=\frac{1}{4}U_{CD},\quad U_{CD3}=\frac{1}{8}U_{CD},\cdots$$

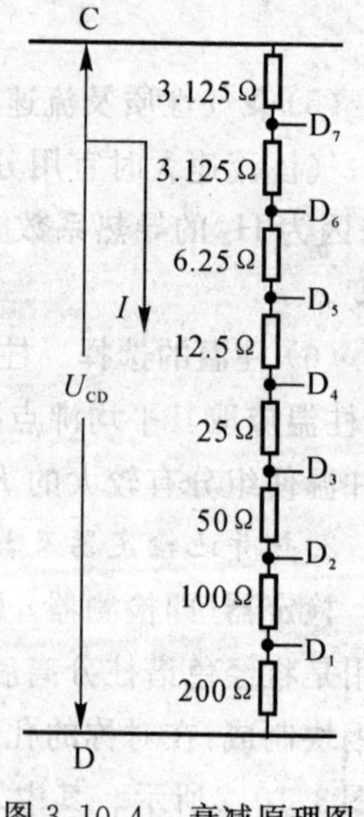

图 3.10.4　衰减原理图

衰减是用波段开关来调节的。

影响热导池灵敏度的因素:

(1) 桥路工作电流。电流增大,使钨丝温度提高,钨丝和池壁温差加大,气体容易将热量传出去,灵敏度就提高。但电流过大会引起基线不稳而呈不规则抖动,甚至烧坏钨丝。以氮气作载气时,桥电流一般控制在 100 ~ 150 mA,以 H_2 为载气时为 150 ~ 200 mA。

(2) 热导池池体温度低,钨丝和池体温差大,灵敏度高。但池体温度过低时可能引起被测试组分在池内冷凝,故池体温度一般不低于柱体。

(3) 载气的导热系数大,则载气和载样气体间的热导系数相差越大,灵敏度越高,故一般选择 He,H_2 作载气。另外在桥电流相同的条件下,载气的导热系数越大,钨丝温度越低,因此选择 H_2 作载气可以提高桥电流,从而使热导池的灵敏度显著提高。

(4) 热敏元件(钨丝) 的阻值高,灵敏度也高,选择电阻温度系数高的热敏元件也有助于提

高灵敏度。

3. 气相色谱流出曲线和有关术语

试样中各组分经色谱柱分离后，随载气依次流出色谱柱，经检测器转换成电信号，然后用记录仪将各组分及其浓度的变化记录下来而得色谱图。色谱图是以组分的浓度变化作为纵坐标，流出作为横坐标的，这种曲线称为色谱流出曲线，如图 3.10.5 所示。

(1) 基线。当没有试样进入检测器时，在实验操作条件下，反映检测器噪声随时间变化的线称为基线(由于电学系统的不稳定引起的“基线波动”称为“噪声”)，稳定的基线是一条直线，如图中的 Ot 线。

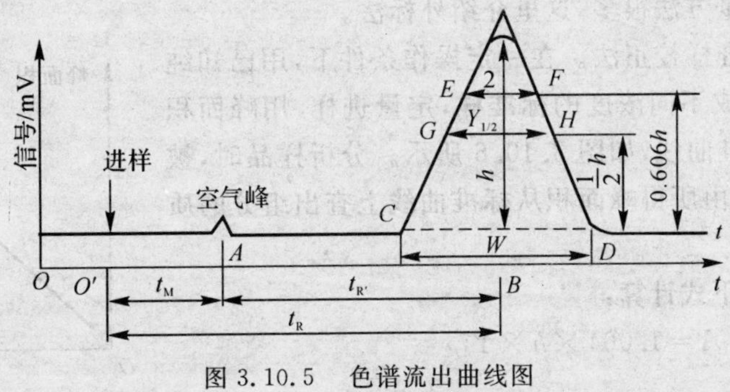

图 3.10.5 色谱流出曲线图

(2) 死时间、保留时间、调整保留时间。死时间 t_M 是指被测组分从进样开始到柱后出现浓度最大值时所需的时间，如图中 $O'A$ 线段。调整保留时间 t_R 为扣除死时间后的保留时间，如图中的 $O'B$ 线段即 $t'_R = t_R - t_M$。

(3) 死体积、保留体积、调整保留体积、相对保留值。死体积 V_M 指色谱柱内除了填充物固定相以外的空隙体积。通常由死时间和校正后的载气流速 F_c 的乘积来计算，即

$$V_M = t_M F_c$$

式中：F_c—— 校正到柱温、柱压下的载气体积流速。

保留体积 V_R 指从进样开始到柱后被测组分出现浓度最大值时所通过的载气体积。即

$$V_R = t_R F_c$$

调整保留体积 V_R 指扣除死体积后的保留体积，即

$$V'_R = t_R F_c \text{或} V'_R = V_R - V_M$$

相对保留值 $r_{\frac{i}{s}}$ 表示某组分 i 的调整保留值和某基准物 s 的调整保留值的比值。

$$r_{\frac{i}{s}} = \frac{t'_{Ri}}{t'_{Rs}} = \frac{V'_{Ri}}{V'_{Rs}}$$

(4) 区域宽度。表示区域宽度大小的量，主要有下述三个：

标准偏差 σ 即 0.607 倍峰高时色谱峰宽度的一半(即图 3.10.5 中 EF 线的一半)。

半峰宽度 $Y_{1/2}$ 即峰高为一半处色谱峰的宽度(即图 3.10.5 中 GH 线段)。$Y_{\frac{1}{2}}$ 和 σ 之间的关系为

$$Y_{1/2} = 2\sigma\sqrt{2\ln 2}$$

由于半峰宽度测量比较容易，使用方便，所以一般都使用它表示区域宽度。

峰底宽度 W_b 即流出曲线的拐点所作的切线在基线上的截距，如图中的 IJ 线段。它和标

准偏差的关系为

$$W_b = 4\sigma$$

4. 气相色谱定性方法

气相色谱定性分析的目的是确定试样的组成，即确定每个色谱各代表什么组分。定性分析的方法很多，利用保留值定性是气相色谱中最普遍、最方便的一种定性方法。在采用的固定相和操作条件恒定的条件下，每一种物质都有一定的调整保留值 t'_R 或 V'_R。在相同的条件下，若实验测定的某未知组分的 t'_R 与某纯物质的 t'_R 相同，即认为未知组分就是某纯物质。

5. 气相色谱定量方法

气相色谱的定量方法很多，这里介绍外标法。

外标法又称标准样校正法。在一定操作条件下，用已知纯度的异丙醇样品配成不同浓度的标准样，定量进样，用峰面积对标准样含量作标准曲线，如图 3.10.6 所示。分析样品时，被测样品也定量进样，由所得峰面积从标准曲线上查出组分的质量分数。

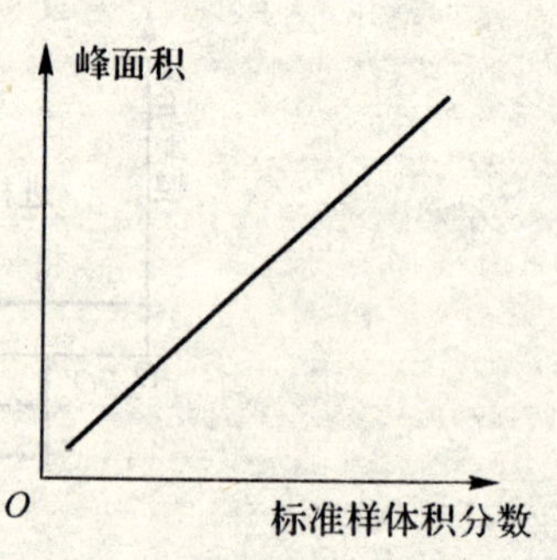

图 3.10.6　外标法标准曲线

峰面积 A 可按下式计算：

$$A = 1.064 \times h \times Y_{1/2}$$

式中：h—— 峰高；

$Y_{1/2}$—— 半峰宽度。

6. 气相色谱流程

以热导池为检定器的气相色谱简单流程如图 3.10.7 所示。载气 H_2 由高压瓶供给，经减压阀 2 后进入载气净化干燥管 3，以除去载气中的水分和杂质。由针形阀 5 控制载气压力和流量，用压力表 4 和流量计 6 指示柱前的压力和流量。再经气化室 7(和进样口 8 相通) 试样用注射器注入后在这里气化为气体。由载气带入色谱柱 9，将各组分分离后进入热导池检定器，从检定器出来的气体经皂膜流量计后放空。检定器通过测量电桥 12 将各组分及浓度的变化转换成电信号，由记录仪 13 记录下来。

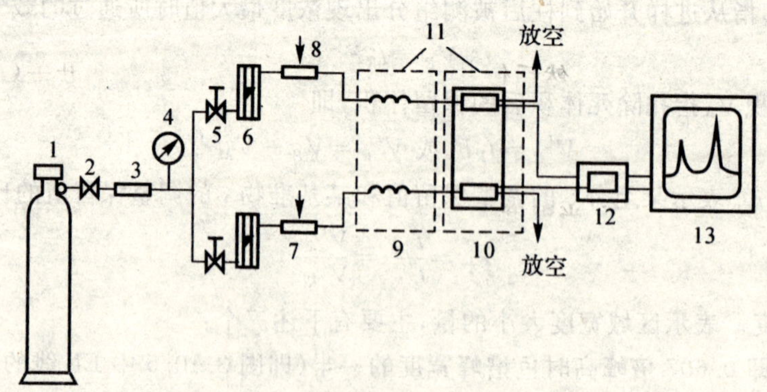

图 3.10.7　气相色谱简单流程

1— 载气钢瓶；2— 减压阀；3— 干燥器；4— 压力表；

5— 针形阀；6— 转子流量计；7— 气化室；8— 进样口；

9— 色谱柱；10— 检定器；11— 恒温箱；12— 测量电桥；13— 记录仪

三、仪器和试剂

SP－2305型色谱仪一套；异丙醇(分析纯)；纯水。

四、操作步骤

1. 实验前的准备

(1) 色谱柱的洗净与装填。色谱柱在使用前要进行试漏和清洗，试漏的方法是将柱子全部浸入水中，然后通以高于外压的气体，不应有气泡冒出。本设备所带不锈钢色谱柱的清洗方法是用5%～10%的热碱(NaOH或KOH)水溶液抽洗4～5次，以除去管内壁的油腻和污物，然后用自来水及蒸馏水冲至中性，烘干后备用。将洗净烘干的色谱柱一端塞上玻璃棉，包以纱布，接于真空泵，在不断抽气的同时从另一端装入已涂渍好的固定相(根据所分析的试样，参考有关资料选定固定相)，装填时不断地轻轻敲管壁，使固定相均匀而紧密地填入，直至填满为止。也可用手工装填，但同样要达到均匀紧密装填的要求。

(2) 安装色谱柱。将色谱柱的两个喇叭口接在管路上。连接时注意：

1) 不要将两个色谱柱的进出口气路接错；

2) 载气应从色谱柱的下端进入；

3) 喇叭口上的铜垫圈要垫正。(以上步骤由教师准备好)

(3) 检漏。检漏前按流程接好管道，用橡皮乳头将色谱柱出口堵死，通以载气，调节柱前压力为0.2MPa，若流量计中的转子很快沉到底部，即表示气路严密，否则说明系统漏气。有漏气时，应用肥皂水探漏，找到漏气处并加以处理。

(4) 标定转子流量计的流量。用皂膜流量计标定转子流量计的流量，找出转子与流量的关系，并绘制出转子位置和流量间的关系曲线。

2. 调整

(1) 打开载气开关通入载气(本实验用SQF－200型氢气发生器作氢气源，见图3.10.8)，气量可小于使用气量。

(2) 打开恒温系统的总开关，然后依次打开汽化室、检测器和恒温箱开关(此时注意是否有强烈振动，即马达工作是否正常)。调“定温旋钮”于所需温度挡，使系统升温，控制各部分达到以下温度：

汽化室：开始用2#挡升温，当温度升到120℃左右改换1#挡，控温至150℃；

检测室：115℃；

色谱柱恒温箱：115～120℃。

升温过程中不时拨动“测温”旋钮，用毫伏计指示恒温情况，当达到所控制温度时，指示灯应处于不太亮也不灭的暗红状态。

(3) 温度均升至所需数值后，将两个色谱柱的流量均调到40 mL/min。

(4) 打开热导池检测器电器单元开关，调整电流至200 mA。

(5) 打开记录开关。

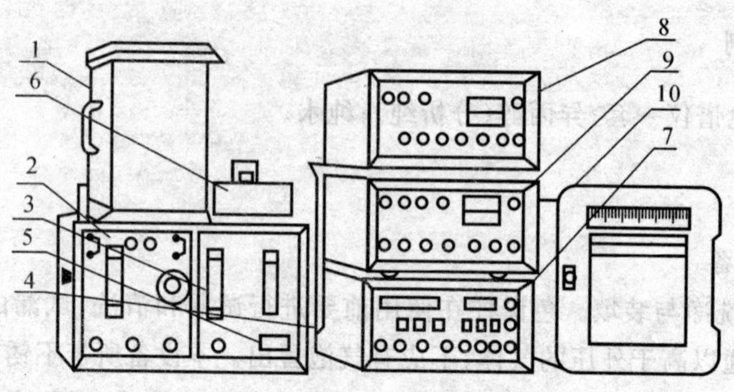

图 3.10.8　仪器部件名称说明

1— 色谱柱恒温箱；2— 载气面板；3— 氢气面板；4— 皂膜流量计；
5— 静电计；6— 检测器室恒温箱；7— 温度控制器；
8— 热导检测电器单元；9— 离子化检测电器单元；10— 记录仪

(6) 调整。将选择旋钮放在"热导调零"挡，调"调零"使记录器指针指零。将选择旋钮放在"记录调零"挡，调"记录调零"，将记录器指针调至 4 或 5 处，然后将选择旋钮放在"测量"挡，开始调池平衡。

池平衡的调节方法如下：将"衰减"放在"8"或"4"处，"池平衡"放在中间位置（旋钮旋至记录位置后，反转 5 圈即为中点）。调"调零"，将记录仪指针调回原处，然后将电流降低 20 mA，记录器指针偏离指定位置。调"池平衡"将指针调回原处。再将电流升至 200 mA，这时指针又偏指定位置，调"调零"使指针回原处。如此反复操作，直到电流变化 20 mA 时，指针偏离小于 0.5 mV。这时将"衰减"放在"1"处，重复以上步骤，直至电流变化 20 mA，指针偏移小于 0.1 mV 时，池平衡调节完毕，待基线稳定后，即可进样分析。

3. 进样分析

(1) 选取记录速度为某一固定挡。

(2) 异丙醇和水的定性分析。用微量注射器吸取 1 μL 异丙醇，从进样口快速注入，用秒表记录调整保留时间；用另一支微量注射器吸取 1 μL 蒸馏水，快速注入同一进样口。在观察记录仪出峰情况的同时，用秒表记录调整保留时间。用已知浓度的异丙醇水溶液（设质量分数为 20%）冲洗注射器数次，然后取此溶液 1 μL 注入进样口，注意出峰情况，并记录调整保留时间，然后与纯异丙醇、纯水的调整保留时间比较。

(3) 定量分析。作标准曲线，每次取 1 μL 一系列不同浓度的标准试样注入进样口，注意出峰情况。再用同样手续注入 1 μL 未知浓度的异丙醇水溶液，记录出峰情况。

4. 实验注意事项

(1) 载气流量要稳定。在通载气前严禁打开热导检测电器单元，以防烧坏元件。

(2) 试样要注入同一进样品口，并要求注入动作快速。

(3) 每份试样要作平行实验。

(4) 如果记录的色谱峰过窄或过宽，应调整记录速度，并重新取样试验。

(5) 排出的载样品氢气必须导出室外，并保持室内良好通风。

实验完毕后，依次关闭记录仪、热导检测电器单元、恒温系统电源等，待降温后再关闭载气。

如图3.10.9所示为热导检测仪面板图。

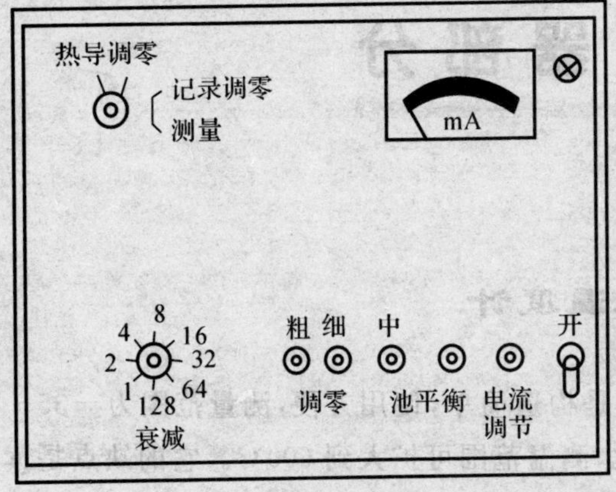

(a)

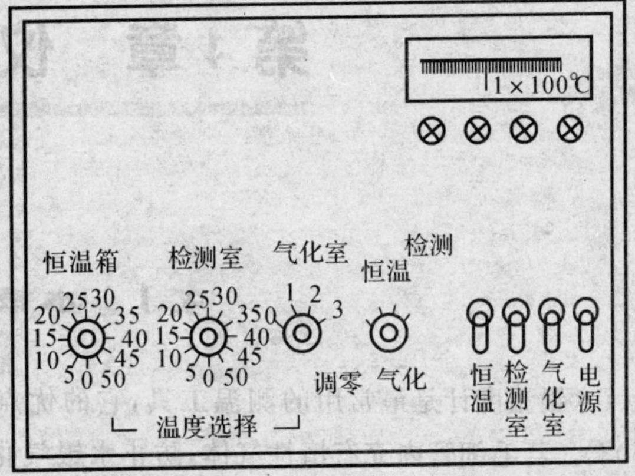

(b)

图3.10.9　热导检测仪面板图

(a)SP-2305型色谱仪；(b)温度控制器面板图

五、数据记录与处理

(1) 以峰的面积 A 为纵坐标，以异丙醇体积分数为横坐标绘制标准曲线。

(2) 根据未知样品的峰的面积确定未知样中异丙醇的体积分数。

六、思考题

(1) 如何选择合适的色谱柱?

(2) 哪些条件会影响浓度测定值的准确性?

七、教学讨论

在气相色谱仪允许的条件下可以气化而不分解的物质，都可以用气相色谱法测定。对部分热不稳定物质，或难以气化的物质，通过化学衍生化的方法，仍可用气相色谱法分析。

八、课余实践

(1) 以苯为溶剂配制甲苯、乙苯标准溶液，测定苯的未知样品中甲苯、乙苯的含量。

(2) 测定食品添加剂苯甲酸的含量。

第4章 仪器部分

4.1 水银温度计

水银温度计是最常用的测温工具，它的优点是构造简单，使用方便，测量范围为－35～360℃。若毛细管内充有惰性气体，防止水银气化，测温范围可扩大到600℃。它的缺点是读数受多种因素影响，在精确测量中必须加以校正。

1. 示值校正

温度计常是在水的冰点与沸点之间等分刻度的。由于毛细管的直径不规则，水银和玻璃的膨胀系数的非线性关系易造成读数误差。校正的方法是用一支同样量程的标准温度计与所使用的温度计放在同一液体的恒温槽中，使两支温度计尽量全在露出度数相同时进行比较，记下两支温度计的读数，得出相应改正值。

2. 零点校正(冰点的校正)

玻璃是一种过冷的液体，属于热力学不稳定系统，体积随时间有所改变。另一方面，玻璃受到暂时加热后，不能立即回复到原来的体积，这些因素都会引起零点的改变。校正的方法是用一支标准温度计进行比较，也可以用纯物质的相变点标定。对于标准温度计，每次使用前要先标定其冰点，将冰点位置的改变在其他温度读数中考虑进去。

3. 露茎校正

一般水银温度计为全式温度，但通常测温时不可能全部浸没在被测系统中，因露出在被测系统外的温度与被测物的不同，这样必然存在读数误差，使用时要加以校正，这种校正叫露茎校正。如被测系统外的温度低，则露在系统外的水银柱膨胀不够，读数必然要比正确值低，这种情况用下式校正：

$$t = t_0 + Kn(t_0 - t_s)$$

式中：t—— 被测系统正确温度；

t_0—— 温度计的读数；

t_s—— 露出系统外水银的平均温度(用一支辅助温度计，放在露出系统外水银柱一半的地方测出的温度)；

n—— 露出被测系统外的水银柱度数；

K—— 水银对玻璃的相对膨胀因数。$K = 0.000\ 16℃^{-1}$；对多数有机液体温度计，$K = 0.001℃^{-1}$。

例如：$t_0 = 80℃$，$t_s = 30℃$，$n = 50℃$，则

$$t = 80 + 1.6 \times 10^{-4} \times 50\ (80 - 30) = 80.4℃$$

4.2　数字贝克曼温度计

一、结构特点

数字贝克曼温度计(SWC—II)是一种可代替贝克曼温度计使用的温度计,与贝克曼温度计相比,其测量精度高、范围宽、操作简便和与微机直接连接完成温度、温差的检测,从而实现自动化控制等优点。

SWC—II 型数字贝克曼温度计的技术指标:测量范围:－50 ～ 150℃;分辨率:0.01℃;温差测量范围:±19.999℃;电源(220±10)V,50 Hz;环境温度:0 ～ 40℃;湿度≤85%。其面板示意图如图 4.2.1 所示。

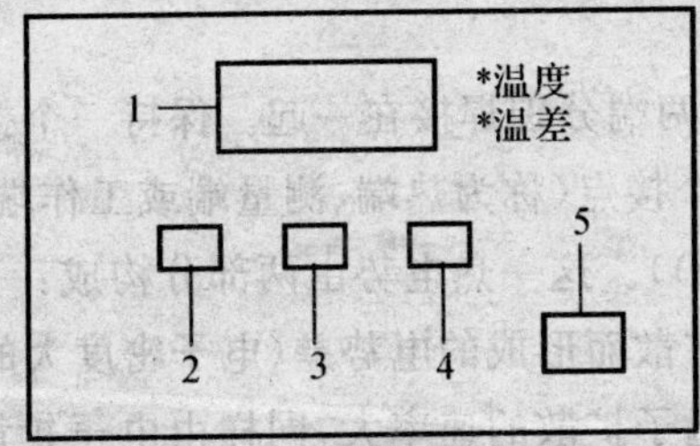

图 4.2.1　SWC－II 数字贝克曼温度计面板示意图

1— 数字显示屏;2— 测量与保持选择;3— 温度与温差测量选择;
4— 基温选择;5— 电源开关

二、使用方法

1. 测量前准备

(1) 将仪器后面板的电源线接入 220 V 电源插座。

(2) 检查感温插头编号应与仪器后盖的编号相符,并将和后盖的端子对应连接紧(槽口对准)。

(3) 将探头插入被测物中,深度应大于 50 mm,打开电源开关。

2. 温度测量

(1) 将面板"温度-温差"按钮置于"温度"位置,显示器显示数字并在末位显示"℃",表明仪器处于温度测量状态。

(2) 将面板"测量-保持"按钮置于测量位置。

3. 温度测量

(1) 将面板"温度-温差"按钮置于"温差"位置,此时显示器最末位显示"•",表明仪器处于温差测量状态。

(2) 将面板"测量-保持"按钮置于测量位置。

(3) 按被测物的实际温度调节"基温选择",使读数的绝对值尽可能最小。实际温度可用本仪器测量,记录数字 T_1。

例 1　物体实际温度为 20℃,则将"基温选择"置于 25℃ 位置,此时显示器显示 5.000℃

左右。

(4) 显示器动态显示的数字即为相对于 T_1 的温度变化量 ΔT。

例 2 当 $T_1=5.725$℃ 时(基温位置不变),显示器显示 6.957℃,则 $\Delta T=6.138-5.725=0.413$℃。

4. 保持功能的作用

当温度和温差变化太快无法读数时,可将面板"测量-保持"按钮置于"保持"位置。读数字后转换"测量"位置,跟踪测量。

4.3 热电偶

一、原理

将两种金属导线A和B的两端分别焊接在一起。保持一个接点(称为冷端、参考端或自由端)的温度 T_0 不变,改变另一个接点(称为热端、测量端或工作端)的温度 T,则在线路里会产生相应的热电势(见图 4.3.1(a))。这一热电势由两部分构成:一部分是在接点处因两种金属的自由电子密度不同,由电子扩散而形成的电势差(电子密度大的金属为正极);另一部分是在导体内,高温处比低温处自由电子扩散的速率大,同样由电子扩散形成电势差(温度高的一边为正极)。这两部分电位差合起来构成的热电势与热端的温度有关,而与导线的长短、粗细和导线本身的温度分布无关。因此,只要知道热端温度与热电势之间的对应关系,测得热电势即可求出热端温度。

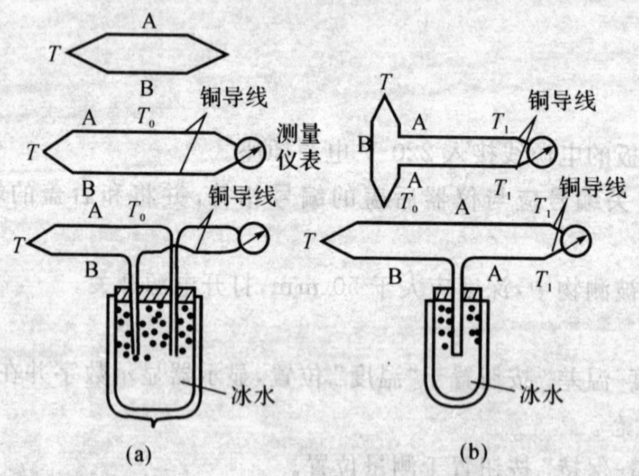

图 4.3.1 热电偶回路及连接示意图

为了测量热电势,需要使导线(称为偶丝)与测量仪表连成回路。通常有两种连接方式:一种如图 4.3.1(b) 所示,A,B偶丝的 T_0 端,都浸在冰水中,由 T_0处到测量仪表的导线为铜导线,测量仪表也可以看做是铜导线,因此图(b) 的回路与图(a) 等效;由于铜导线与偶丝 A 的两接点均为室温 T_1,同理,此回路也与图(a) 等效。

热电偶测温有许多优点:如灵敏度高(若将热电偶串联组成电堆,灵敏度可达 0.000 1℃),

重现性好，量程宽，容易实现远距离测量、自动记录和自动控制等，因而在科学实验和工业生产中获得了广泛的应用。

二、分类

热电偶的种类很多，下面介绍常用的几种：

1. 铂铑-铂热电偶

通常由直径 0.35～0.5 mm 的纯铂丝和铂铑丝（铂 90%、铑 10%）做成，分度号以 S 表示。它可在 1 300℃ 以内长期使用，短期可测 1 600℃。这种热电偶的稳定性和重现性均很好，因此可用于精密测温和作为基准热电偶。缺点是价格高，低温区热电势太小和不适于在高温还原气氛中使用。

2. 镍铬-镍硅（铝）热电偶

由镍铬（镍 90%、铬 10%）和镍硅丝（镍 97%、硅 2.5%～3.0%，钴≤0.6%）做成，分度号为 K，在氧化性和中性介质中 1 000℃ 以内长期使用，短期可测 1 200℃。这种热电偶有良好的复制性，热电势大，线性好，价格便宜，测量精度虽较低，但能满足一般要求，故是最常用的一种热电偶。目前我国已开始用镍硅材料代替镍铝合金，使在抗氧化和热电势稳定性方面都有所提高。由于这两种热电偶的热电性质几乎完全一致，故可互相代用。

3. 铜-康铜热电偶

由铜和康铜丝（铜 60%、镍 40%）做成，分度号为 T。特点是热电势较大，价格便宜，实验室中易于制作。但其重现性不佳，只能在低于 350℃ 使用。为解决对热电偶小型化、寿命和结构坚固的要求，在 1960 年发展了一种由金属套管、陶瓷绝缘粉和热电偶三者组合加工而成的铠装热电偶。当使用温度不超过 1 000℃ 时，多用不锈钢作套管，电熔氧化镁作绝缘材料，由后者把热电偶丝固定在套管中间。各种热电偶的外径通常是 2 mm，最小可达 0.25 mm。其特点：① 热惰性小，反应快，如 1.6 mm 的，其动态响应时间常数不超过 1.2s。② 测量端热容量小。在热容量较小的被测物体上，也能测得较准确的温度。③ 挠性好。套管材料经过了退火处理，可以任意弯曲，故能适应复杂设备上的安装要求。④ 强度高。⑤ 寿命长。

三、使用方法

为了避免热电偶遭受被测介质的侵蚀和便于安装，使用保护管是必要的。根据温度要求，可用石英、刚玉、耐火陶瓷作保护管，低于 600℃ 可用硬质玻璃管。在实验工作中有时为了提高测温和控温的反应速度，在对热电偶损害不大的气氛中短期使用，可以不用保护管，但这时应经常进行校正工作，结果才可靠。

除了专用的自动平衡记录仪可以直接读出热电偶所测温度外，一般都是先测出热电势的电压，再根据该热电偶的分度号，在其分度表上查出相应的温度。表明热电偶的热电势与温度的对应关系的分度表，都是在冷端温度保持 0℃ 时得到的，因此使用时最好能保持这一条件，即直接把热电偶冷端（或用补偿导线把冷端引出来）放在冰水浴。如果没有冰水，则应使冷端处于较恒定的室温，在确定温度时，须将测得的热电势加上 0℃ 到室温的热电势，然后再查分度表，即得到所测实际温度。

热电偶分类简表见表 4.3.1。

表 4.3.1　热电偶分类简表

热电偶名称	分度号	热电偶识别			100℃时的热电势/mV	使用温度/℃	
		材料	极性	识别		长期	短期
铂铑-铂	S	铂铑	正	较硬	0.645	1 300	1 600
		铂	负	柔软			
镍铬-镍硅	K	镍铬	正	不亲磁	4.095	1 000	1 200
		镍硅	负	稍亲磁			
铜-康铜	T	铜	正	红色	4.277	200	350
		康铜	负	银白色			

4.4　WZZ—2SS 数字式糖度旋光仪

旋光仪是测定物质旋光度的仪器。通过旋光度的测定，可以分析确定物质的浓度、含量及纯度等，广泛地应用于制糖、制药、石油、食品、化工等工业部门及有关高等学校和科研单位。

一、原理

众所周知，可见光是一种波长为 380 ～ 780 nm 的电磁波，由于发光体发光的统计性质，电磁波的电矢量的振动方向可以取垂直于光传播方向上的任意方位，通常叫做自然光。利用某些器件(例如偏振器)可以使振动方向固定在垂直于光波传播方向的某一方位上，形成所谓平面偏振光，平面偏振光通过某种物质时，偏振光的振动方向会转过一个角度，这种物质叫做旋光物质，偏振光所转过的角度叫旋光度。如果平面偏振光通过某种纯的旋光物质，旋光度的大小与下述三个因素有关：

(1) 平面偏振光的波长 λ，波长不同旋光度不一样。

(2) 旋光物质的温度 t，不同的温度旋光度不一样。

(3) 旋光物质的种类，不同的旋光物质有不同的旋光度。

用一个叫做比旋度$[\alpha]_\lambda^t$ 的量来表示某种物质的旋光能力。

$[\alpha]_\lambda^t$ 表示单位长度的某种旋光物质，温度为 t 时，对波长为 λ 的平面偏振光的旋光度。

旋光度与平面偏振光所经过的旋光物质的长度 L 有关，这样在温度为 t 时，长度为 L，具有比旋度为$[\alpha]_\lambda^t$ 的旋光物质对波长为 λ 的平面偏振光的旋光度 α_λ^t 由下式表示：

$$\alpha_\lambda^t=[\alpha]_\lambda^t L \tag{4.1}$$

如果旋光物质溶于某种没有旋光性的溶剂中，浓度为 c，则下式成立：

$$\alpha_\lambda^t=[\alpha]_\lambda^t Lc \tag{4.2}$$

注意：式(4.1)、式(4.2)中，$[\alpha]_\lambda^t$ 与 L 的长度单位必须一致。

若波长一定在某一标准温度如 20℃ 下，事先已知测试物质的比旋度$[\alpha]_\lambda^t$，测试溶液的长度一定，此时若用旋光仪测出旋光度 α_λ^t，则可由式(4.2)计算出溶液中旋光物质的浓度 c，即

$$c=\alpha_\lambda^t/([\alpha]_\lambda^t L) \tag{4.3}$$

若溶质中除含有旋光物质外还含有非旋光物质，则可由配制溶液时的浓度和由式(4.3)求得的旋光物质的浓度 c，算得旋光物质的含量或纯度。

1. 温度校正

大多数工业部门对于所须测试的旋光物质，只给出在某一标准温度(例如 20℃)时的比旋度值$[\alpha]_{\lambda}^{20}$及其容限，但在测试时，由于条件所限，测试温度可能不是20℃而是t，此时不能直接应用式(4.3)。通常在一定的温度范围内，旋光度随测试温度变化而变化，并且具有良好的线性关系，即在 t 时旋光度 α_{λ}^{t} 在 20℃ 旋光度$[\alpha]_{\lambda}^{20}$ 和旋光温度系数 K 有如下关系：

$$\alpha_{\lambda}^{t}=[\alpha]_{\lambda}^{20}Lc[1+K(t_{1}-20)] \tag{4.4}$$

如果要获得准确的结果，又没有条件严格控制测试温度，进行此项温度校正是绝对必要的。若温度系数 K 未知，可以在两个不同的温度 t_1 和 t_2 对同一样品进行测试，获得旋光度值 $\alpha_{\lambda}^{t_1}$ 和 $\alpha_{\lambda}^{t_2}$ 由式(4.4)得

$$\alpha_{\lambda}^{t_1}=[\alpha]_{\lambda}^{20}Lc[1+K(t_{1}-20)]$$
$$\alpha_{\lambda}^{t_2}=[\alpha]_{\lambda}^{20}Lc[1+K(t_{2}-20)]$$

即

$$\frac{\alpha_{\lambda}^{t_1}}{\alpha_{\lambda}^{t_2}}=\frac{[1+K(t_{1}-20)]}{[1+K(t_{2}-20)]} \tag{4.5}$$

由式(4.5)很容易求得温度系数 K。

2. 波长校正

旋光度与使用光波的有效波长的依赖关系是十分强烈的，尽管仪器中使用了光谱灯，但是由于不可避免的谱线背景及其他原因，有效波长还是会随所使用的光源的不同，或因使用时间太久而变化，并会引起明显的测数误差，因此有必要校正有效波长。

校正使用的工具是石英校正管，标有在589.44nm波长时，该校正管的旋光度值 $\alpha_{589.44}^{20}$，若在温度为 t 时，仪器测得该石英校正管的测数 $\alpha_{589.44}^{20}$ 为

$$\alpha_{589.44}^{t}=[\alpha]_{589.44}^{20}[1+0.000\,144(t-20℃)] \tag{4.6}$$

则说明仪器光源的有效波长与589.44 nm一致。若不一致则须调整在仪器中的校正有效波长的装置以使测数与式(4.6)所得的一致，或在允许范围内。为了提高有效波长的校正精度，希望取旋光度大一些的石英校正管作为校正工具。

关于钠灯波长589.44 nm与汞灯波长546.1 nm之间，石英校正管的旋光度与糖度之间相互转换。

二、仪器的主要技术规格

原理：基于光学零位原理的自动数字显示旋光仪；

调制器：法拉弟磁光调制器；

光源：钠光灯＋滤色片，波长 589.44 nm；

可测样品最低透过率：1％；

测量范围：±45°(旋光度)，±120°Z(糖度)；

最小读数：0.001°(旋光度)，0.01°Z(糖度)；

准确度：±(0.01°＋测量值×0.05％)(旋光度)；

±(0.03°＋测量值×0.05％)°Z(糖度)；

重复性(标准偏差 σ):样品透过率大于 1% 时 ≤0.002°(旋光度);

样品透过率大于 1% 时 ≤0.002°Z(糖度);

试管:100 mm,200 mm;

电源:220 V±10 V,50 Hz±1 Hz;

外形尺寸:600 mm×320 mm×200 mm;

净重:30 kg。

三、使用方法

(1) 安放仪器。本仪器应安放在正常的照明、室温和湿度条件下使用,防止在高温高湿的条件下使用,避免经常接触腐蚀性气体,否则将影响使用寿命,承放本仪器的基座或工作台应牢固稳定,并基本水平。

(2) 接通电源。将随机所附的电源线的一端插入220 V,50 Hz电源(最好是稳压电源),另一端插入仪器背后的电源插座。

(3) 接通电源后,打开电源开关(见仪器左侧),等待 5min 使钠灯发光稳定。

(4) 打开光源开关(见仪器左侧),此时钠灯在直流供电下点燃。

(5) 准备试管。

(6) 按"测量"键(见仪器正面),这时液晶屏应有数字显示。注意:开机后"测量"键只须按一次,如果误按该键,则仪器停止测量,液晶屏无显示。用户可再次按"测量"键,液晶重新显示,此时须重新校零。若液晶屏已有数字显示,则不须按"测量"键。

(7) 清零。在已准备好的试管中注入蒸馏水或待测试样的溶剂放入仪器试样室的试样槽中,按下"清零"键(见仪器正面),使显示为零。一般情况下本仪器如在不放试管时示数为零,放入无旋光度溶剂后(例如蒸馏水)测数也为零,但须注意倘若在测试光束的通路上有小汽泡或试管的护片上有油污、不洁物或将试管护片旋得过紧而引起附加旋光数,则将会影响空白测数,在有空白测数存在时必须仔细检查上述因素或者用装有溶剂的空白试管放入试样槽后再清零。

(8) 测试。除去空白溶剂,注入待测样品(装有试样的试管,须注意(7)中所述几点)。将试管放入试样室的试样槽中,仪器的伺服系统动作,液晶屏显示所测的旋光度值,此时指示灯"1"(见仪器正面)点亮。注意:试管内腔应用少量被测试样冲洗 3～5 次。

(9) 复测。按"复测"键(见仪器正面)一次,指示灯"2"点亮,表示仪器显示第 2 次测量结果,再次按"复测"键,指示灯"3"点亮,表示仪器显示第 3 次测量结果。按"shift/1 2 3"键(见仪器正面),可切换显示各次测量的旋光度值。按"平均"键(见仪器正面),显示平均值,指示灯"AV"点亮。

(10) 温度校正。测试前或测试后,测定试样溶液的温度,按原理中所述将测得的结果进行温度校正计算。

(11) 测深色样品。当被测样品透过率接近 1% 时仪器的示数重复性将有所降低,这是正常现象。

(12)RS232 接口。仪器可以用附给的连线同计算机连接(参数:波特率 9 600;数据位 8 位;停止位 1 位;字节总长 18)。

(13) 糖度测试。仪器开机后的默认状态为测量旋光度,指示灯"Z"不点亮。如须测量糖度，可按"糖度／旋光度"键(见仪器正面)，指示灯"Z"点亮。注意：当样品室中有试管时，按"糖度／旋光度"键，指示灯"Z"点亮，液晶屏显示"0.000"，必须重新放入试管，所示值才为该样品糖度。

(14) 测定浓度或含量。先将已知纯度的标准品或参考样品按一定比例稀释成若干只不同浓度的试样，分别测出其旋光度。然后以横轴为浓度，纵轴为旋光度，绘成旋光曲线。一般旋光曲线均按算术插值法制成查对表形成。

测定时，先测出样品的旋光度，根据旋光度从旋光曲线上查出该样品的浓度或含量。

旋光曲线应用同一台仪器、同一支试管来作，测定时应予注意。

(15) 测定比旋度纯度。先按药典规定的浓度配制好溶液，依法测出旋光度，然后按下列公式计算比旋度纯度$[\alpha]$：

$$[\alpha]=\frac{\alpha}{Lc}$$

式中：α—— 测得的旋光度，(°)；

c—— 溶液的浓度，g/mL；

L—— 溶液的长度即试管长度，dm。

由测得的比旋度，可示得样品的纯度：

$$纯度=\frac{实测比旋度}{理论比旋度}$$

(16) 测定国际糖分度。根据国际糖度标准，规定用 26 g 纯糖制成 100 mL 溶液，用 200 mm 试管，在 20℃ 下用钠光测定，其旋光度为 ＋34.626°，其糖度为 100。

4.5 WYA 阿贝折射仪

一、原理

单色光从一种介质进入另一处介质即产生折射现象。在一定温度下，入射角β的正弦和折射角α的正弦之比等于它在两种介质中传播速度之比，即

$$\frac{\sin\beta}{\sin\alpha}=\frac{v_B}{v_A}=n_{BA} \tag{4.7}$$

式中：n_{BA}—— 折射率，对一定的温度和介质折射率为常数。

当 $n_{BA}>1$ 时，从式(4.7) 可知，β必须大于α。这时光线由第一种介质 B 进入第二种介质 A 时折射线如图 4.5.1 所示。

在一定温度下，折射率 n_{BA} 对于给定的两种介质而言为一常数，故当入射角β增大时，折射角α也相应增大；当β达到极大值$\beta_0=\pi/2$时，所得到的折射角α_0称为临界折射角。显然，从图中法线右边入射的光线折射入第二种介质 A 时，折射线都应落在临界折射角 α_0 之内。此时若在 M 处放置一目镜，则目镜内会出现半明半暗的图像。从式(4.7) 不难看出，当固定一种介质时，临界折射角 α_0 的大小和折射率(表征第二种介质的性质) 有简单的函数关系，阿贝折射仪正是根据这个原理而设计的。

二、主要技术参数和规格

折射率测量范围(n_D)：1.300 0 ～ 1.700 0；

测量示值误差(n_D):±0.000 02;

蔗糖溶液质量分数(锤度 Brix)读数范围:0～95%;

仪器外形尺寸:100 mm×200 mm×240 mm;

仪器质量:2.6 kg。

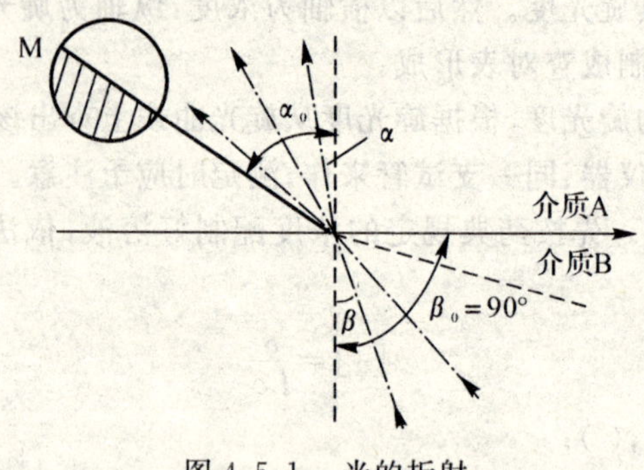

图 4.5.1 光的折射

三、使用方法和操作步骤

1. 准备工作

(1) 在开始测定前,必须先用蒸馏水或用标准试样校对读数。如果用标准试样则对折射棱镜的抛光面加1～2滴溴代萘,再贴上标准试样的抛光面。当读数视场指示于标准试样上之值时,观察望远镜内明暗分界线是否在十字线中间,若有偏差则用螺丝刀微量旋转小孔内的螺钉,带动物镜偏摆,使分界线相位移至十字线中心。通过反复地观察与校正,使示值的起始误差降至最小(包括操作者的瞄准误差)。校正完毕后,在以后的测定过程中不允许随意再动此部位。

在日常的测量工作中一般不须校正仪器,如对所测的折射率示值有怀疑时,可按上述方法进行检验,是否有起始误差,如有误差应进行校正。

(2) 每次测定工作之前及进行示值校准时必须将进光棱镜的毛面,折射棱镜的抛光面及标准试样的抛光面,用无水酒精与乙醚(1:1)的混合液和脱脂棉花轻擦干净,以免留有其他物质,影响成相清晰度和测量准确度。

2. 测定工作

(1) 测定透明、半透明液体。将被测液体用干净滴管加在折射棱镜表面,并将进光棱镜盖上,用手轮锁紧,要求液层均匀,充满视场,无气泡。打开遮光板,合上反射镜,调节目镜视度,使十字线成相清晰,此时旋转手轮并在目镜视场中找到明暗分界线的位置,再旋转手轮使分界线不带任何彩色,微调手轮,使分界线位于十字线的中心,再适当转动聚光镜,此时目镜视场下方显示的示值即为被测液体的折射率。

(2) 测定透明固体。被测物体上须有一个平整的抛光面。把进光棱镜打开,在折射棱镜的抛光面加1～2滴比被测物体折射率高的透明液体(如溴代萘),并将被测物体的抛光面擦干净放上去,使其接触良好,此时便可在目镜视场中寻找分界线,瞄准和读数的操作方法如前所述。

(3) 测定半透明固体。用上法将被测半透明固体的抛光面黏在折射棱镜上,打开反射镜并调整角度利用反射光束测量，具体操作方法同上。

(4) 测量蔗糖溶液质量分数。操作与测量液体折射率相同，此时读数可直接从视场中示值上半部读取，即为蔗糖溶液质量分数。

(5) 测定平均色散值。基本操作方法与测量折射率相同，只是以两个不同方向转动色散调节手轮时，使视场中明暗分界线无彩色为止，此时须记下每次在色散值刻度圈上指示的刻度值 Z，取其平均值，再记下其折射率 n_D。根据折射率 n_D 值，在阿贝折射仪色散表的同一横行中找出 A 和 B 值(若 n_D 在表中二数值中间时用内插法示得)。再根据 Z 值在表中查出相应的 a 值，当 $Z > 30$ 时 a 值取负值。当 $Z < 30$ 时 a 取正值，按照所求出的 A,B,a 值代入色散值公式 $nF - nC = A + Ba$ 就可求出平均色散值。

(6) 若须测量在不同温度时的折射率，将温度计旋入温度计座中，接上恒温器的通水管，把恒温器的温度调节到所需测量温度，接通循环水，待温度稳定十分钟后，即可测量。

三、仪器校正

仪器定期进行校准，或对测量数据有怀疑时，也可以对仪器进行校准。校准用蒸馏水或玻璃标准块。如测量数据与标准有误差，可用钟表螺丝刀通过色散校正手轮中的小孔，小心旋转里面的螺钉，使分划板上交叉线上下移动，然后再进行测量，直到测数符合要求为止。样品为标准块时，测数要符合标准块上所标定的数据。如样品为蒸馏水时测数要符合表 4.5.1。

表 4.5.1　不同温度下蒸馏水的折射率

温度 /℃	折射率 n_D	温度 /℃	折射率 n_D
18	1.333 16	25	1.332 50
19	1.333 08	26	1.332 39
20	1.332 99	27	1.332 28
21	1.332 89	28	1.332 17
22	1.332 80	29	1.332 05
23	1.332 70	30	1.331 93
24	1.332 60		

四、仪器的维护与保养

(1) 仪器应放在干燥、空气流通和温度适宜的地方，以免仪器的光学零件受潮发霉。

(2) 仪器使用前后及更换样品时，必须先清洗擦干净折射棱镜系统的工作表面。

(3) 被测试样品不准有固体杂质，测试固体样品时应防止折射棱镜的工作表面拉毛或产生压痕，本仪器严禁测试腐蚀性较强的样品。

(4) 仪器应避免强烈振动或撞击，防止光学零件震碎、松动而影响精度。

(5) 如聚光照明系统中灯泡损坏，可将聚光镜筒沿轴取下，换上新灯泡，并调节灯泡左右位置(松开旁边的紧定螺钉) 使光线聚光在折射棱镜的进光表面上，并不产生明显偏斜。

(6) 仪器聚光镜是塑料制成的，为了防止带有腐蚀性的样品对它的表面破坏，使用时用透明塑料罩将聚光镜罩住。

(7) 仪器不用时应用塑料罩将仪器盖上或将仪器放入箱内。

(8) 使用者不得随意拆装仪器，如仪器发生故障，或达不到精度要求时，应及时送修。

4.6 电导率仪

目前国内广泛使用的DDS—11型电导率仪和DDS—11A型电导率仪，是测定液体电导率的仪器。这两种仪器是直式的，测量广，操作简便，若配上自动平衡记录仪，可以自动记录电导值的变化状况。

下面简单介绍DDS—11A型电导率仪。

一、仪器的外貌

DDS—11A型电导率仪的面板图如图4.6.1所示。

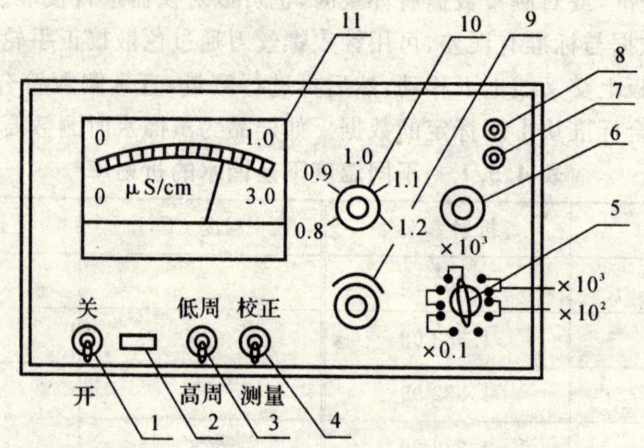

图4.6.1 DDS—11A型电导率仪的面板图

1— 电源开关；2— 指示灯；3— 高、低周开关；4— 校正、测量开关；
5— 量程选择开关；6— 电容补偿调节器；7— 电极插口；8—10mV输出插口；
9— 校正调节器；10— 电极常数调节器；11— 表头

二、测量原理

图4.6.2中稳压电源输出稳定的直流电势，供给振荡器和放大器，使它们工作在稳定状态。振荡器输出电压不随电导池电阻 R_x 的变化而改变，从而为电阻分压回路提供一个稳定的标准电势 E。电阻分压回路由电导池 R_x 和测量电阻箱 R_m 串联组成。E 加在该回路 A,B 两端，产生测量电流 I_x。根据欧姆定律：

$$I_x = \frac{E}{R_x + R_m} = \frac{E_m}{R_m}$$

所以

$$E_m = \frac{ER_m}{R_m + R_x} = \frac{ER_m}{R_m + 1/G}$$

式中：G —— 电导池溶液电导。

上式中 E 不变，R_m 经设定后也不变，所以电导 G 只是 E_m 的函数。E_m 经放大检波后，在显示仪表(直流电表)上，用换算成的电导值中电导率值显示出来。

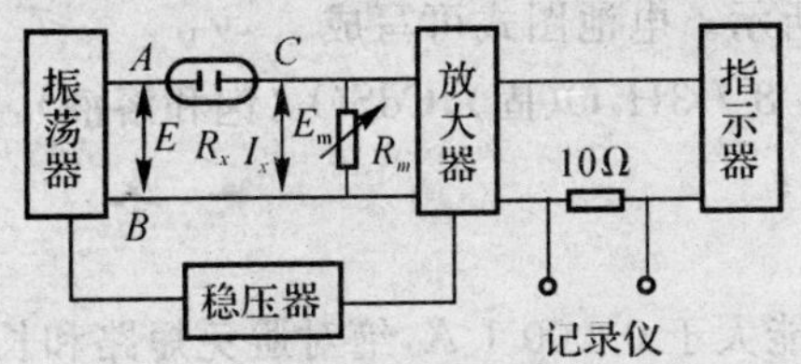

图 4.6.2　DDS—11A 电导率仪原理图

三、使用方法

(1) 未开电源开关前，观察表针是否指零。如不指零，可调整表头上的螺丝，使表针指零。

(2) 将校正测量开关 4 扳在“校正”位置。

(3) 插接电源线，打开电源开关，预热数分钟，调节校正调节器 9 使电表满刻度指示。

(4) 当使用(1) ～(8) 量程来测量电导率低于 300 μS/cm 的液体时，开关 3 扳到“低周”；当使用(9) ～(12) 量程测量电导率为 300 ～ 500 μS/cm 的液体时，将开关 3 扳向“高周”。

(5) 将量程开关 5 扳到所需要的测量范围。如果预先不知道被测液体电导率的大小，应先扳到最大电导率测量挡，然后逐挡下降，以防表针打弯。

(6) 电极的使用。用电极杆上的电极夹夹紧电极的胶木帽，将电极插头插入电极插口 7 内，旋紧插口上的紧固螺丝，再将电极浸入待测溶液中。把电极常数调节器 10 旋在该电极的电极常数位置处。电极常数的数值已贴在胶木帽上。

1) 当被测液的电导率低于 10 μS/ cm 时，使用 DJS－1 光亮电极。

2) 当被测液的电导率为 10 ～ 10^4 μS / cm 时，使用 DJS—1 型铂黑色电极。

3) 当被测液的电导率大于 10^4 μS/cm，以至用 DJS—1 型电极测不出时，选用 DJS—10 型铂黑电极。此时应将调节器 10 旋在所用指针的 1/10 电极数位置上。

(7) 进行校正，将校正测量开关 4 扳在“校正”，调节校正调节器 9 使电表指针满刻度。注意：为了提高测量精度，当使用 $\times 10^3$ μS/cm，$\times 10^4$ μS/cm 两个挡位时，校正必须在电导电极插入电导池接(电极插头插入插孔，电极浸入待测液中) 的情况下进行。

(8) 进行测量，将开关 4 扳在“测量”，这时指针指示数乘以量程开关 5 的倍率即为被测液的实际电导率。

(9) 若要了解在测量过程中电导率的变化情况，把 10 mV 输出 8 接至自动平衡记录仪即可。

4.7　标准电池和甘汞电极

一、标准电池

韦斯顿标准电池是最方便和最常用的一种标准电池。这种标准电池不仅容易实现(即用

同样方法制造的电池电动势数值一致),而且电动势的温度系数很小,温度和电动势的关系为

$$\varphi = 1.01860 - 4.06 \times 10^{-5}(t - 20)$$

其结构如图 4.7.1(a) 所示。电池图式可写成

$Cd(Hg) \mid CdSO_4 \cdot 8/3H_2O$(固),$CdSO_4$(饱和溶液),$HgSO_4$(糊 体)$\mid Hg$

使用标准电池时应注意:

(1) 避免振动和倒置。

(2) 通过电池的电流不能大于 0.000 1 A,绝对避免短路和长期与外电路接通。

(3) 使用温度不超过 40℃ 不低于 4℃。

(4) 每隔 1 ~ 2 年检验一次电池的电动势。

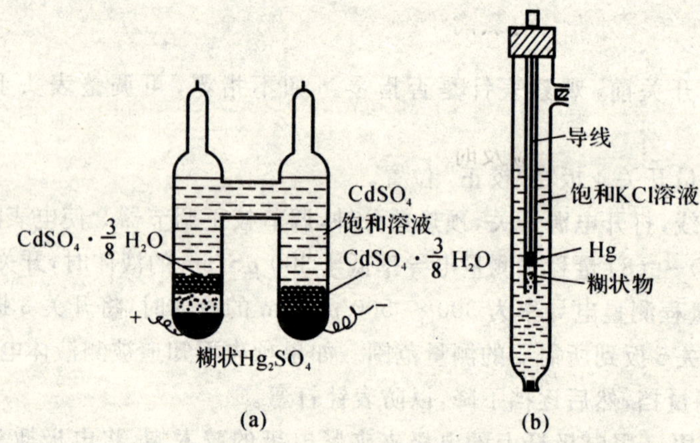

图 4.7.1　标准电池及甘汞电极

(a) 标准电池;(b) 甘汞电极

二、甘汞电极

甘汞电极是常用的参比电极之一,其结构如图 4.7.1(b) 所示。电极图式为

$Hg \mid Hg_2Cl_2$(固体)$\mid$ KCl 溶液

电极反应为

Hg_2Cl_2(固)$+ 2e \rightleftharpoons 2Hg$(液)$+ 2Cl^-$

它的电极电势随 Cl^- 浓度不同而改变。电极电势为

$$\varphi = \varphi^0 - \frac{RT}{F}\ln a_{Cl^-}$$

式中:E_0—— 甘汞电极的标准电极电势;

a_{Cl^-}—— 溶液中 Cl^- 的活度。

KCl 溶液的浓度通常为 0.1 $mol \cdot L^{-1}$,1 $mol \cdot L^{-1}$。三种电极的电极电势和温度的关系如下:

(1)0.1 $mol \cdot L^{-1}$ KCl 甘汞电极:

$$\varphi = 0.3337 - 8.75 \times 10^{-5}(t - 25)$$

(2)1 $mol \cdot L^{-1}$ KCl 甘汞电极:

$$\varphi = 0.2801 - 2.75 \times 10^{-4}(t - 25)$$

(3) 饱和 KCl 甘汞电极：

$$\varphi=0.2412-6.61\times10^{-4}(t-25)$$

式中：t —— 摄氏温度。

各文献给出的甘汞电极的电位数据常常不相符合，这是因为接界电势的变化对甘汞电极电位有影响，所用盐桥的介质不同也会影响甘汞电极电位的数据。

使用甘汞电极时须注意：

(1) 因甘汞电极在高温时不稳定，故它一般适用于 70℃ 以下的测量。

(2) 甘汞电极不宜用在强酸或强碱性介质中，因为此时的液体接界电位较大，且甘汞电极可能被氧化。

(3) 若被测溶液中不允许含有氯离子，则应避免直接插入甘汞电极，这时应使用双液接甘汞电极。

(4) 保持甘汞电极的清洁，不得使灰尘或局外离子进入该电极内部。

(5) 当电极内部溶液太少时应及时补充。

4.8　精密电位差计

电位差计是根据对消法测量原理设计的平衡式电压测量仪器。有关对消法测量原理已在第 3 章实验四中作了介绍。

一、精密电位差计的结构

精密电位差计由分流器和补偿电位计两部分组成。仪器面板如图 4.8.1 所示。分流器和补偿电位计的电路示意图如图 4.8.2、图 4.8.3 所示。对工作回路来说电位计的等效电阻是固定不变的。利用分流器上的不同挡，可调节供给电位计不同的标准电流。当选用 0.1 挡时，$I_H=0.1A$，选用 0.01，0.001 和 0.000 1 挡时，I_H分别为 10 mA，1 mA 和 0.1 mA。

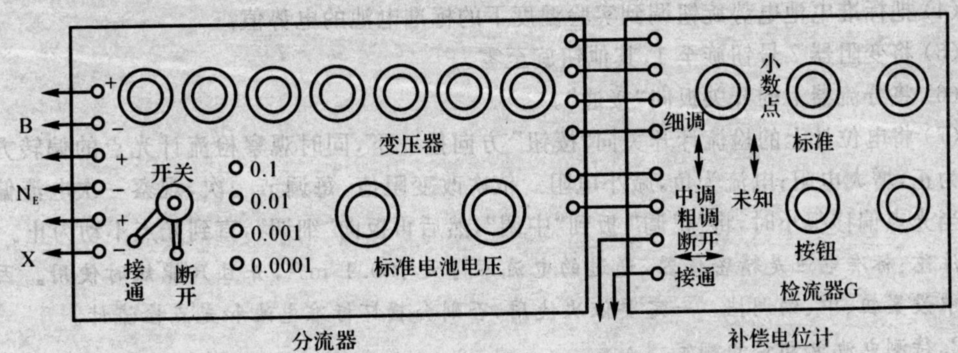

图 4.8.1　精密电位差计面板图

B— 直流稳压电源(4 ～ 12 V)；N_E— 标准电池；X— 待测电池；G— 光点检流计

二、使用方法

按图接好线，并检查是否正确，尤其是电源、标准电池、待测电池的正负极不要接错。

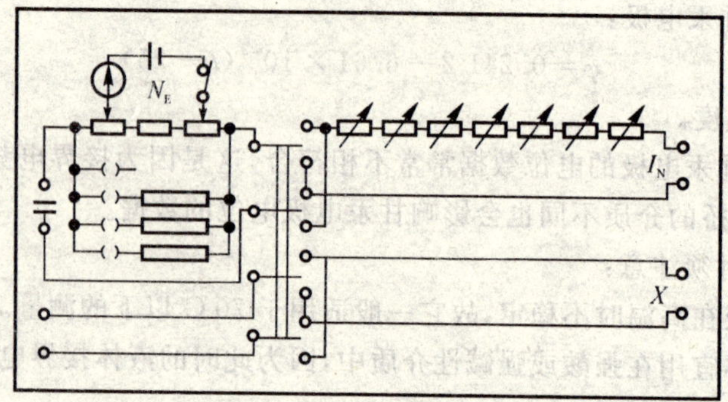

图 4.8.2　分流器电路示意图

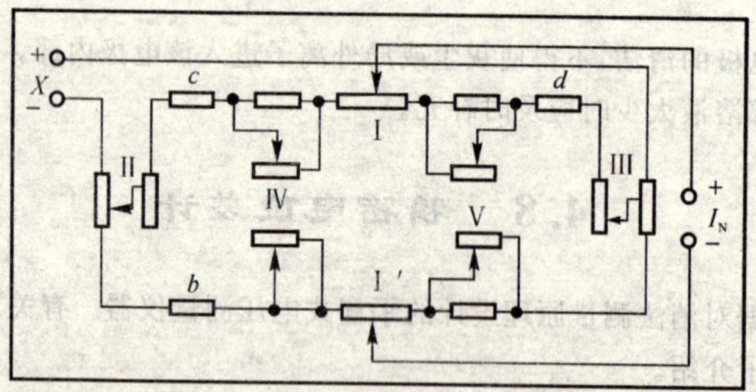

图 4.8.3　补偿电位计电路示意图

1.调节标准电流

(1) 将分流器的旋塞置于 0.1 挡,此时待测电池电动势值等于电位计读数乘以 0.1。

(2) 调节直流稳压电源,使输出电压达 12 V。

(3) 将电位计上的 2 个开关扳向“标准”和“粗调”。检流计旋钮置于“直接”挡。

(4) 把标准电池电势旋钮调到实验温度下的标准电池的电势值。

(5) 将变阻器 2 号钮旋至 1,其他钮旋至零。

(6) 将分流器上的开关扳向“接通”。

(7) 将电位计上的检流计开关向“按钮”方向按一下,同时观察检流计光点的偏转方向。电流为正,增大电阻;电流为负,减小电阻。依次改变阻值,每调节一次,观察一次电流偏转方向。当光点偏移很小时,将“粗调”扳到“中调”,然后再扳向“细调”,直到光点不动为止。

注意:标准电池是精密仪器,通过的电流不得大于 0.1 mA,并且只能短时使用。因此在测量中设置粗、中、细调挡。一定要依次使用,否则会损坏标准电池和光点检流计。

2.待测电池电动势的测定

(1) 将电位计开关倒向“未知”及“粗调”,并将电位计第一位数旋钮旋至电动势的粗值。

(2) 观察检流计光点偏移方向,并根据偏移方向,依次调节电位计 1 ～ 5 旋钮,直到平衡,然后用“中调”“细调”。直到光点不动,记下所测电动势的数值。

(3) 测量过程中应经常检查标准电流,并使它保持不变。

(4) 实验结束后,检流计旋至“短路”挡,关闭各仪器电源并拔下电源插头。

4.9 分光光度计

一、原理

分光光度计的基本原理是基于物质对光的吸收效应。物质对不同波长的光的吸收是有选择性的，各种不同的物质都有各自的吸收光带。当色散后的光谱通过某一溶液时，其中某些波长的光线会被溶液吸收。在一定的波长下，溶液中某种物质的浓度与光的吸收效应是互成比例的，因此应用分光光度计测定一定波长的光线通过溶液中吸光物质（溶质）时的透光率或光密度，即可利用朗伯 - 比尔定律的公式计算出溶液的浓度。

根据朗伯-比尔定律，当入射光波长、溶剂、溶质以及溶液的温度一定时，溶液的光密度与液层的厚度和溶液的浓度成正比。若液层的厚度也一定，则溶液的光密度只与溶液的浓度成正比。

$$T=\frac{I}{I_0} \tag{4.8}$$

$$D=-\lg T=\lg\frac{1}{T}=\varepsilon c l \tag{4.9}$$

$$c=\frac{D}{\varepsilon l}=-\frac{\lg T}{\varepsilon l} \tag{4.10}$$

式中：c—— 溶液浓度；

D—— 某一单色光波长下的光密度（又称吸光度 A 或消光度 E）；

I_0—— 入射光强度（入介质前）；

I—— 透射光强度（出介质后）；

T—— 透射比（用百分比表示即为透光率），即$\frac{I}{I_0}$；

ε—— 摩尔吸收因数（或摩尔消光因数）；

l—— 溶液液层厚度。

由于吸光物质对波长具有选择性，所以当溶液的液层厚度、浓度、溶剂、溶质和温度不变时，用不同波长的入射光测得一系列对应的光密度，以波长作横坐标，光密度作纵坐标，绘制吸收光谱图。选其中最大吸收时的波长作为比色分析时的入射光波长，可以提高测定的精确度。

二、72 型分光光度计的结构及使用方法

1. 72 型分光光度计的结构

72 型分光光度计适用于可见光区的吸收光谱的测量，波长范围为 420 ～ 700 nm，其光学系统示意图如图 4.9.1 所示。光度计由钨丝灯泡 1 作为光源，通过进光狭缝 2，由反射镜 3 反射，通过透镜 4 成平行光，进入棱镜 5，经棱镜色散成各种波长的单色光，由可转动的镀铝反光镜 6 反射，其中一束光通过透镜 7 聚光于出光狭缝 8。转动镀铝反光镜即可得所需要波长的单色光。此单色光经吸收池 9 与光量调节器 10 达到光电池 11，产生的光电流由微电流计 12 读数，即表示光的强弱，从而可以测得溶液中吸光物质的光密度。

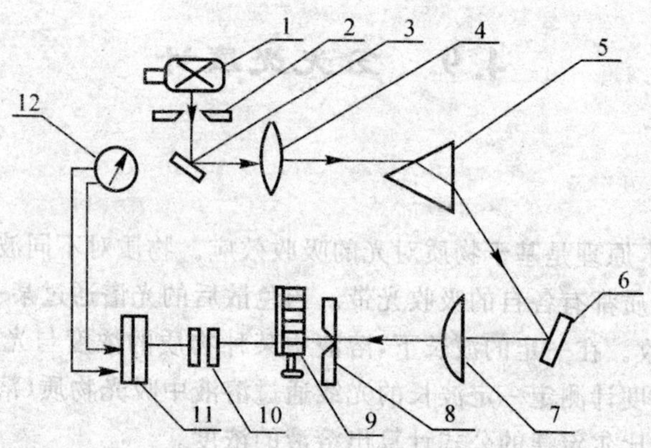

图 4.9.1　72 型分光光度计光学系统示意图

1— 钨丝灯泡；2— 进光狭缝；3,6— 反射镜；4,7— 透镜；
5— 玻璃棱镜；8— 出光狭缝；9— 吸收池；10— 光量调节器；
11— 硒光电池；12— 微电流计

本仪器由单色光器、微电流计和稳压器三部分组成。另有一盒不同尺寸的比色皿。仪器各部分之间的连接是用低压连结线。由单色光器接至稳压器的输出接线柱上。微电流计连接线的一端，按导电片上套管的颜色接于单色光器接线柱上；红色套管导电片接在“+”，绿色套管导电片接在“—”，黄色套管导电片是接“地”，另一端接到微电流计上；红线接在“+”，绿线接“—”。

2. 使用方法

(1) 把光路闸门拨到“黑”点位置，打开微电流计电源开关，用零位调节器把光点准确调到透光率标尺“0”位上。

(2) 开稳压器电源开关和单色光器电源开关。光路闸门拨到“红”点上，再按顺时针方向调节光量调节器，使微电计光点达到标尺右边上限附近，约 10min，待硒光电池趋于稳定后再使用仪器。

(3) 将光路闸门重新拨至“黑”点，校正微电流计“0”位，再开光路闸门。

(4) 在四只比色皿中，一只装空白溶液或蒸馏水，其余三只装未知溶液。先使空白溶液正对于光路上，用波长调节器调至所需波长，旋动光量调节器把光点调到透光率“100”的读数上。

(5) 然后将比色皿拉杆拉出一格，使每 2 个比色皿的未知溶液进入光路，此时微电流计标尺上的读数即为溶液中溶质的光密度或透光率，然后测定另两个未知液。

为了选择合适的波长，也可使待测溶液处于光路中，逐渐转动波长调节器，所得与光密度最大值相对应的波长即为最佳波长。

在被测溶液色度不太强的情况下，尽量采用较低的光源电压(即 5.5V)，以延长灯泡使用寿命。仪器连续使用不应超过 2 h。

三、751 型分光光度计的结构及作用方法

1. 751 型分光光度计的结构

751 型分光光度计适用于测定各种物质在紫外区、可见光区和近红外区的吸收光谱，波长

范围为 200～1 000 nm。光学系统示意图如图 4.9.2 所示。

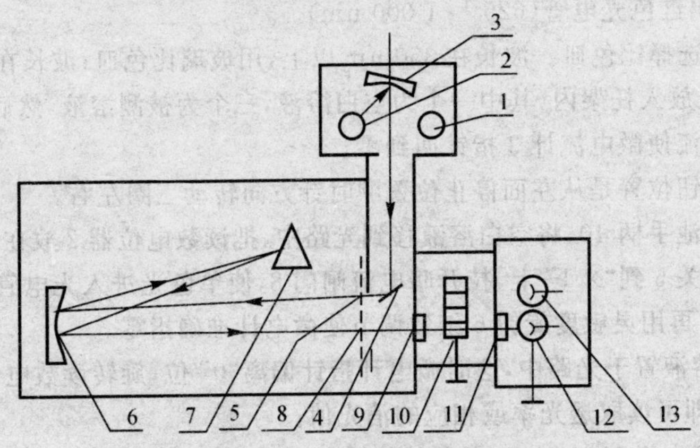

图 4.9.2 751 型分光光度计光路

1— 钨丝灯；2— 氢弧灯；3— 凹面反射镜；4— 平面反射镜；

5— 入射狭缝；6— 球面准直镜；7— 石英棱镜；8— 出射狭缝；9— 滤光片；

10— 吸收池架；11— 光路闸门；12— 蓝敏光电管；13— 红敏光电管

光源室装有两个光源：波长在 320～1 000 nm 内，用钨丝灯；在 200～320 nm 用氢弧灯。光源室后面有一光源选择杆带动凹面反射镜 3，向左移动，钨丝灯进入光路；向左移动，氢灯进入光路。光线射到反射镜 4 上，然后反射至入射狭缝 5，光线正好位于球面准直镜 6 的焦面上。反射后以一束平行光射向棱镜 7(该棱镜背面镀铝)。入射光穿过棱镜经底面反射，又穿出棱镜。经过棱镜的色散作用，分成光谱带。色散后的光线经准直镜 6 反射后，经出射狭缝 8、滤光片 9 进入试样 10，透过试样的光射到光电管上。

2. 使用方法

751 型分光光度计的面板图如图 4.9.3 所示。

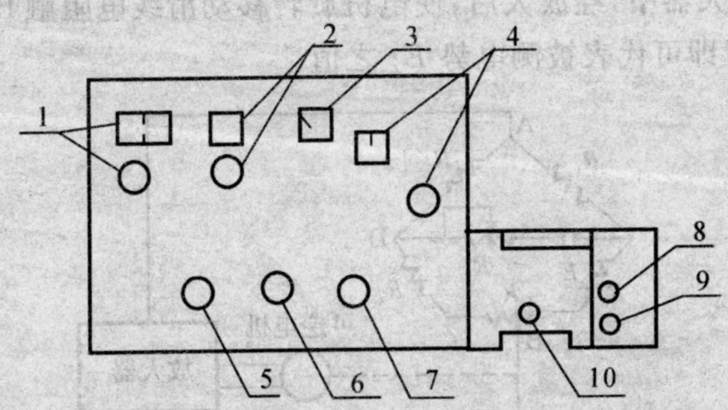

图 4.9.3 751 型分光光度计的面板图

1— 波长选择；2— 读数电位器；3— 微电流计；4— 狭缝选择；

5— 选择开关；6— 灵敏度旋钮；7— 暗电流旋钮；

8— 暗电流闸门；9— 光电管选择；10— 吸收池拉杆

仪器通电后预热 20 min，确保仪器稳定工作。

(1) 将暗电流闸门 8 放在“关”的位置。

(2) 将选择开关 5 旋到“校正”位置。

(3) 将波长刻度 1 旋在所要的波长上。

(4) 选择与所测波长范围相匹配的光电管和光源灯。手柄推入紫色光电管(200 ～ 625 nm);手柄拉出红色光电管(625 ～ 1 000 nm)。

(5) 根据波长选择比色皿。波长在 350 nm 以上,用玻璃比色皿;波长在 350 nm 以下用石英比色皿将比色皿放入托架内,其中一个为空白溶液,三个为被测溶液,然后把盖板盖好。

(6) 调节暗电流使微电流计 3 指针回到零。

(7) 灵敏度旋钮位置是从左面停止位置顺时针方向转动三圈左右。

(8) 移动吸收池手柄 10,将空白溶液移到光路中,把读数电位器 2 放在透光率 100% 处。

(9) 把选择开关 5 到"×1"上,拉开暗电流闸门 8,使单色光进入光电管,调节狭缝使微电流计指针接近零。再用灵敏度旋钮 6 细致调节使微电计准确指零。

(10) 将被测溶液置于光路中,这时微电计指针偏离"0"位,旋转读数电位器度盘重新使指针至零,从度盘上即可读取透光率或相应的消光值。

(11) 当透光率小于 10% 时,选择开关放置"×0.1"挡。读数也相应乘"0.1"。

(12) 测量完毕后及时推入暗电流闸门,以保护光电管。

4.10 自动平衡记录仪

一、原理

自动平衡记录仪是一种自动平衡测量和记录的电位差计。XWC 系列为长图自动平衡记录仪,XWT 系列为台式自动平衡记录仪。它们又分为单笔或多笔仪表。多笔仪表是将多台单笔仪表装在一台仪器上,每个测量系统是独立的,但共用一个走纸系统。

自动平衡记录仪的测量电路由桥式电路组成,如图 4.10.1 所示。桥路由一个稳定的参考稳压电源 E 供电。待测电势 E_x 与桥路 AB 两点间的电势进行比较。当两者不相等时,产生的偏差电势 ΔE 输入到放大器中,经放大后,使电机旋转移动滑线电阻触 B,使桥路达到平衡。因此滑线电阻触头的位置即可代表被测电势 E_x 之值。

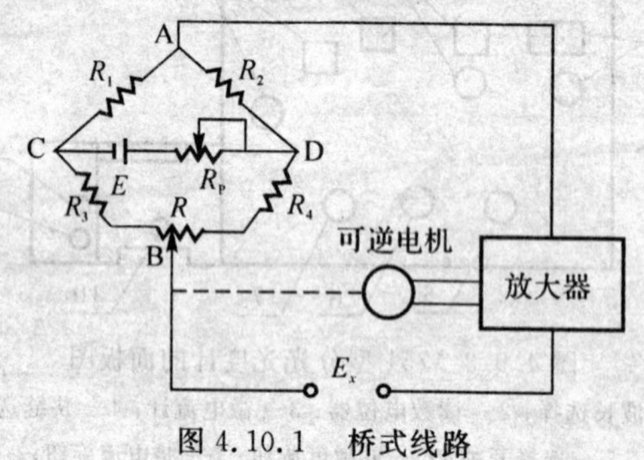

图 4.10.1　桥式线路

二、使用方法

(1) 将"电源""记录"及"走纸变速器"等开关置断开位置。"量程"开关置最大。待测信号接到各测量单元上。

(2) 打开电源,预热 20 min。打开测量开关,选择合适量程,用调零旋钮将记录笔调到零位或需要的位置。

(3) 选择合适的走纸速度。

(4) 灵敏度和阻尼的调整。仪表的灵敏度和阻尼特性在出厂时已调好，一般不需要重新调整。但当信号内阻过高或引入的干扰电压较大时，灵敏度会降低。

1) 灵敏度的调整。灵敏度太高，记录笔会抖动；灵敏度太低，记录笔运动慢。调节放大器上“增益”电位器，用手轻轻拨动记录笔架使其移动几毫米，然后放开，数秒后记录下线条。反向再做一次。两次记录之间的线距离不超过 0.5 mm 即可。

2) 阻尼的调整。阻尼不合适会出现过阻尼或欠阻尼现象。过阻尼时，记录笔走纸速度过于缓慢；欠阻尼时，记录笔摆动次数增加，甚至来回摆动。调节放大器上的“阻尼”电位器，使摆动次数小于两个半周即可。

4.11　DZ—2 型自动电位滴定仪

一、原理

DZ—2 型自动电位滴定仪是由 DZ—2 滴定计和 DZ—1 滴定装置两部分组成的。DZ—2 滴定计还可以单独作酸度计使用。DZ—2 和 DZ—1 配套使用，可利用滴定过程中滴定点电位的到达自动停止滴定液的加入，以进行自动滴定分析；配用各种电极可以进行 pH 和 mV 的手动测量和自动滴定。

图 4.11.1 是用电势法进行容量分析的典型曲线。它是在滴定过程中，用手动测量的方法把指示电极的电势和相应加入的滴液的体积逐点记录下来所绘制成的曲线。曲线上的 A 点斜率最大，即在此时加入微量的滴液，可引起指示电极电势最大的变化。A 点即为滴定点。E_0 为终点电势，C 点是滴液的等当体积。在曲线上的两个弯曲处作两条平行的切线，等分切线间的距离即可找出 A 点。

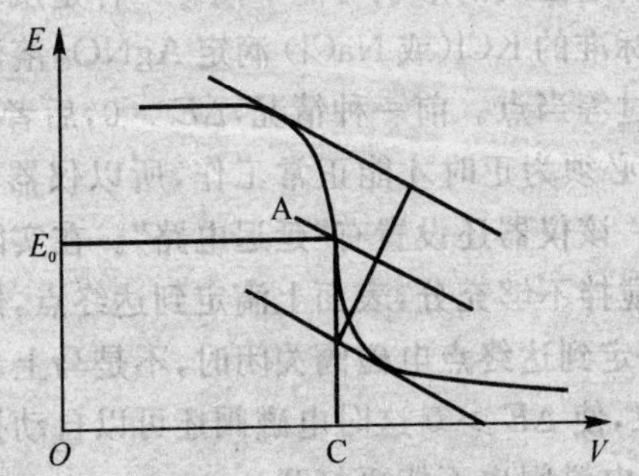

图 4.11.1　典型滴定曲线及作图法求终点电势

DZ—2 型自动电位滴定仪就是利用这一原理，以终点电势来审定滴定终点。仪器使用一套电子控制系统和可控电磁阀门，使得电极电势在达到终点电势时，滴液能自动停止滴入。控制原理方框图如图 4.11.2 所示。

装在 DZ—1 滴定装置上滴定管出口处的电磁阀，其作用是当有一直流电压供给线圈时，线圈吸引吸铁，使有弹性的橡皮管打开，液体自动流下，而无电压时，吸铁被弹簧顶回，阀自动关闭，滴液不再流下。调节支头螺钉的松紧可以改变滴液的流量。装在DZ—2滴定计内的 E-t 转换器是供给电磁阀电源的装置，它实际上是一个脉冲电压产生器。它的作用是产生一个"开通"和"关闭"两种状态的脉冲电压，由此即可将输入电压 ΔE 的大小转换成开通时间 t 和长短，因而称为 E-t 转换器。

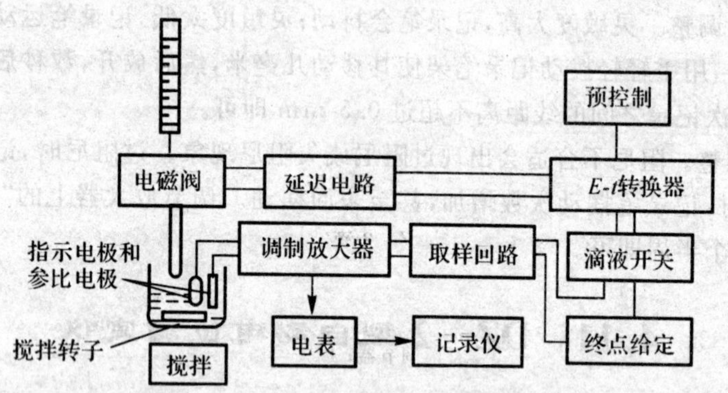

图 4.11.2　DZ—2 型自动电位滴定仪控制原理图

滴定时，首先将仪器的"终点给定"调节在已求出的等当点电势 E_0 上。被测离子的浓度由两个电极的测量转变为电势信号，经"调制放大器"放大后，送入"电表"和"记录仪"，进行读数、记录和观察。同时又送入"取样回路"，取出正比于电极信号的电势 E，用 E 与给定的等当点电势 E_0 相比较，差值 $\Delta E = E - E_0$。ΔE 送到"E-t 转换器"作为控制信号，使"E-t 转换器"输出开通时间可变的脉冲信号，加至电磁阀线圈两端，控制电磁阀开启和关闭的时间，以调节滴定液流出的速度。当滴定远离等当点时，溶液中的实际电势与等当点电势相差较大，这时转换器输出至磁阀的脉冲电压开通时间就长，滴定液流出的速度就快。反之，当滴定接近等当点时，滴定液流出的速度就慢。当恰好到达等当点时，溶液中实际电势与给定的等当点电势相等，这时转换器输出电压中开通时间为 0，即无电压输出，电磁阀自动关闭，滴定过程结束 。

对于不同的滴定对象，滴定曲线的形状可能不同。一种是从较高的电势开始，滴定中电势逐渐降低经过等当点，如用标准的 KCl(或 NaCl) 滴定 $AgNO_3$ 溶液；另一种是从较低的电势开始，滴定中电势逐渐升高经过等当点。前一种情况，$\Delta E > 0$，后者 $\Delta E < 0$。由于"E-t 转换器"电路要求所有的情况下 ΔE 必须为正时才能正常工作，所以仪器设置有"滴液开关"。可自由选择开关位置以使 $\Delta E > 0$。该仪器还设置有"延迟电路"。在实际滴定过程中，往往有这种情况，即反应速度相对较慢或搅拌不够充分，表面上滴定到达终点，但放置片刻后，又发现不到终点。延迟电路的作用是当滴定到达终点电磁阀关闭时，不是马上自锁，而是延迟 10 s，在这 10 s 内，若溶液电势有返回现象，使 $\Delta E > 0$ 这时电磁阀还可以自动打开，补加滴定液。但在 10 s 后，即使电势再有返回现象，电磁阀也不能再打开。

此外，为了能够保证良好的滴定准确度，又能提高滴定速度，以节约时间，仪器还设置有"预控制调节器"，可以根据不同的滴定对象和滴定要求选择滴定速度。在电势突变较大或精度要求不高的场合，可以选择较快的滴定速度；反之，选择较慢的滴定速度。

二、仪器简介

1. DZ—2 滴定计

DZ—2 滴定计外观图如图 4.11.3 所示。

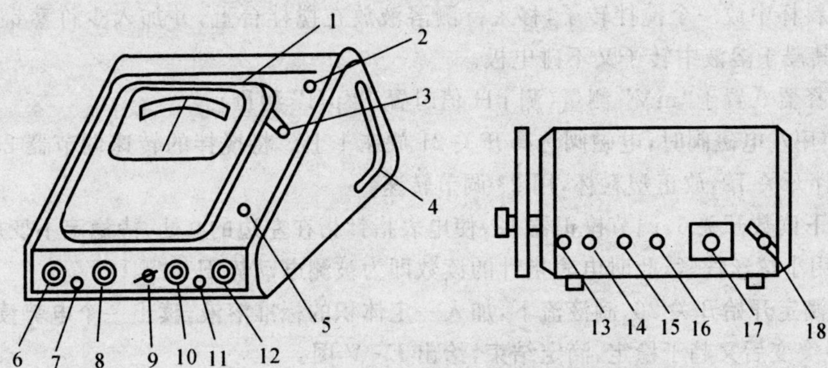

图 4.11.3 DZ—2 滴定计外观示意图

1— 指示电表；2— 电极插孔；3— 电极接线柱；4—L 型电极杆；
5— 读数开关；6— 预控制调节器；7— 滴液开关；8— 预定终点调节器；
9— 选择器；10— 温度补偿调节器；11— 电源指示灯；12— 校正器；
13— 与 DZ—1 联接配套插座；14— 记录输出插座；15— 输出电压调节器；
16— 暗调节器(出厂已调好切勿动用)；17— 三芯电源插座；18— 电源开关

2. DZ—1 滴定装置

DZ—1 滴定装置的面板和背面板图如图 4.11.4 所示。

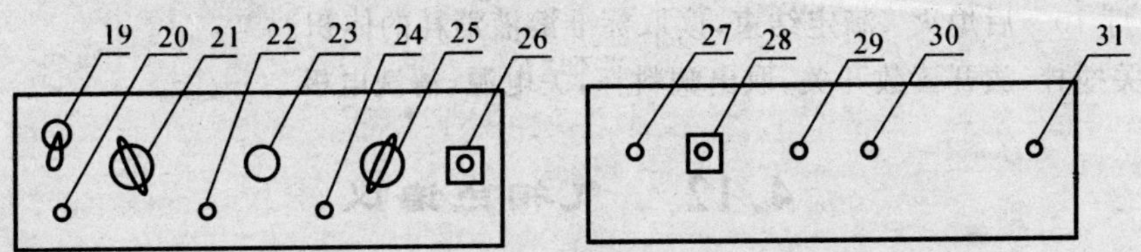

图 4.11.4 DZ—1 滴定装置面和背面板图

19— 搅拌开关；20— 搅拌指示灯；21— 电磁阀选择开关；22— 滴定指示灯；
23— 转速调节器；24— 终点指示灯；25— 工作开关；26— 滴定开始开关；
27— 电源开关；28— 三芯电源插座；29— 电磁阀插座；30—— 电磁阀插座；
31— 与 DZ—2 连接配套插座

三、操作步骤

1. 手动滴定测滴定曲线

(1) DZ—2 与 DZ—1 分别接上电源，打开电源开关 18，27，预热 20 min。

(2) 安装电极。参考电极夹在电极夹右边夹口内接到电极插孔 2 的电极插头(插头先不要按下)。指示电极夹的电极夹左边，接到电极接线柱 3 上，若用玻璃电极，则必须装得比别的电极高一些，以防被搅拌转子打坏。注意：电极插孔处必须接在内阻较高的电极上。内阻以玻璃电极最高，甘汞电极次之，金属电极最低。每次测量前电极要用蒸馏水冲洗，用吸水纸吸干。放入和取出烧杯时，必须将电极夹向上提起，左旋 90°。

(3) 滴定管用标准滴定溶液洗 3 次，装满后接到电磁阀上端小橡皮管上，下面放一空杯。将工作开关 25 置于“手动”，断续按滴定开始开关 26 直至滴液流下，赶尽气泡。将滴定管中溶液调至 0.001 mL，并同时调好支头螺钉使电磁阀关闭时刚好无滴液流出。

(4) 塑料杯中放一个搅拌转子,移入待测溶液放在搅拌台上,并加入少许蒸馏水,调整电极高度,使其浸于溶液中转子又不碰电极。

(6) 选择器 9 置于"mV" 测量(测 pH 值时置于"pH" 测量)。

(7) 使用左电磁阀时,电磁阀选择开关 21 放在 1 上。将搅拌的转速调节器 23 反时针旋到,打开搅拌开关 19,放正塑料杯,用 23 调节转速。

(8) 按下读数开关 5,调节校正器 12,使电表指针指在左边的 0 处,待稳定不变后将电极插头 2 按下,用小螺丝拧紧,此时电表指针的读数即为被测电动势 E 。

(9) 按滴定开始开关 26,滴液流下,加入一定体积的标准溶液,读出一个电势读数,直至电势发生明显突变后又趋于稳定,滴定结束,给出 $E-V$ 图。

2. 自动滴定

步骤(1) ~ (8) 与手动滴定相同,在此不再详述。

(9) 选择滴液开关 7 的位置(选错则不自动滴定)。

(10) 将选择器 9 置于终点,按下读数开关,调节终点调节器 8,使指针指在已找出的终点电势处(滴定过程中不可再动)。再将选择器旋到"mV" 滴定位置,指针应回到左 0 处。

(11) 工作开关 25 于滴定位置。

(12) 按滴定开始开关 26,自动滴定开始,电磁阀应有开关声,滴定指示灯 22 一亮一灭,终点指示灯 24 应亮。接近终点时顺时针旋转到预控制旋钮 6,减慢滴定速度。到达终点时,滴定灯灭,终点灯 10 s 后熄灭 ,滴定结束,读取标准溶液消耗的体积。

(13) 关搅拌,放开读数开关,取出塑料杯,关电源,清洗电极。

4.12 气相色谱仪

色谱技术是一种使多组分混合物分离和分析的技术。它是利用不同物质在两相中具有不同的分配系数,当两相作相对运动时,不同组分得到完全分离,并选用适当的检测手段对已分离的物质进行定性和定量分析。

气相色谱是以气体(也称载气) 为流动相的色谱技术。它具有分离效率高、分析速度快、灵敏度高、样品用量少等优点,因此得到广泛应用。

一、气相色谱仪的结构

气相色谱仪型号众多,性能各异,基本结构如图 4.12.1 所示。

气相色谱主要由以下四部分组成。

1. 流动相

常用氢气或氮气作载气。气瓶中的高压气体经减压、干燥、稳压后,以一定流速把样品送入色谱柱和检测器。

2. 固定相

色谱柱中填充的吸附剂,如三氧化二铝、二氧化硅、分子筛、多孔性高分子微球或涂有高沸点有机物担体。气体混合物通过色谱柱分离成单组分。

3. 进样器

进样器是将分析样品定量注入载气流的设备,通常用注射器或带有定量管的六通阀。若用六通阀进样品，则须将六通阀接在气化室前的管路上。

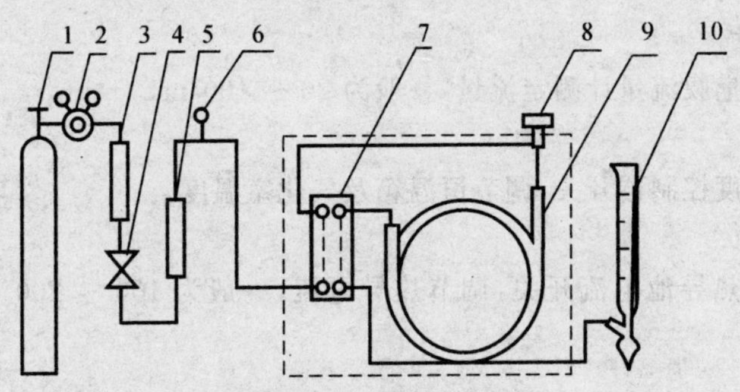

图 4.12.1 气相色谱气路图

1— 高压气瓶(载气)；2— 减压阀；3— 干燥器；4— 稳压阀；
5— 流量计；6— 压力表；7— 热导池；8— 气化室；
9— 色谱柱；10— 皂膜流量计

4. 检测器

检测器用以检测从色谱柱流出的组分，并以电压或电流信号输出，经放大后用自动平衡记录仪出色谱图。常用的检测器有热导池检测器和氢焰检测。热导池本体由金属制成，其结构如图4.12.2 所示。其中两根阻值相同的钨丝分别作为参考臂和测量臂，它们和另外两个固定电阻组成惠斯顿电桥，线路图如图 4.12.3 所示。其中 $R_1=R_2$，$R_5=R_4$，R_3 为调零电阻，R_0 为调工作电流电阻。

当 $R_1R_4=R_2R_5$ 时，电桥处于平衡状态，没有电压输出，即 $U=0$。当有被分析组分通过测量臂时，由于参考臂和测量臂中气体的导热系数不同，$R_1\neq R_2$，因此电桥失去平衡，有电压输出。电压的大小与载气中被分析组分的浓度有关。

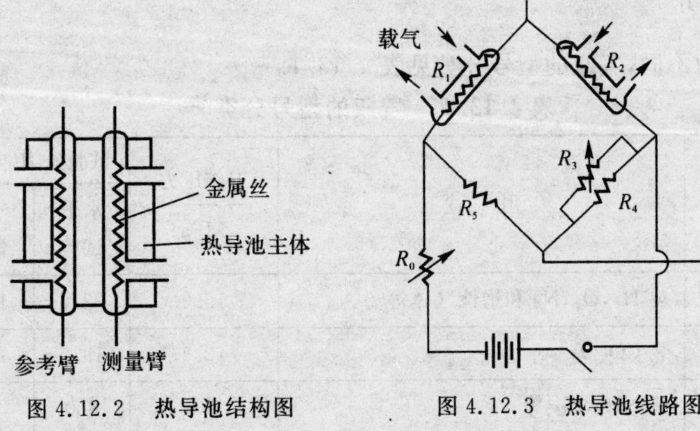

图 4.12.2 热导池结构图

图 4.12.3 热导池线路图

二、使用方法

1. 检漏

打开高压气瓶、调节减压阀和稳压阀，使柱前压力达 0.2 MPa，然后封闭尾气出口，如转子流量计中转子很快降到底部,表示系统不漏气;若流量计转子指示,则可用肥皂水依次检查,找出漏气处,并加以密封。

2. 调节载气流量

调节稳压阀,用皂膜流量计测定流量,一般为 20 ~ 100 mL/min。

3. 开机

开总电源,开温度控制器开关,调节恒温箱及气化室温度。

4. 调节热导电流

温度恒定后,开热导池电流开关,调节热导电流,一般为 100 ~ 200 mA,并选择适当的衰减。

5. 开记录仪

调节热旋钮、热导零调旋钮,使记录笔处于适当的位置。打开走纸开关。待基线稳定后,即可进行正常分析。

6. 进样

将待测样品注入气化室内,记录仪即可绘出谱图。

7. 关机

抬记录笔,关记录仪开关,关温度控制器、热导电源及总电源,最后关闭高压气瓶总阀和减压阀。

注意:开机前必须先通载气后通电,停机时应先断电后关载气。

4.13 高压气体钢瓶使用知识

高压气体钢瓶是在受压状态下工作的,因此了解高压气瓶的有关知识和使用注意事项,是安全的必要保证。

一、高压气瓶简介

(1) 按工作压力不同,气瓶的型号分类见表 4.13.1。

表 4.13.1 气瓶的型号分类

钢瓶型号	用途	工作压力/MPa	试验压力/MPa	
			水平试验	气压试验
150	装 H_2,O_2,N_2 和惰性气体等	15.0	22.5	15.0
125	装 CO_2 等	12.5	19.0	12.5
30	装 NH_3,Cl_2 等	3.0	6.0	3.0
6	装 SO_2 等	0.6	1.2	0.6

(2) 按所充气体不同,气瓶涂以不同颜色,以便识别,见表 4.13.2。

表 4.13.2　气瓶的识别

气体类型	瓶身颜色	标字颜色	气体类型	瓶身颜色	标字颜色
氧	蓝	黑	二氧化碳	黑	黄
氢	深　绿	红	氨	黄	黑
氮	黑	黄	氯	草　绿	白
氦	棕	白	乙　炔	白	红
压缩空气	黑	白	氩	灰	绿

二、使用高压气体钢瓶注意事项

(1) 搬运钢瓶时，要戴上瓶帽，不可撞击，不要在地上滚动，避免撞击和突然摔倒。

(2) 钢瓶应存放在阴凉处，并加以固定。要牢固地直立，固定于墙边或实验桌边，最好用固定架固定。远离电源、热源(如阳光、暖气、炉火等)的地方。可燃性气体钢瓶必须与氧气钢瓶分开存放。夏季不得在日光下暴晒。

(3) 高压气瓶必须安装好减压阀后方可使用，不要直接连接气瓶阀门使用气体。一般可燃性气体钢瓶上阀门的螺纹为反扣，非可燃性气体钢瓶上阀门的螺纹为正扣。各种减压阀不能混用。

(4) 开闭气阀门时，工作人员应避开瓶口方向，站在侧面，并缓慢操作，防止万一阀门或压力表冲出伤人。

(5) 开阀门时，应徐徐进行；关闭阀门时，以能将气体截止流出就可以，适可而止，不要过度用力。

(6) 氧气瓶的瓶嘴、减压阀都严禁沾污油脂。在开启氧气瓶时还应特别注意手上、工具上不能有油脂，扳手上的油应用酒精洗去，待干后再使用，以防燃烧和爆炸。

(7) 氧气瓶与氢气瓶严禁在同一实验室内使用。

(8) 气瓶内气体不能全部用尽，应留有剩余压力(保持在 0.05 MPa 表压以上)，以防重新灌气时发生危险。

(9) 钢瓶须定期送交检验，合格钢瓶才能充气使用。

如图 4.13.1 所示为氧气表。

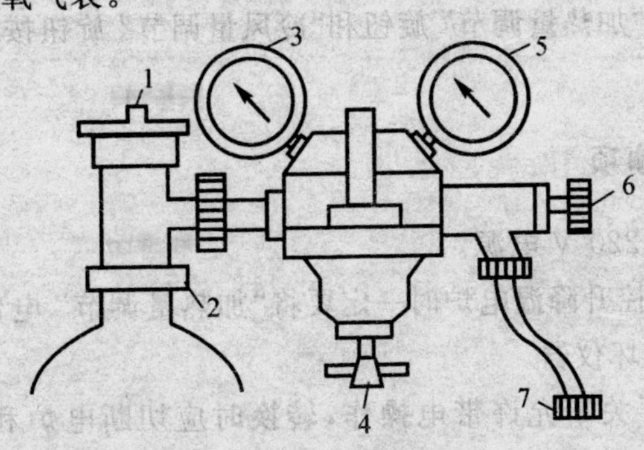

图 4.13.1　氧气表

1— 钢瓶总阀门；2— 氧气表与钢瓶连接螺旋；3— 总压力表；
4— 调压阀门；5— 分压力表；6— 供气阀门；7— 接氧弹进气口螺旋

4.14　KLW—08 可控升降温电炉

本仪器可满足各种可用试管加热实验，具有独立加热和冷却系统，可自行控制升温和降温速度，也可与控温仪配套使用，实现自动程序升降温。

本仪器可与WCY－SJ程序升降温控制仪或SWJ－IB精密数字温度计（带定时读数）组成先进的金属相图实验装置。

一、采用“内控”系统控温（将控制开关置于“内控”位置）

(1) 将测温仪传感器置于炉堂或样品管中；

(2) 将电炉电源与电网连接，调节“加热量调节”旋钮使电炉按自己所需要的升温速度进行升温；

(3) 当接近所需温度时，关闭“加热量调节”旋钮（逆时针旋至底位，此时加热电压指示“0”），待达到所需温度并较稳定时，选择适当的“加热量调节”位置，以保证炉温基本稳定；

(4) 当需要降温时，首先将“加热量调节”旋钮逆时针旋至底位，加热电压指示“0”，观察降温速度，若降温速度太慢，可增加冷风量电压；若降温速度太快，可适当增加“加热器电压”，以达到所需降温速度。

二、采用“外控”系统控温（控制开关置于“外控”位置）

(1) 将仪器加热器端子与控温仪连接，同时将两仪器与电网连接，传感器置于炉堂或样品管中；

(2) 按控温仪使用说明书要求和自己需要设定好的被控温度进行操作；

(3) 将“加热量电压”旋钮顺时针调至底，“冷风量调节”旋钮逆时针调至底，并按控温仪要求，对电炉实行自动控温；

(4) 若降温速度太慢，可适当加大“冷风量电压”；

(5) 若电炉升温太快，可在“加热量电压”有显示电压值时，调节“加热量调节”旋钮，以降低加热量电压；

(6) 使用结束时应将“加热量调节”旋钮和“冷风量调节”旋钮按逆时针旋到底位，然后切断电炉和控温仪电源。

三、使用与维护注意事项

(1) 本仪器适用交流 220 V 电源。

(2) 操作人员离开可控升降温电炉时一定要将“加热量调节”电位器调至零，否则炉温过高，使样品氧化，并可能烧坏仪器。

(3)“内-外”控转换开关不允许带电操作，转换时应切断电炉和控温仪电源，以免烧坏仪器。

4.15 WCY—SJ 程序升降温控制仪

一、技术指标及使用条件

温度测量范围：−50～350℃；
段时间：0～999 min；
定时报警时间：10～99 s；
电源：220 V±10%，50 Hz。

二、仪器使用

(1)将仪器后面板 220 V 与电源线接好。

(2)检查探头编号(应与仪器后面板编号相符)，并将其与后面板的“传感器”端子对应连接紧(槽口对准)。

(3)将“传感器”探头插入被测物中，深度大于 50 mm。

(4)将电源线接入 220 V 电网，电源插头与插座应紧密配合。

(5)接通电源，数码管和“置数”指示灯亮，“实时温度”显示实时温度值；

(6)置数设定。

1)按功能键，“升温”指示灯亮。

设定温度：按△粗调键 、△细调键，使设定温度为上升起始温度。

设定段时间：根据用户所需上升斜率确定段时间。

时间：按△、▽键，直至所需升温度时间。

例如：室温为 10℃，上升至 40℃，上升斜率为 1℃/min，则上升时间为 30 min。

2)按功能键，“保温”指示灯亮。

设定温度：按△粗调键、△细调键，使设定温度为上升段最终温度。

设定保温时间：按 △键，直至所需保温时间值。

3)按功能键，“降温”指示灯亮。

设定降温温度：按△粗键、△细键，使设定温度为降温最终温度。

设定降温时间：按△键，直至所需降温时间。

4)设定报警时间：10～99 s。

按“定时(S)”下△键直至所需值。

(7)按工作/置数键，使“工作”指示灯亮，整套设备按所设定曲线运行。

(8)当“升温”“保温”“降温”三个指示灯同时亮时，表明第一程序段已工作完毕。此时应按工作/置数键使“置数”指示灯亮，工作程序同(6)便又可以设定第二程序段曲线。

(9)按工作/置数键，使“工作”指示灯亮，同时按功能键，“升温”指示灯亮，设备按所需第二段曲线运行。

(10)重复以上动作，可设置任意程序段曲线。

例 设定图示程序段曲线操作步骤。

1)按工作/置数键，“置数”指示灯亮。

2)按功能键,“升温”指示灯亮。

设定温度:按△粗、△细,使温度值为 20℃。

时间设定:按△键,使时间为 10min。

3)按功能键:“保温”指示灯亮。

设定温度:使温度值为 80℃。

时间设定:使时间值为 25－10 ＝ 15 min。

4)按功能键:“降温”指示灯亮。

设定温度:使温度为 40℃。

时间设定:使时间为 30－25＝5 min。

5)按工作/置数,“工作”指示灯亮,此时,系统按所设定曲线工作。

(11)关机。扳下 WCY—SJ 程序升降温度控制仪电源开关即可。

三、使用与维护注意事项

(1)本仪器适用交流 220 V 电源,电源插头与插座应紧密配合。

(2)在运行过程中可以随时检查该段程序所设置的参数。按工作/ 置数键,“置数”指示灯亮,再按功能键,看“升温”值、“保温”值、“降温”值。

(3)报警时间:响声一般 5 s,不须报警可按“定时(S)”下的△键,恢复报警再按“定时(S)”下的键即可。

(4)本仪器应与大地良好接触。

4.16 UJ33b 型携带式直流电位差计

一、使用方法

(1)校准。将倍率开关 K_1 由“断”旋到所需位置,K_3 旋向测量,旋动调零电位器,使指针指零,将此键 K_3 扳向标准,旋动工作电流,调节旋钮,使指针指零。

(2)测量。将被测电池输出端按极性接在未知接线柱上,将电键 K_2 扳向未知调节读数盘,使指针返零,则被测值为读数示值之积与倍率的乘积。

(3)标准毫伏输出。将 K_3 旋向输出,标准同上,将键 K_3 扳向接线标端便输出读数值与倍率乘积的电压信号。

二、注意事项

(1)测量过程中,随着电池的消耗,工作电流变化,所以连续使用时应经常核对“标准”,使测量精确。

(2)测量完毕,“倍率”开关 K_1 应旋到“断”位置,避免无谓放电,长期不用,断开电源。

4.17 WY—3D 电泳测定装置

WY—3D 电泳测定装置由 WY—3D 电泳仪、U3 电泳管、电泳管固定架和 3D 铂电极组成。该装置可观察溶胶的电泳现象，了解其电学性质。通过实验可掌握电泳法测定胶粒电泳速度和溶胶 ζ 电位的方法。

一、使用方法

(1)用洗液和蒸馏水把 U3 电泳管洗干净(三个活塞均须涂好凡士林)。

(2)用少量 $Fe(OH)_3$溶胶洗涤 U3 电泳管 2～3 次，然后注入 $Fe(OH)_3$溶胶直至胶液面高出电泳管两侧活塞少许，关闭该两活塞，倒掉多余的溶胶。

(3)用蒸馏水把 U3 电泳管两侧活塞以上的部分清洗干净后，在两管内注入辅助液至支管口，并将其固定好。

(4)WY—3D 电泳仪有一组输出插孔，红色为正极、黑色为负极，将 3D 铂电极输出插头插入该机输出插孔内。

(5)3D 铂电极的另一端为 Pt 电极，轻轻将 Pt 端插入 U3 电泳管内，并使两支电极浸入液面下的深度相等，保持垂直，缓慢开启 U3 电泳管两侧活塞，勿使溶胶液面搅动。

(6)根据实验要求选扦 WY—3D 电泳仪工作状态。

1)稳定电压。按下“稳压”按键，“稳压 V”指示灯亮，此时仪器工作在稳压状态。

2)稳定电流。按下“稳流”按键，“稳流 mA”指示灯亮，此时仪器工作在稳流状态。

(7)打开电泳仪电源开关，顺时针缓慢调节“输出调节”旋扭，使输出电压达到所需值即可。

(8)观察溶胶液面移动现象及电极表面现象，记录电泳时间内界面移动的距离，用绳子和尺子量出两电级间的距离，算出 $Fe(OH)_3$胶粒的 ζ 电位，并根据胶粒电泳时的移动方向确定其所带电荷符号。

二、注意事项

(1)更换保险丝时必须拔下电源插头，所换保险丝规格须符合使用说明书“技术参数”要求。

(2)打开电泳仪电源开关前先检查“输出调节”旋钮应在逆时针底部的位置。

附 录

附录 1 国际单位制(SI)

附表 1 国际制基本单位

量的名称	单位名称	符号	
		中文	国际
长 度	米	米	m
质 量	千克(公斤)	千克(公斤)	kg
时 间	秒	秒	s
电 流	安[培]	安	A
热力学温度	开[尔文]	开	K
发光强度	坎[德拉]	坎	cd
物质的量	摩[尔]	摩	mol

附表 2 具有专门名称的国际制导出单位

量的名称	单位名称	用国际制基本单位表示式	符号	
			中 文	国 际
频 率	赫[兹]	s^{-1}	赫	Hz
力	牛[顿]	$m \cdot kg \cdot s^{-2}$	牛	N
压力、应力	帕[斯卡]	$m^{-1} \cdot kg \cdot s^{-2}$	帕	Pa
能、功、热量	焦[耳]	$m^{2} \cdot kg \cdot s^{-2}$	焦	J
功率、辐射通量	瓦[特]	$m^{-1} \cdot kg \cdot s^{-3}$	瓦	W
电量、电荷	库[仑]	$s \cdot A$	库	C
电位、电压、电动势	伏[特]	$m^{2} \cdot kg \cdot s^{-3} \cdot A^{-1}$	伏	V
电 容	法[拉]	$m^{-2} \cdot kg^{-1} \cdot s^{4} \cdot A^{2}$	法	F
电 阻	欧[姆]	$m^{2} \cdot kg \cdot s^{-3} \cdot A^{-2}$	欧	Ω
电 导	西[门子]	$m^{-2} \cdot kg^{-1} \cdot s^{3} \cdot A^{2}$	西	S
电 感	享[利]	$m^{2} \cdot kg \cdot s^{-2} \cdot A^{-2}$	享	H
磁感应强度	特[斯拉]	$kg \cdot s^{-2} \cdot A^{-1}$	特	T
磁通量	韦[伯]	$m^{2} \cdot kg \cdot s^{-2} \cdot A^{-1}$	韦	Wb
光通量	流[明]	$cd \cdot sr$	流	lm
光照度	勒克司	$m^{-2} \cdot cd \cdot sr$	勒	lx

附表 3 其他常用导出单位

量的名称	单位名称	用国际制基本单位表示式	符号	
			中 文	国 际
黏度	帕[斯卡]秒	$m^{-1}\cdot kg\cdot s^{-1}$	帕·秒	Pa·s
表面张力	牛[顿]每米	$kg\cdot s^{-2}$	牛/米	N/m
热容量、熵	焦[耳]每开	$m^{2}\cdot kg\cdot s^{-2}\cdot K^{-1}$	焦/开	J/K
比热	焦[耳]每千克每开	$m^{2}\cdot s^{-2}\cdot K^{-1}$	焦/(千克·开)	J/(kg·K)
电场强度	伏[特]每米	$m\cdot kg\cdot s^{-3}\cdot A^{-1}$	伏/米	V/m

附录 2 常用数据表

附表 4 水的蒸汽压

温度/℃	p/mmHg 柱	p/Pa	温度/℃	p/mmHg 柱	p/Pa	温度/℃	p/mmHg 柱	p/Pa	温度/℃	p/mmHg 柱	p/Pa
0	4.579	610.5									
1	4.926	656.7	26	25.209	3 360.9	51	97.20	12 959	76	301.4	40 183
2	5.294	705.8	27	26.739	3 564.9	52	102.09	13 611	77	314.1	41 876
3	5.685	757.9	28	28.349	3 779.5	53	107.20	14 292	78	327.3	43 636
4	6.101	813.4	29	30.043	4 005.3	54	112.51	15 000	79	341.0	45 463
5	6.543	872.3	30	31.824	4 242.8	55	118.04	15 737	80	355.1	47 343
6	7.013	935.0	31	33.695	4 492.3	56	123.80	16 505	81	369.7	49 289
7	7.513	1 001.6	32	35.663	4 754.7	57	129.82	17 308	82	384.9	51 316
8	8.045	1 072.6	33	37.729	5 030.1	58	136.08	18 143	83	400.6	53 409
9	8.609	1 147.8	34	39.898	5 319.3	59	142.60	19 012	84	416.8	55 569
10	9.209	1 227.8	35	42.175	5 622.9	60	149.38	19 916	85	433.6	57 808
11	9.844	1 312.4	36	44.563	5 941.2	61	156.43	20 856	86	450.9	60 115
12	10.518	1 402.3	37	47.067	6 275.1	62	163.77	21 834	87	468.7	62 488
13	11.231	1 497.3	38	49.692	6 625.0	63	171.38	22 849	88	487.1	64 941
14	11.987	1 598.1	39	52.442	6 991.7	64	179.31	23 906	89	506.1	67 474
15	12.788	1 704.9	40	55.324	7 375.9	65	187.54	25 003	90	525.76	70 095
16	13.634	1 817.7	41	58.34	7 778.0	66	196.09	26 043	91	546.04	72 801
17	14.530	1 937.2	42	61.50	8 199.3	67	204.96	27 326	92	566.99	75 592
18	15.477	2 063.4	43	64.80	8 639.3	68	214.17	28 554	93	588.60	78 473
19	16.477	2 196.7	44	68.26	9 100.6	69	223.73	29 828	94	610.90	81 446
20	17.535	2 337.8	45	71.88	9 583.2	70	233.7	31 157	95	633.90	84 513

续 表

温度/℃	p/mmHg 柱	p/Pa	温度/℃	p/mmHg 柱	p/Pa	温度/℃	p/mmHg 柱	p/Pa	温度/℃	p/mmHg 柱	p/Pa
21	18.650	2 486.5	46	75.65	10 086	71	243.9	32 517	96	657.62	87 675
22	19.827	2 643.4	47	79.60	10 612	72	254.6	33 944	97	682.07	90 935
23	21.068	2 808.8	48	83.71	11 160	73	265.7	35 424	98	707.07	94 268
24	22.377	2 983.3	49	88.02	11 735	74	277.2	36 957	99	733.24	97 757
25	23.756	3 167.2	50	92.51	12 334	75	289.1	38 543	100	760.00	101 325

附表 5 几种物质的蒸气压

物 质	温度范围/℃	A	B	C
丙 酮	−30～150	7.02447	1 161	224
醋 酸	0～36	7.803 07	1 651.2	225
苯	−20～150	6.905 65	1 211.033	220.790
甲 苯	−20～150	6.954 64	1 344.8	219.482
环已烷	−20～142	6.844 98	1 203.526	222.86
乙酸乙脂	−20～150	7.098 08	1 238.71	217
乙 醇	−30～150	8.044 94	1 554.3	222.65
溴		6.832 98	1 133	228
氯 仿	−30～150	6.903 28	1 163.03	227.4
乙 醚		6.785 74	994.195	220

注：表中各物质的蒸汽压按方程式 $\lg p = A - \dfrac{B}{C+t}$ 计算，其中 p 为蒸气压(mmHg)；A,B,C 为常数，列于表格中；t 为摄氏温度(℃)。

附表 6 不同温度下的密度

单位：$10^3\,\mathrm{kg \cdot m^{-3}}$

温度/℃	水	乙 醇	苯	汞	环已烷	乙酸乙脂	丁 醇
5	0.999 9	0.808 2	—	13.583	—	0.918 6	0.820 4
6	0.999 9	0.801 2	—	13.581	0.790 6	—	—
7	0.999 9	0.800 3	—	13.578	—	—	—
8	0.999 8	0.799 5	—	13.576	—	—	—
9	0.999 7	0.798 7	—	13.573	—	—	—
10	0.999 6	0.798 7	0.887	13.571	—	0.912 7	—
11	0.999 5	0.797 0	—	13.568	—	—	—
12	0.999 4	0.796 2	—	13.566	0.785 0	—	—
13	0.999 3	0.795 3	—	13.563	—	—	—
14	0.999 2	0.794 5	—	13.561	—	—	0.813 5

续表

温度/℃	水	乙 醇	苯	汞	环已烷	乙酸乙脂	丁 醇
15	0.999 1	0.793 6	0.883	13.559	—	—	—
16	0.998 9	0.792 8	0.882	13.556	—	—	—
17	0.998 8	0.791 9	0.882	13.554	—	—	—
18	0.998 6	0.791 1	0.881	13.551	0.783 6	—	—
19	0.998 4	0.790 2	0.881	13.549	—	—	—
20	0.998 2	0.789 4	0.879	13.546	—	0.900 8	—
21	0.998 0	0.788 6	0.879	13.544	—	—	—
22	0.997 8	0.787 7	0.878	13.541	—	—	0.807 2
23	0.997 5	0.786 9	0.877	13.539	0.773 6	—	—
24	0.997 3	0.786 0	0.876	13.536	—	—	—
25	0.997 0	0.785 2	0.875	13.534	—	—	—
26	0.996 8	0.784 3	—	13.532	—	—	—
27	0.996 5	0.783 5	—	13.529	—	—	—
28	0.996 2	0.782 6	—	13.527	—	—	—
29	0.995 9	0.781 8	—	13.524	—	—	—
30	0.995 6	0.780 9	0.869	13.522	0.767 8	0.888 8	0.800 7

附表 7 乙醇在不同温度时的密度

单位：$g \cdot cm^{-3}$

温度/℃	1	2	3	4	5	6	7	8	9	10
0	0.806 25	0.805 41	0.804 57	0.803 74	0.802 90	0.802 07	0.801 23	0.800 39	0.799 56	0.798 72
10	0.797 88	0.797 04	0.796 20	0.795 35	0.794 51	0.793 67	0.792 83	0.791 98	0.791 14	0.790 29
20	0.789 45	0.789 60	0.787 75	0.786 91	0.786 06	0.785 22	0.784 37	0.783 52	0.782 67	0.781 82
30	0.780 1	0.780 972	0.779 27	0.778 41	0.777 56	0.776 71	0.775 85	0.775 00	0.774 14	0.777 32

附表 8 乙醇在水中的表面张力 σ

单位：$10^{-3} N \cdot m^{-1}$

% T/℃	5.00	10.00	24.00	34.00	48.00	60.00	72.00	80.00	96.00
20	—	—	—	33.24	30.10	27.56	26.28	24.91	23.04
40	54.92	48.25	35.50	31.58	28.93	26.18	24.91	23.43	21.38
50	53.35	46.77	34.32	30.70	28.24	25.50	24.12	22.56	20.40

注：%＝乙醇体积%

附表 9 液体的折射率(25℃)

钠光 λ=589.3nm

名 称	n_D	名 称	n_D
甲 醇	1.336	氯 仿	1.444
水	1.332 52	四氯化碳	1.459
乙 醚	1.352	乙 苯	1.493
丙 酮	1.357	甲 苯	1.494
乙 醇	1.359	苯	1.498
醋 酸	1.370	苯乙烯	1.545
乙酸乙酯	1.370	溴苯	1.557
正己烷	1.372	苯 胺	1.583
丁醇-1	1.397	溴 仿	1.587

附表 10 水的表面张力 σ

温度/℃	表面张力/(10^{-3}N·m^{-1})	温度/℃	表面张力(10^{-3}N·m^{-1})
0	75.64	25	71.97
5	74.92	26	71.82
10	74.22	28	71.5
15	73.49	30	71.18
18	73.05	40	69.56
20	72.75	50	67.91
21	72.59	60	66.18
22	72.44	70	64.4
23	72.28	80	62.6
24	72.13	100	58.9

附表 11　液体的黏度 η

物　质	温度/℃	黏度/(mPa・s)	物质	温度/℃	黏度/(mPa・s)
甲　醇	0	0.82	丙　酮	0	0.399
	15	0.623		15	0.337
	20	0.597		25	0.316
	25	0.574		30	0.295
	30	0.510		41	0.280
	40	0.465	醋　酸	15	1.31
	50	0.403		18	1.30
乙　醇	0	1.733		25.2	1.155
	10	1.466		30	1.04
	20	1.200		41	1.00
	30	1.003		59	0.70
	40	0.834		70	0.60
	50	0.702		100	0.43
	60	0.592	苯	0	0.912
	70	0.504		10	0.758
甲　苯	0	0.772		20	0.652
	17	0.61		30	0.564
	20	0.590		40	0.503
	30	0.526		50	0.442
	40	0.471		60	0.392
	70	0.354		70	0.358
乙　苯	17	0.691		80	0.329

附表 12　水的黏度 η

单位:mPa・s

温度/℃	黏度 η	温度/℃	黏度 η	温度/℃	黏度 η	温度/℃	黏度 η
0	1.787	26	0.875 0	52	0.529 0	78	0.363 8
1	1.728	27	0.851 3	53	0.520 4	79	0.359 2
2	1.671	28	0.832 7	54	0.515 2	80	0.354 7
3	1.618	29	0.814 8	55	0.504 0	81	0.350 3
4	1.567	30	0.799 5	56	0.496 1	82	0.346 0
5	1.519	31	0.780 8	57	0.488 4	83	0.341 8
6	1.472	32	0.764 7	58	0.480 9	84	0.337 7
7	1.428	33	0.749 1	59	0.473 6	85	0.333 7
8	1.386	34	0.734 0	60	0.466 5	86	0.329 7
9	1.346	35	0.719 4	61	0.459 6	87	0.325 9

续表

温度/℃	黏度 η	温度/℃	黏度 η	温度/℃	黏度 η	温度/℃	黏度 η
10	1.307	36	0.705 2	62	0.452 8	88	0.322 1
11	1.271	37	0.691 5	63	0.446 2	89	0.318 4
12	1.235	38	0.678 3	64	0.439 8	90	0.314 7
13	1.202	39	0.665 4	65	0.433 5	91	0.311 1
14	1.169	40	0.652 9	66	0.427 3	92	0.307 6
15	1.139	41	0.640 8	67	0.421 3	93	0.304 2
16	1.109	42	0.629 1	68	0.415 5	94	0.300 8
17	1.081	43	0.617 8	69	0.409 8	95	0.297 5
18	1.053	44	0.606 7	70	0.404 2	96	0.294 2
19	1.027	45	0.596 0	71	0.398 7	97	0.291 1
20	1.002	46	0.585 6	72	0.393 4	98	0.287 9
21	0.977 9	47	0.575 5	73	0.388 2	99	0.284 8
22	0.954 8	48	0.565 6	74	0.383 1	100	0.281 8
23	0.932 5	49	0.556 1	75	0.378 1		
24	0.911 1	50	0.546 8	76	0.373 2		
25	0.890 4	51	0.537 8	77	0.368 4		

附表 13 摩尔凝固点降低常数

溶 剂	凝固点/℃	K_f	溶 剂	凝固点/℃	K_f
环乙烷	6.5	20.0	酚	42	7.27
溴 仿	7.8	14.4	萘	80.2	6.9
醋 酸	16.7	3.9	樟 脑	178.4	37.7
苯	5.5	5.12	水	0	1.86

附表 14 标准电池电动势

电 极	E°/V	反应式
Li^+,Li	−3.045	$Li^+ + e = Li$
K^+,K	−2.924	$K^+ + e = K$
Na^+,Na	−2.71	$Na^+ + e = Na$
Zn^{2+},Zn	−0.7628	$Zn^{2+} + 2e = Zn$
Fe^{2+},Fe	−0.4402	$Fe^{2e} + 2e = Fe$
Cd^{2+},Cd	−0.4029	$Cd^{2+} + 2e = Cd$
Co^{2+},Co	−0.28	$Co^{2+} + 2e = Co$
Ni^{2+},Ni	−0.23	$Ni^{2+} + 2e = Ni$

续表

电 极	E°/V	反应式
I^-/AgI,Ag	−0.152	$AgI+e=Ag+I^-$
Sn^{2+},Sn	−0.14	$Sn^{2+}+2e=Sn$
Pb^{2+},Pb	−0.126	$Pb^{2+}+2e=Pb$
H^+,H_2	0.00	$2H^++2e=H_2$
Cu^{2+},Cu^+	+0.16	$Cu^{2+}+e=Cu^+$
Cu^{2+},Cu	+0.340 2	$Cu^{2+}+2e=Cu$
Cl^-/Hg_2Cl_2/Hg	+0.27	$Hg_2Cl_2+2e=2Hg+2Cl^-$
(I^-,I_2)P_t	+0.535	$I_2+2e=2I^-$
(Fe^{3+},Fe^{2+})p_t	+0.771	$Fe^{3+}+e=Fe^{2-}$
Ag^+,Ag	+0.799 6	$Ag^++e=Ag$
Br^-,Br_2	+1.087	$Br_2+2e=Br^-$
Cl^-,Cl_2	+1.358 3	$Cl_2+2e=2Cl^-$
(Ce^{4+},Ce)Pt	+1.443	$Ce^{4+}+e=Ce^{3+}$

附表 15 液体的折射率(25℃)

物 质	折射率 n_D^{25}	物 质	折射率 n_D^{25}
甲 醇	1.326	氯 仿	1.444
水	1.332 52	四氯化碳	1.459
乙 醚	1.352	乙 苯	1.493
丙 酮	1.357	甲 苯	1.494
乙 醇	1.359	苯	1.498
醋 酸	1.370	苯乙烯	1.545
乙酸乙酯	1.370	溴 苯	1.557
正己烷	1.372	苯 胺	1.583
丁醇-1	1.397	溴 仿	1.587

附表 16 25℃无限稀释离子摩尔电导 Λ_m^∞

物 质	$\Lambda_m^\infty/(10^{-4}\,m^2\cdot S\cdot mol^{-1})$	物 质	$\Lambda_m^\infty/(10^{-4}\,m^2\cdot S\cdot mol^{-1})$
H^+	349.82	$1/2Cu^{2+}$	55
K^+	73.5	$1/2SO_4{}^{2-}$	79.8
Na^+	50.11	$1/2C_2O_4{}^{2-}$	148.4
$NH_4{}^+$	73.5	Br^-	73.1
Ag^+	61.92	I^-	76.8

续 表

物 质	$\Lambda_m^\infty/(10^{-4}m^2\cdot S\cdot mol^{-1})$	物 质	$\Lambda_m^\infty/(10^{-4}m^2\cdot S\cdot mol^{-1})$
1/2 Ba^{2+}	63.64	ClO_4^-	68
1/2 Ca^{2+}	59.50	OH^-	198
1/2 La^{3+}	69.60	Cl^-	76.34
1/2 Mg^{2+}	53.06	NO_3	71.44
1/2 Pb^{2+}	71	CH_3COO^-	40.9

附录3 Origin软件简介

一、Origin基础知识

Origin是美国Microcal公司出的数据分析和绘图软件，现在的最高版本为7.0。

特点：使用简单，采用直观的、图形化的、面向对象的窗口菜单和工具栏操作，全面支持鼠标右键、支持拖方式绘图等（见附图1）。

两大类功能：数据分析和绘图（见附图2）。数据分析包括数据的排序、调整、计算、统计、频谱变换、曲线拟合等各种完善的数学分析功能。准备好数据后，进行数据分析时，只须选择所要分析的数据，然后再选择响应的菜单命令即可。Origin的绘图是基于模板的，Origin本身提供了几十种二维和三维绘图模板而且允许用户自己定制模板。绘图时，只要选择所需要的模板就行。用户可以自定义数学函数、图形样式和绘图模板；可以和各种数据库软件、办公软件、图像处理软件等方便地连接；可以用C语言等高级语言编写数据分析程序，还可以用内置的Lab Talk语言编程等。

1. 工作环境

(1)工作环境综述。类似Office的多文档界面，主要包括以下几个部分：

1)菜单栏。位于顶部。一般可以实现大部分功能

2)工具栏。位于菜单栏下面。一般最常用的功能都可以通过此实现。

3)绘图区。位于中部。所有工作表、绘图子窗口等都在此。

4)项目管理器。位于下部。类似于资源管理器，可以方便切换各个窗口等。

5)状态栏。位于底部。标出当前的工作内容以及鼠标指到某些菜单按钮时的说明。

(2)菜单栏。菜单栏的结构取决于当前的活动窗口。

工作表菜单如附图3所示。

绘图菜单如附图4所示。

矩阵窗口如附图5所示。

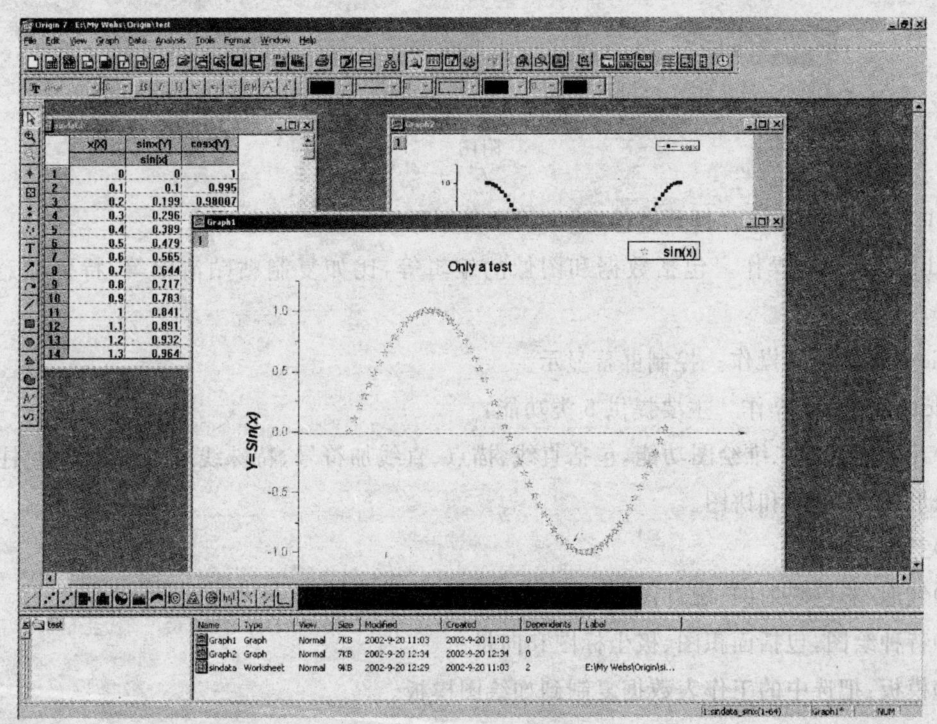

附图 1

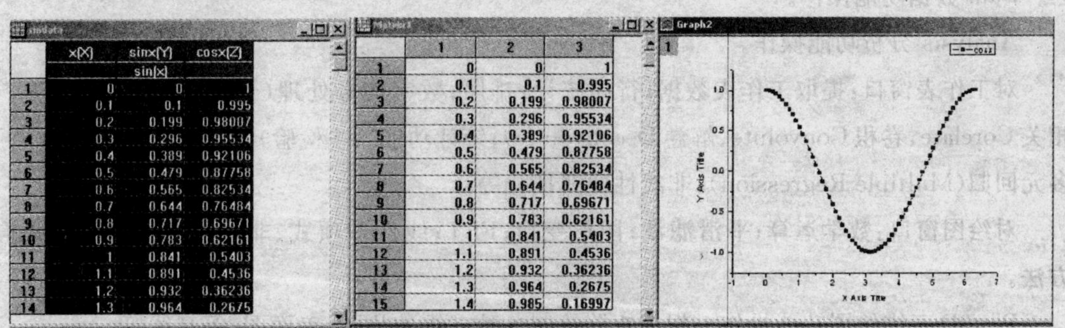

附图 2

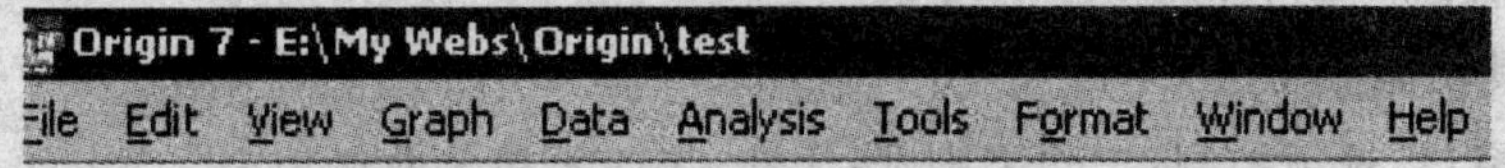

附图 3

附图 4

菜单简要说明：

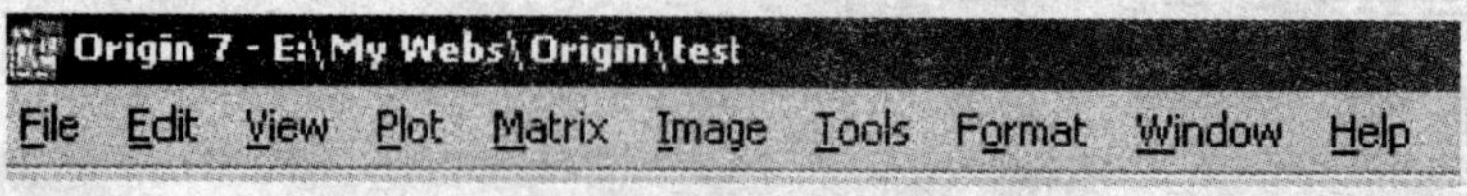

Origin 7 - E:\My Webs\Origin\test
File Edit View Plot Matrix Image Tools Format Window Help

附图 5

File 文件功能操作。打开文件、输入输出数据图形等。

Edit 编辑功能操作。包括数据和图像的编辑等,比如复制粘贴清除等,特别注意 undo 功能。

View 视图功能操作。控制屏幕显示。

Plot 绘图功能操作。主要提供 5 类功能:

1)几种样式的二维绘图功能,包括直线、描点、直线加符号、特殊线/符号、条形图、柱形图、特殊条形图/柱形图和饼图。

2)三维绘图。

3)气泡/彩色映射图、统计图和图形版面布局。

4)特种绘图,包括面积图、极坐标图和向量。

5)模板:把选中的工作表数据复制到如绘图模板。

Column 列功能操作。比如设置列的属性,增加删除列等。

Graph 图形功能操作。主要功能包括增加误差栏、函数图、缩放坐标轴、交换 X,Y 轴等

Data 数据功能操作。

Analysis 分析功能操作。

对工作表窗口:提取工作表数据;行列统计;排序;数字信号处理(快速傅里叶变换 FFT、相关 Corelate、卷积 Convolute、解卷 Deconvolute);统计功能(T -检验)、方差分析(ANOAV)、多元回归(Multiple Regression);非线性曲线拟合等。

对绘图窗口:数学运算;平滑滤波;图形变换;FFT;线性多项式、非线性曲线等各种拟合方法。

Plot3D 三维绘图功能操作。根据矩阵绘制各种三维条状图、表面图、等高线等。

Matrix 矩阵功能操作。对矩阵的操作,包括矩阵属性、维数和数值设置,矩阵转置和取反,矩阵扩展和收缩,矩阵平滑和积分等。

Tools 工具功能操作。

对工作表窗口:选项控制;工作表脚本;线性、多项式和 S 曲线拟合。

对绘图窗口:选项控制;层控制;提取峰值;基线和平滑;线性、多项式和 S 曲线拟合。

Format 格式功能操作。

对工作表窗口:菜单格式控制、工作表显示控制、栅格捕捉、调色板等。

对绘图窗口:菜单格式控制;图形页面、图层和线条样式控制,栅格捕捉,坐标轴样式控制和调色板等。

Window 窗口功能操作。控制窗口显示。

Help 帮助。

2. 基本操作

作图一般需要一个项目 Project 来完成，File→New。

保存项目的缺省后缀为：OPJ。

自动备份功能：Tools→Option→Open/Close 选项卡→“Backup Project Before Saving”。

添加项目：File→Append。

刷新子窗口：如果修改了工作表或者绘图子窗口的内容，一般会自动刷新，如果没有，请点击 Window→Refresh 按钮刷新。

二、简单二维图

1. 输入数据

一般来说数据按照 X，Y 坐标存为两列，假设文件为 sindata. dat，如下格式：

X	sin(x)
0.0	0.000
0.1	0.100
0.2	0.199
0.3	0.296

……

输入数据请对准 data1 表格点右键调出如附图 6 所示窗口，然后选择 Inport ASCII 找到 sindata. dat 文件打开即可。

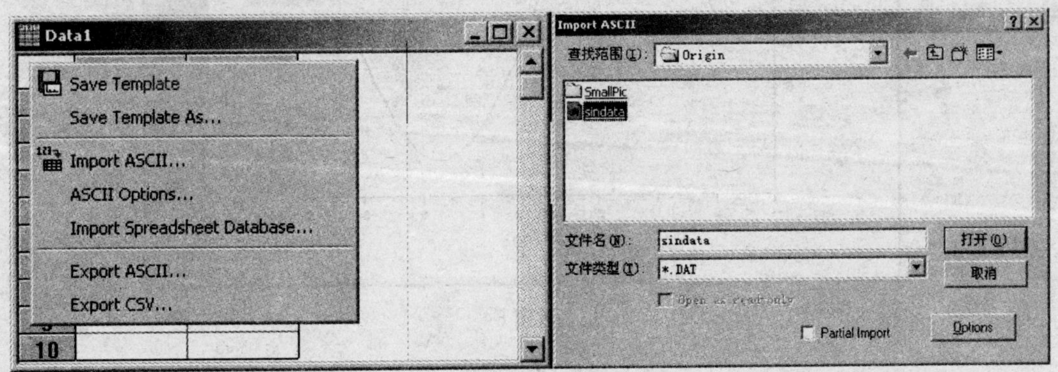

附图 6

2. 绘制简单二维图

按住鼠标左键拖动选定这两列数据，用附图 7 所示最下面一排按钮就可以绘制简单的图形，按从左到右三个按钮做出的效果分别如附图 8 至附图 10 所示。

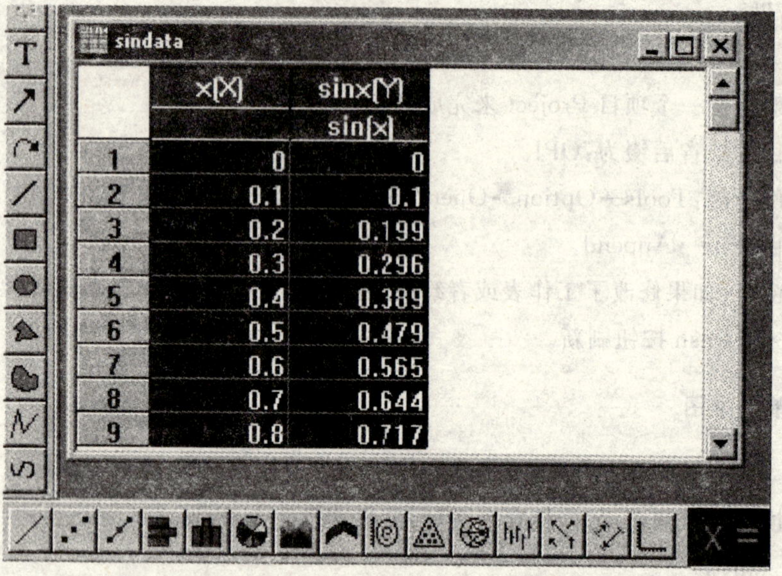

sindata
x[X]
sinx[Y]
sin[x]
1 0 0
2 0.1 0.1
3 0.2 0.199
4 0.3 0.296
5 0.4 0.389
6 0.5 0.479
7 0.6 0.565
8 0.7 0.644
9 0.8 0.717

附图 7

Graph1
1
sin(x)
1.0
0.5
0.0
-0.5
-1.0
Y Axis Title
-1
0
1
2
3
4
5
6
7
X Axis Title

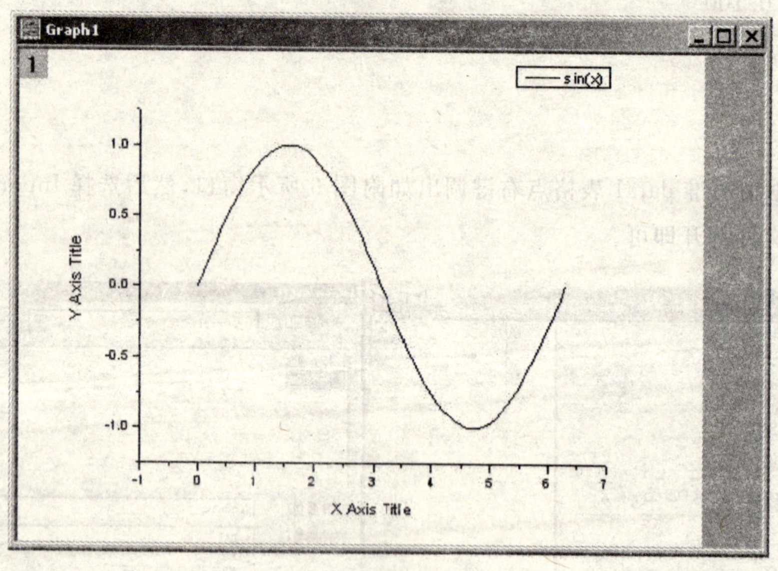

附图 8

3. 设置列属性

双击 A 列或者点右键选则 Properties，附图 11 中可以设置一些列的属性。

4. 数据浏览

Data Display 动态显示所选数据点或屏幕点的 X，Y 坐标值。

Data Selector 选择一段数据曲线，作出标志。不是鼠标，而是利用 Ctrl，Ctrl＋Shift 与左右箭头的组合。

Data Reader 读取数据曲线上的选定点的 X，Y 值。

Screen Reader 读取绘图窗口内选定点的 X，Y 值。

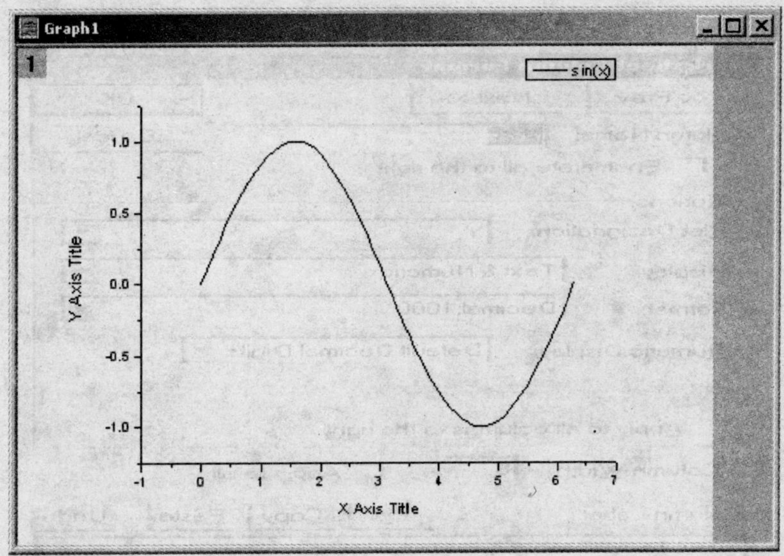

附图 9

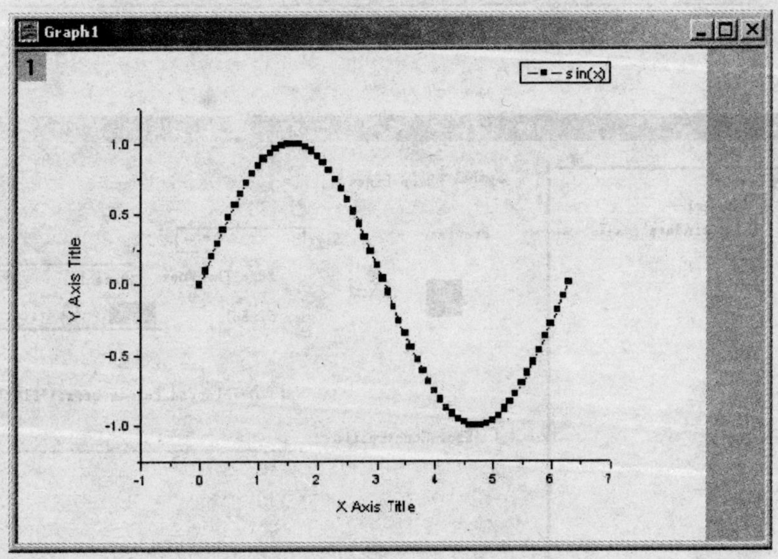

附图 10

Enlarger 局部放大曲线。

Zoom 缩放。

注意利用方向键，以及与 Ctrl 和 Shift 的组合。

5. 定制图形

(1)定制数据曲线。用鼠标双击图线调出如附图 12 所示窗口。

(2)定制坐标轴。双击坐标轴得到附图 13。

(3)添加文本说明。用左侧按钮 T，如果想移动位置，可以用鼠标拖动。注意利用 Symbol Map 可以方便地添加特殊字符。做法：在文本编辑状态下，点右键，然后选择 Symbol Map

(见附图 14)。

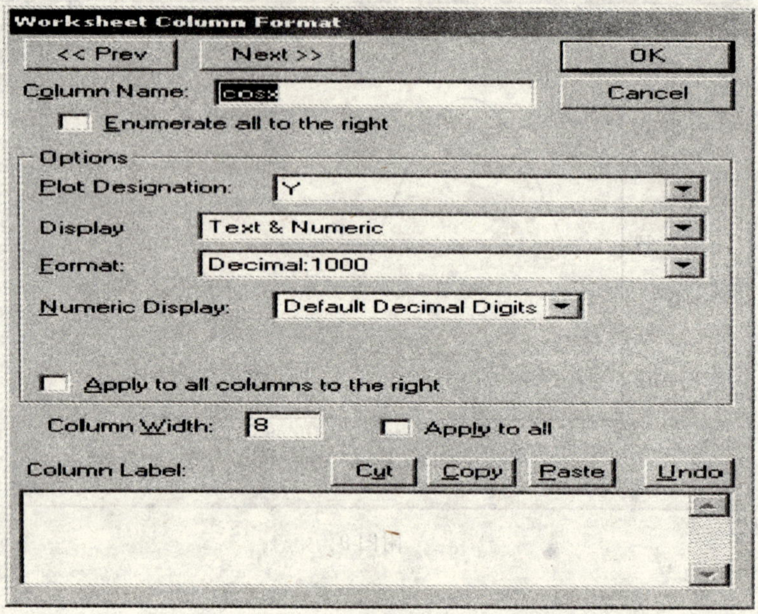

Worksheet Column Format
<< Prev
Next >>
OK
Column Name: cosx
Cancel
Enumerate all to the right
Options
Plot Designation: Y
Display Text & Numeric
Format: Decimal:1000
Numeric Display: Default Decimal Digits
Apply to all columns to the right
Column Width: 8
Apply to all
Column Label:
Cut
Copy
Paste
Undo

附图 11

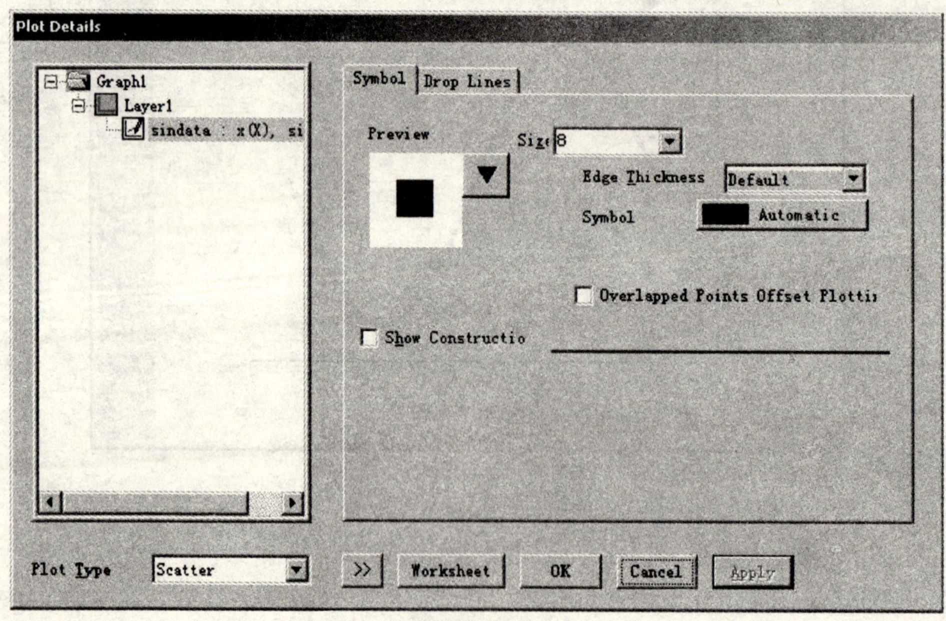

附图 12

(4)添加日期和时间标记。使用 Graph 工具栏上的 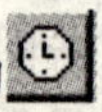 。

(5)利用左侧的菜单可以作出很多特殊要求的图像,比如两点线段图、三点线段图等,水平(垂直)阶梯图、样条曲线图、垂线图等。

附图 15、附图 16 给出一个演示,具体做法请读者自己思考。

X Axis - Layer 1
Tick Labels
Minor Tick Labels
Custom Tick Labels
Scale
Title & Format
Grid Lines
Break
Selectio
Horizonta
Vertical
From
-1
To
7
Type
Linear
Rescale
Normal
Increment
1
Major Tic
Minor
1
First
确定
取消
应用(A)

附图 13

Graph1
sin(x)
Cut
Copy
Paste
Delete
Symbol Map
Ctrl + M
Assign Shortcut
Font:
Symbol
Alt +
Insert
Close
1.0
0.5
0.0
-0.5
-1.0
Y Axis Title
-1
0
1
2
3
4
5
6
7
X Axis Title

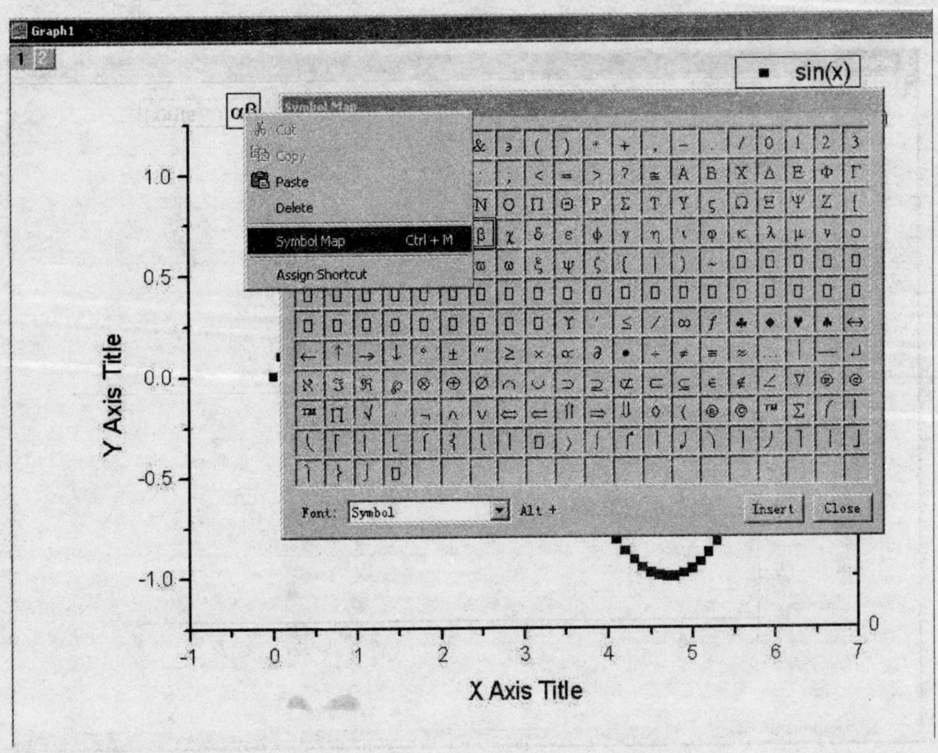

附图 14

Graph3
1
sin(x)
1.0
0.5
0.0
-0.5
-1.0
Y Axis Title
-1
0
1
2
3
4
5
6
7
X Axis Title

附图 15

Graph1
1
sin(x)
Only a test
1.0
0.5
0.0
-0.5
-1.0
y=sin(x)
-1
0
1
2
3
4
5
6
7
x

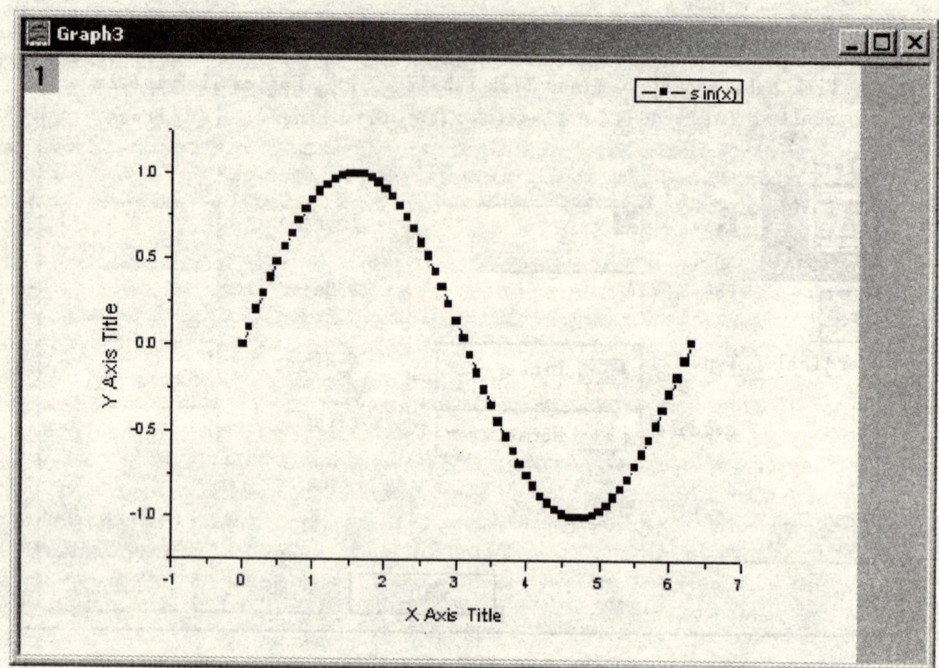

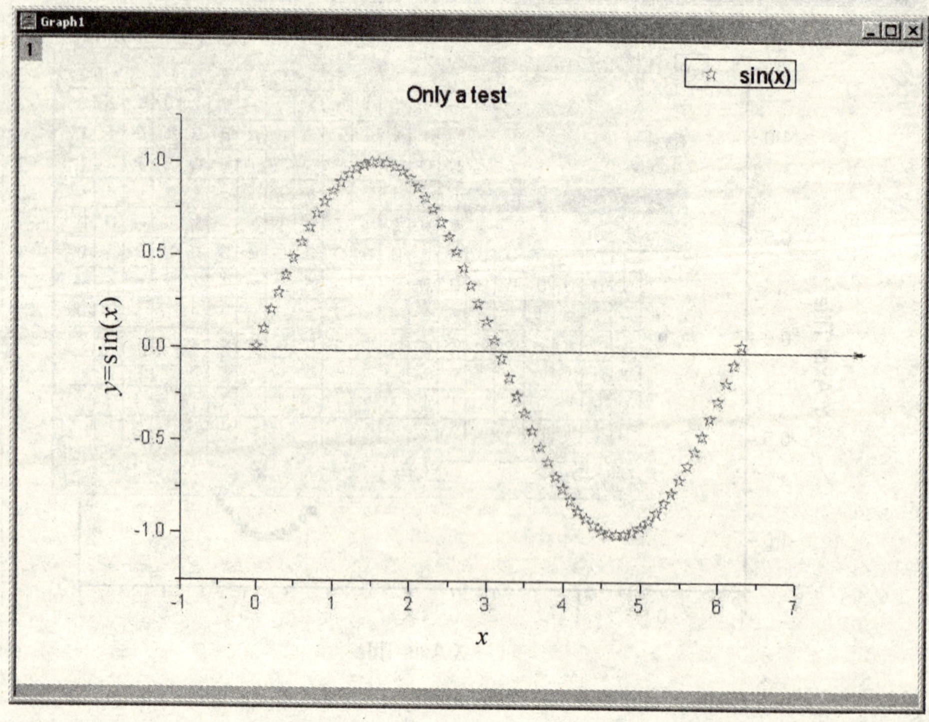

附图 16

附录 4　建　图　表

一、建立图表

图表在数据统计中用途很广。例如：要做一个市场调查表，显示几种品牌的饮料在各个季度的销量百分比。

如果需要做一个表示一个季度的几种商品所占比例的饼图，打开“插入”菜单，单击“图表”命令，打开“图表向导”对话框，第一步是选择图表的类型，从左边的“类型”列表中选择“饼图”，从右边的“子图表类型”列表中选择默认的第一个，单击“下一步”按钮(见附图 17)。

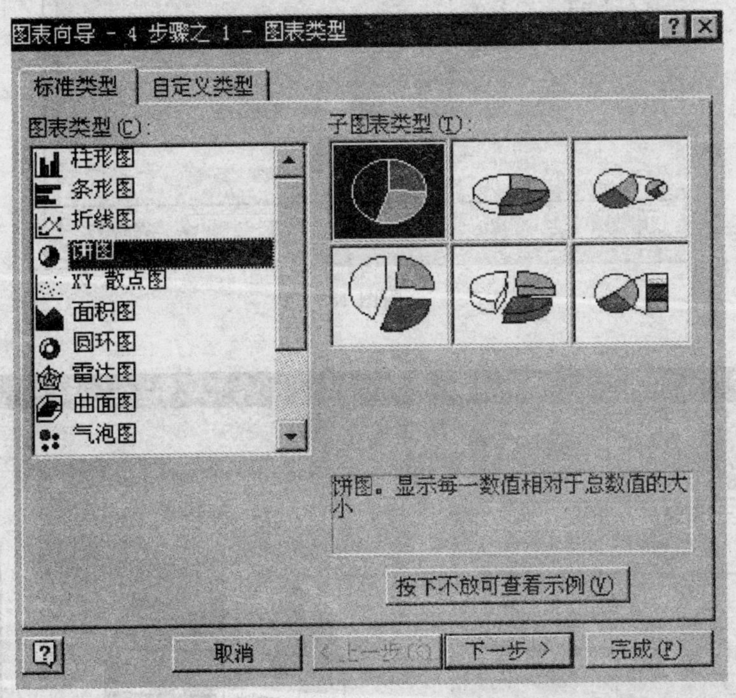

附图 17

出现附图 18 所示的对话框，这个对话框中要为饼图选择一个数据区域：单击“数据区域”输入框中的拾取按钮，对话框缩成了一个横条，选中“二季度”下面的这些数值，然后单击“图表向导”对话框中的返回按钮，回到原来的“图表向导”对话框，从预览框中可以看到设置的饼图就已经有了一个大概的样子，单击“下一步”按钮。

现在要设置图表的各项标题，因为饼图没有 X，Y 轴，所以只能设置它的标题，设置标题为“第三季度”，单击“下一步”按钮(见附图 19)。

选择生成的图表放置的位置。选择“作为其中的对象插入”，单击“完成”按钮；饼图就完成了(见附图 20)。

如附图 21 所示，一张图表就做好了。

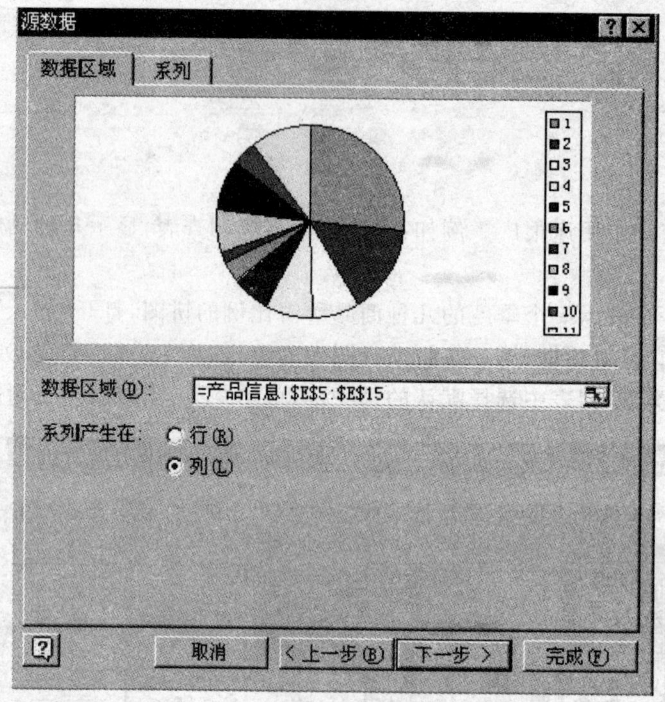

附图 18

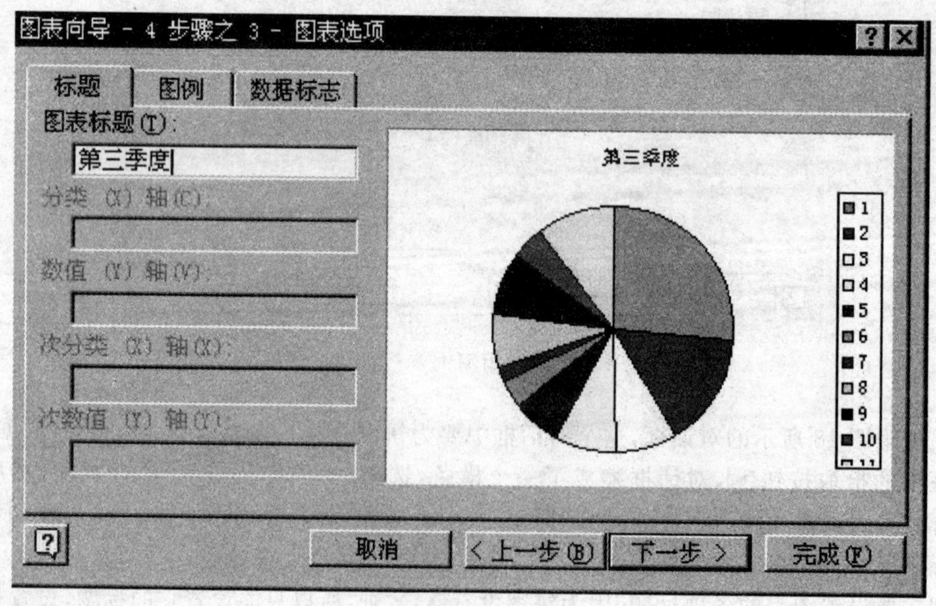

附图 19

二、图表设置

如果希望插入的这张图表能看到各个部分的名称和比例，下面就通过附图 22 所示来设置。

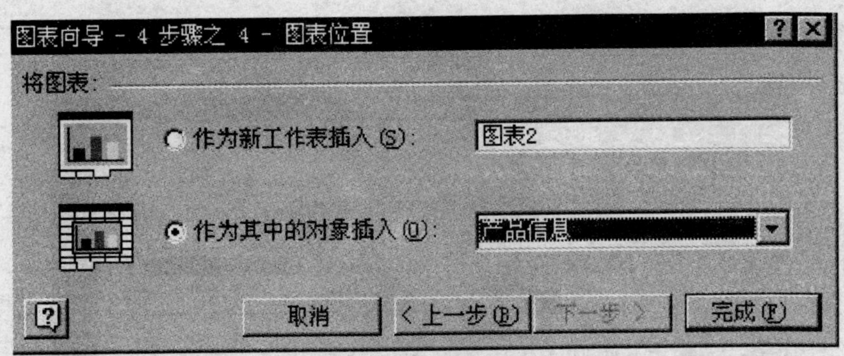

附图 20

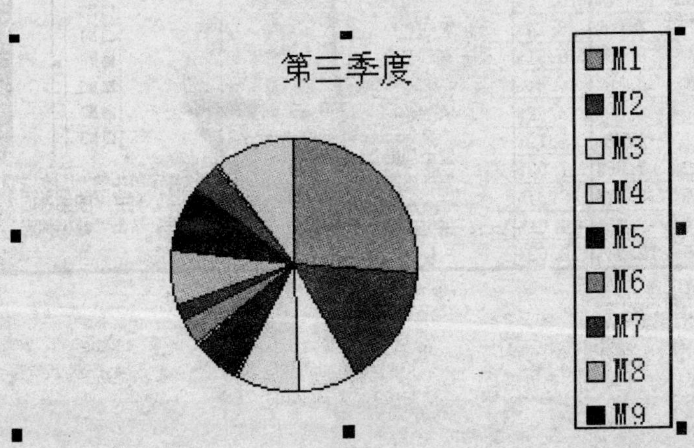

附图 21

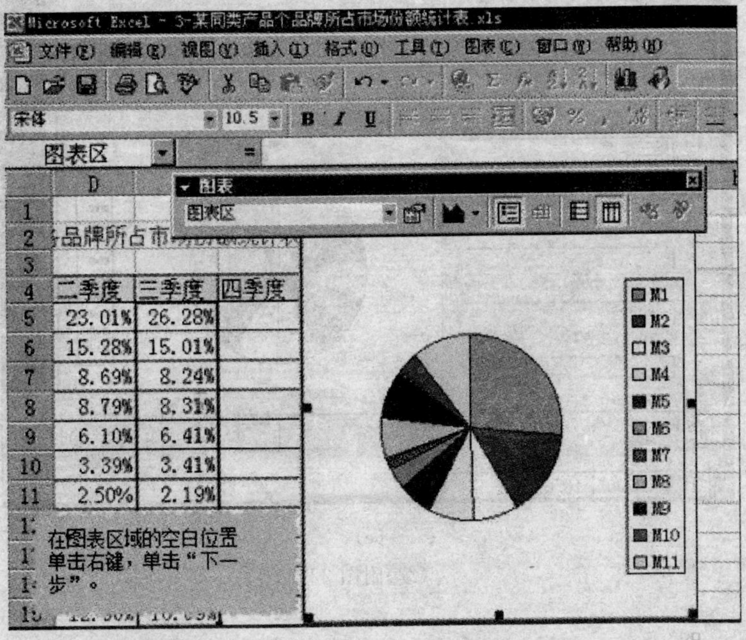

(a)

附图 22

Microsoft Excel - 3-某同类产品个品牌所占市场份额统计表.xls
文件(F) 编辑(E) 视图(V) 插入(I) 格式(O) 工具(T) 图表(C) 窗口(W) 帮助(H)
图表区格式(O)...
图表类型(T)...
数据源(S)...
图表选项(O)...
位置(L)...
图表窗口(A)
剪切(T)
复制(C)
清除(A)
置于顶层(T)
置于底层(K)
指定宏(N)...
选择菜单中的“图表选项”命令，打开“图表选项”对话框，单击“数据标志”选项卡。

(b)

图表选项
标题
图例
数据标志
图表标题(T):
第三季度
选择菜单中的“图表选项”命令，打开“图表选项”对话框，单击“数据标志”选项卡。

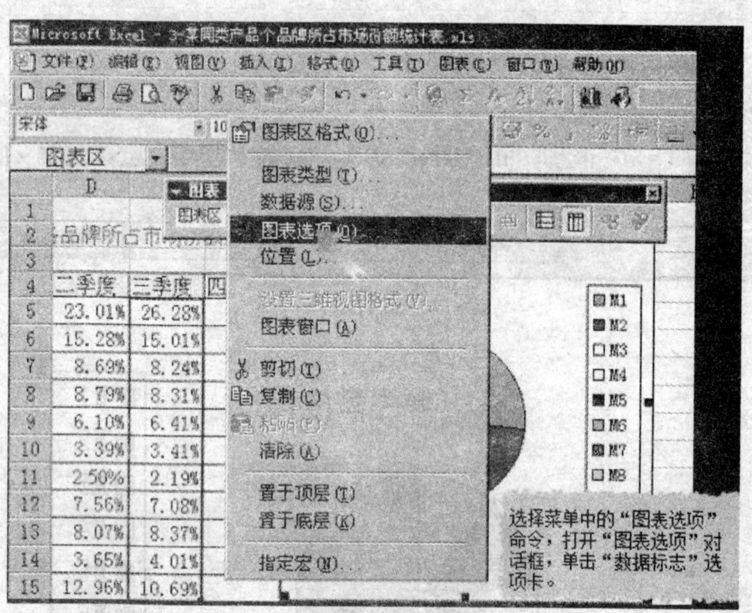

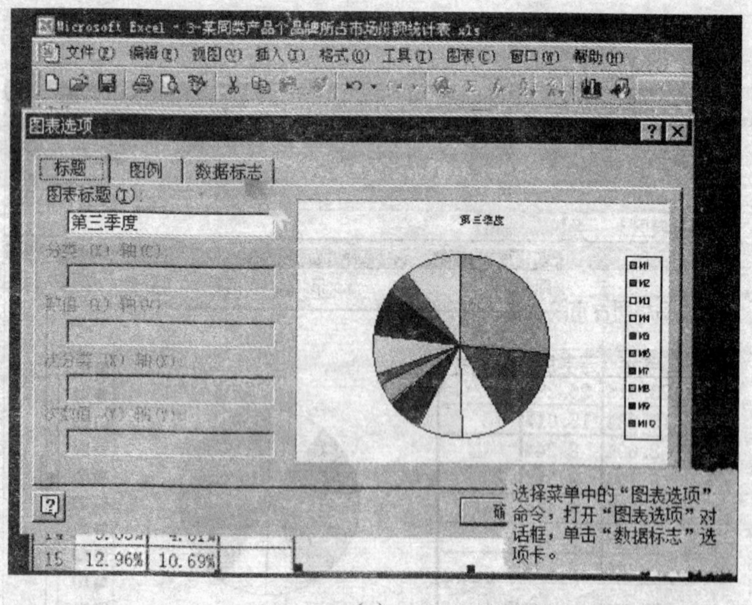

(c)

(续)附图 22

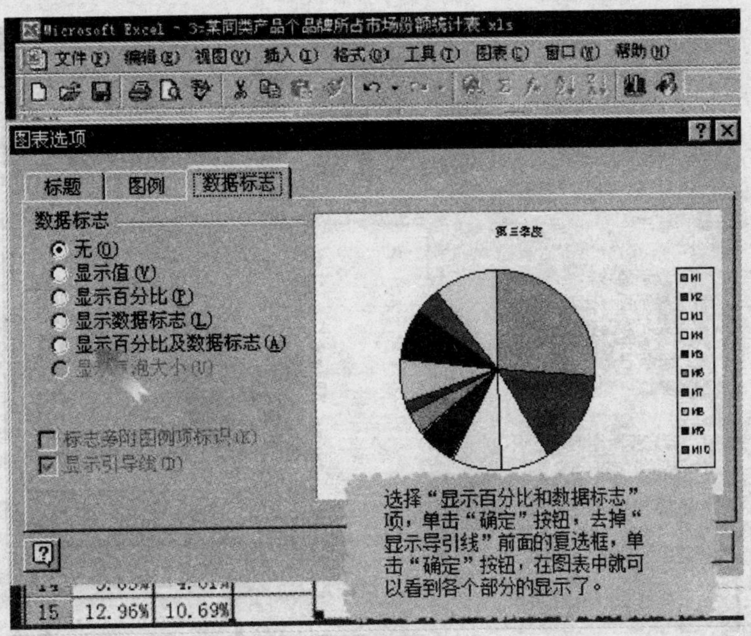

(d)

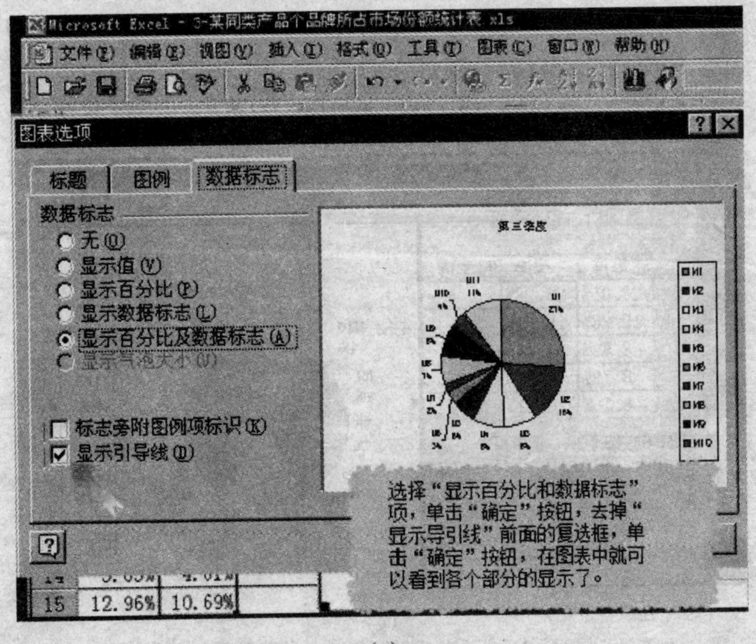

(e)

(续)附图 22

Microsoft Excel - 3-某同类产品个品牌所占市场份额统计表.xls
文件(F) 编辑(E) 视图(V) 插入(I) 格式(O) 工具(T) 图表(C) 窗口(W) 帮助(H)
图表选项
标题
图例
数据标志
数据标志
无(N)
显示值(V)
显示百分比(P)
显示数据标志(L)
显示百分比及数据标志(A)
标志旁附图例项标识(K)
显示引导线(D)
选择"显示百分比和数据标志"项，单击"确定"按钮，去掉"显示导引线"前面的复选框，单击"确定"按钮，在图表中就可以看到各个部分的显示了。
确定
取消

(f)

文件(F) 编辑(E) 视图(V) 插入(I) 格式(O) 工具(T) 图表(C) 窗口(W) 帮助(H)
宋体
10.5
图表区
图表
二季度
三季度
四季度
23.01%
26.28%
15.28%
15.01%
8.69%
8.24%
8.79%
8.31%
6.10%
6.41%
单击图表的空白区域，选中整个图表，单击工具栏上的"字号"选择下拉列表框，选择字号为"10"。
12.96%
10.69%
M1
M2
M3
M4
M5
M6
M7
M8
M9
M10
M11

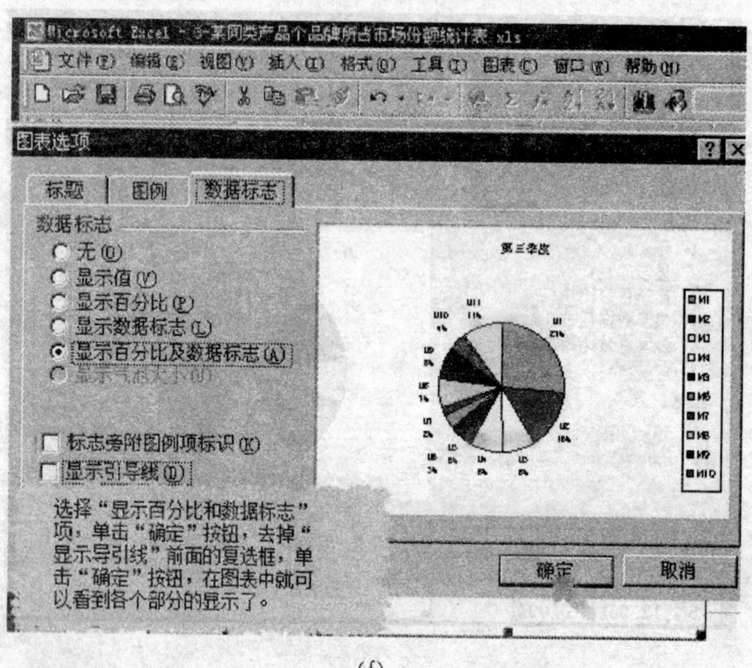

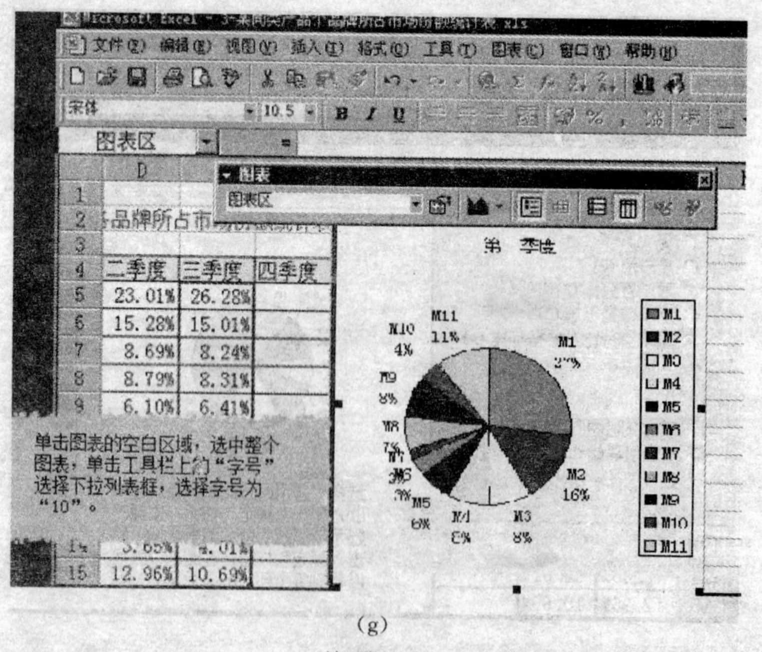

(g)

(续)附图 22

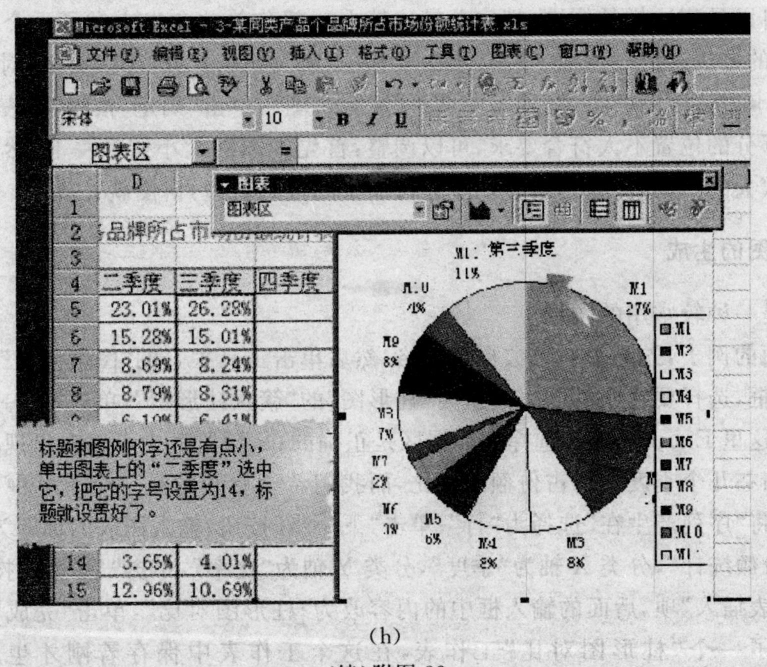

(h)

(续)附图 22

三、图表的修改

经常可以看到一种有一部分同其他的部分分离的饼图(见附图 23)，这种图的做法是：单击这个圆饼，在饼的周围出现了一些句柄，再单击其中的某一色块，句柄到了该色块的周围，这时向外拖动此色块，就可以把这个色块拖动出来了。同样的方法可以把其他各个部分分离出来。

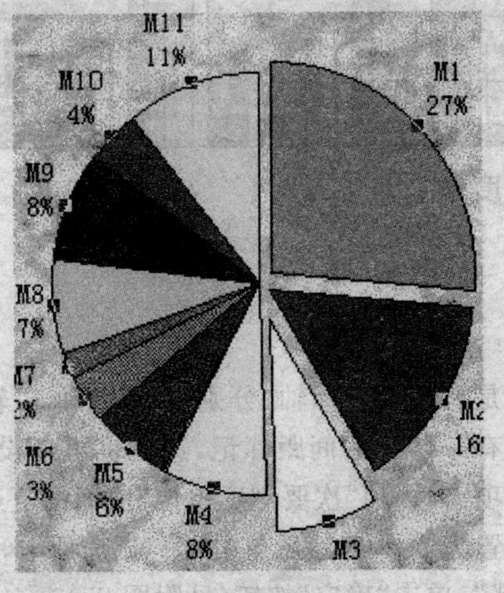

附图 23

把它们合起来的方法是：先单击图表的空白区域，取消对圆饼的选取，再单击任意一个圆饼的色块，选中整个圆饼，按下左键向内拖动鼠标，就可以把这个圆饼合并到一起了。

还经常可以见到这样的饼图：把占总量比较少的部分单独拿出来做了一个小饼以便看清楚，做这种图的方法：打开“图表”菜单，单击“图表类型”命令，打开“图表类型”对话框，单击“标准类型”选项卡，从“子图表类型”列表中选择“复合饼图”，单击“确定”按钮，图表就生成了。如果图中各个部分的位置不太符合要求，可以调整：首先把图的大小调整一下，然后把右边小饼图中的份额较大的拖动到左边，同时把左边份额小的拖到右边，饼图就完成了。

四、柱形图的生成

柱形图是一种较常用的图形。

还用前面的例子，先选中一个数据单元格，然后单击工具栏上的“图表向导”按钮，打开“图表向导”对话框，选择要建立的图表类型为“柱形图”的“簇状柱形图”，单击“下一步”按钮，现在选取数据区，这里 Excel 所默认选择的数据区是正确的；从预览框中可以看出现在的图表适合查看同一产品在几个季度中所占份额的对比，而我们希望看到的是一个季度中几种产品的数据对比，于是将“序列产生在”选择为“行”；单击“下一步”按钮；输入图表的标题为“各产品在不同季度所占份额统计”，分类 X 轴为“季度”，分类 Y 轴为“比率”，单击“下一步”按钮，这次选择“作为新工作表插入”项，后面的输入框中的内容改为“柱形图对比”，单击“完成”按钮，在工作簿中就多出了一个“柱形图对比”工作表，在这个工作表中保存着刚才生成的图表（见附图 24）。

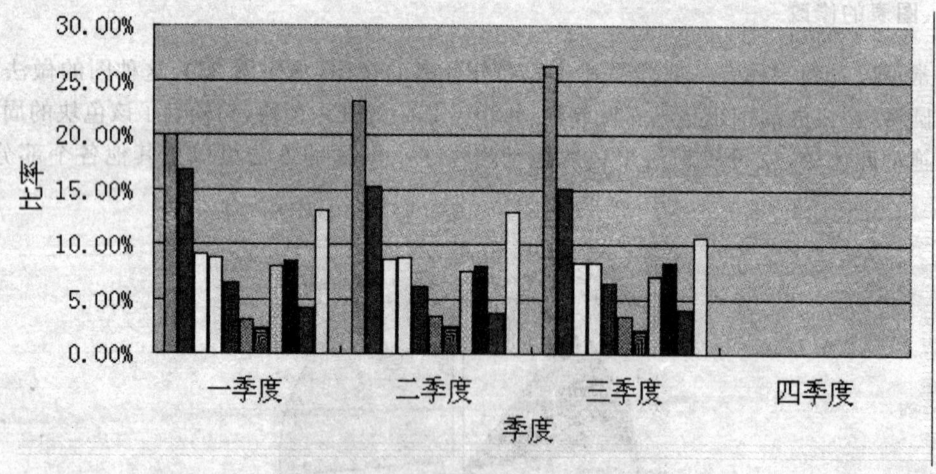

附图 24

这个图与饼图不同的就是有两个坐标轴，分别是 X 轴和 Y 轴。经常看到的 Y 轴坐标经常是在两个大的标记之间会有一些小的间距标记，这里也可以设置：双击 Y 轴，打开“坐标轴格式”对话框，单击“刻度”选项卡，去掉“次要刻度单位”前面的复选框，在后面的输入框中输入 0.005，把次要刻度的间距设置为 0.005；然后单击“图案”选项卡，在“次要刻度线类型”栏中选择次要刻度线的类型为“内部”，单击“确定”按钮（见附图 25）。

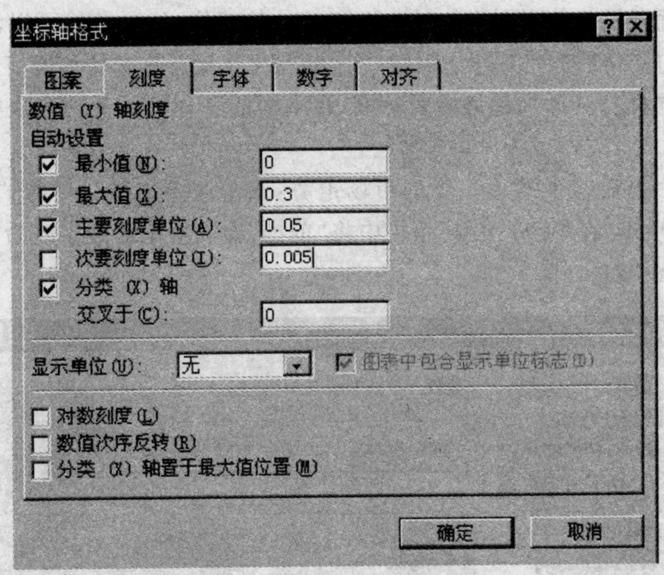

附图 25

五、趋势线的使用

趋势线可以简单地理解为一个品牌在几个季度中市场占有率的变化曲线，使用它可以很直观地看出一个牌子的产品的市场占有率的变化，还可以通过这个趋势线来预测下一步的市场变化情况：打开"图表"菜单，单击"添加趋势线"命令，打开"添加趋势线"对话框，从现在的类型选项卡中选择类型为二项式，如附图 26 所示的这个选择数据系列列表框中选择的是 M1，不去改变它，单击确定按钮。

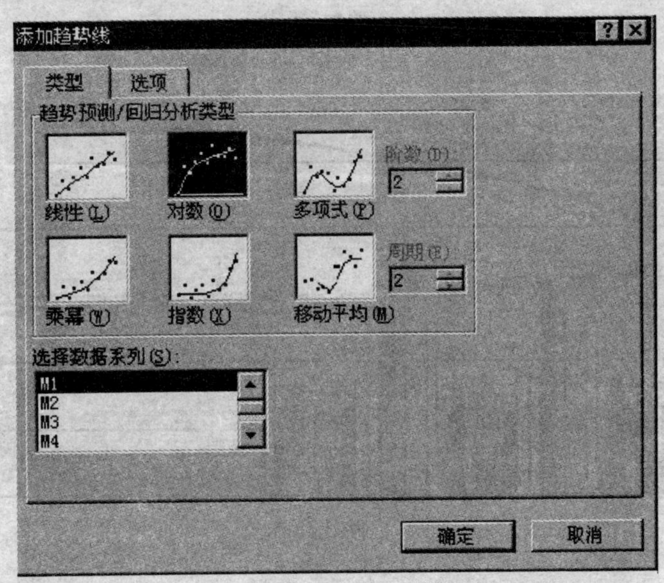

附图 26

现在图表中就多了一条刚刚添加的 M1 产品的趋势线，从这条线可以清楚地看出 M1 产品在几个季度中的变化趋势是逐步上升的。这样就比直接看这个柱形图清楚多了。如果想看 M2 的变化趋势，同样打开添加趋势线对话框，在下面的选择数据系列列表框中选择 M2 就可以了。

还可以用这个趋势线预测下一步的市场走势：双击这个趋势线，打开“趋势线格式”对话框，单击“选项”选项卡，在“趋势预测”一栏中将“前推”输入框中的数字改为“1”，单击“确定”按钮(见附图 27、附图 28)。

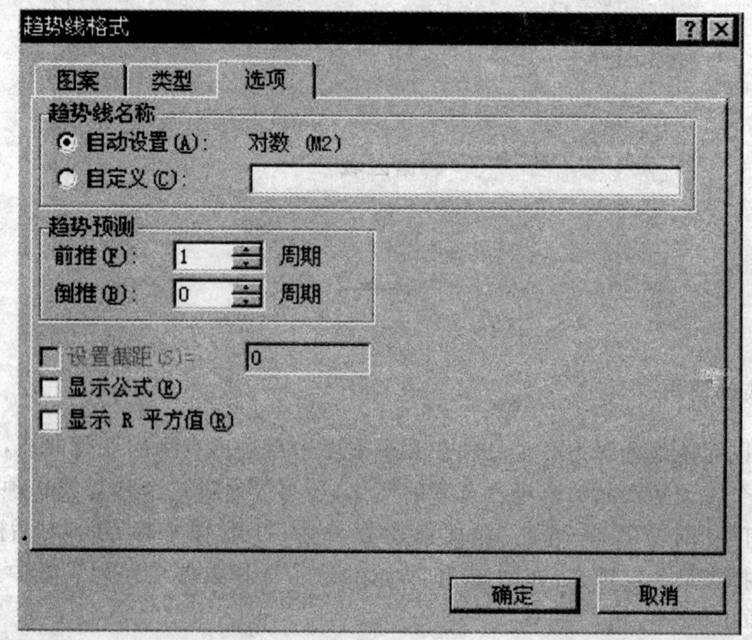

附图 27

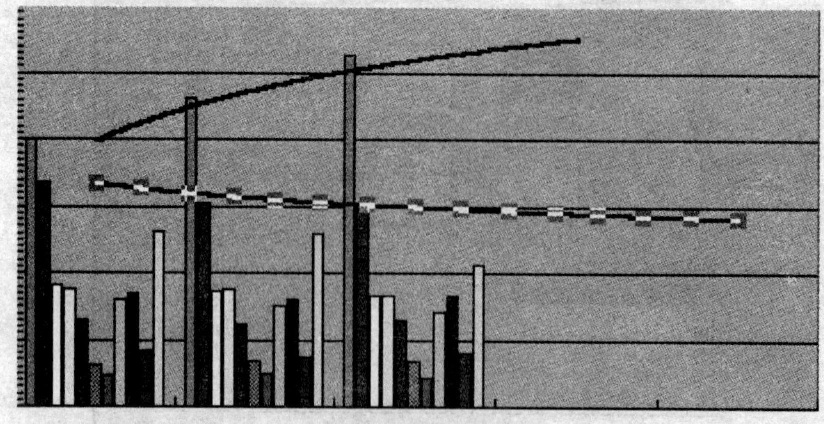

附图 28

六、添加系列

如果得到了第四季度的统计数据，需要把它加入到这个表中，希望在加入到表格中后在图表中也看到第四季度的数据。

方法如下：首先把数据添加进去，然后转换到前面建立的“柱形图对比”工作表中。打开“图表”菜单，单击“数据源”命令，打开“源数据”对话框（见附图 29），单击“数据区域”选项卡，把“系列产生在”选择为“列”，然后再单击“系列”选项卡，单击“系列”列表框下面的“添加”按钮，添加一个系列，现在“系列”列表中选中的就是新添加的系列，单击“名称”输入框中的拾取按钮，对话框变成了一个长方形的条，单击标签栏中的“产品信息”标签，从这个工作表中选择“四季度”这个单元格，单击“源数据-名称”对话框中的返回按钮，回到“源数据”对话框，单击“值”输入框中的拾取按钮，选择“产品信息”工作表中的“四季度”单元格下面的数据单元格，返回“源数据”对话框，如附图 30 所示单击“数据区域”选项卡，再把“系列产生在”选择为“行”，从预览框中可以看到这正是我们想要的结果，单击“确定”按钮就可以完成这个序列的加入了。

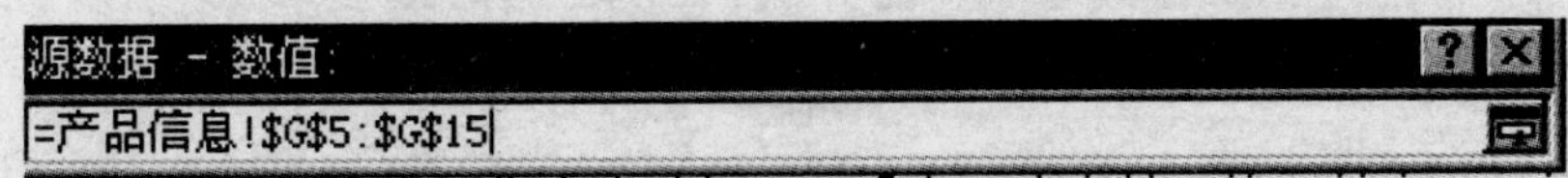

附图 29

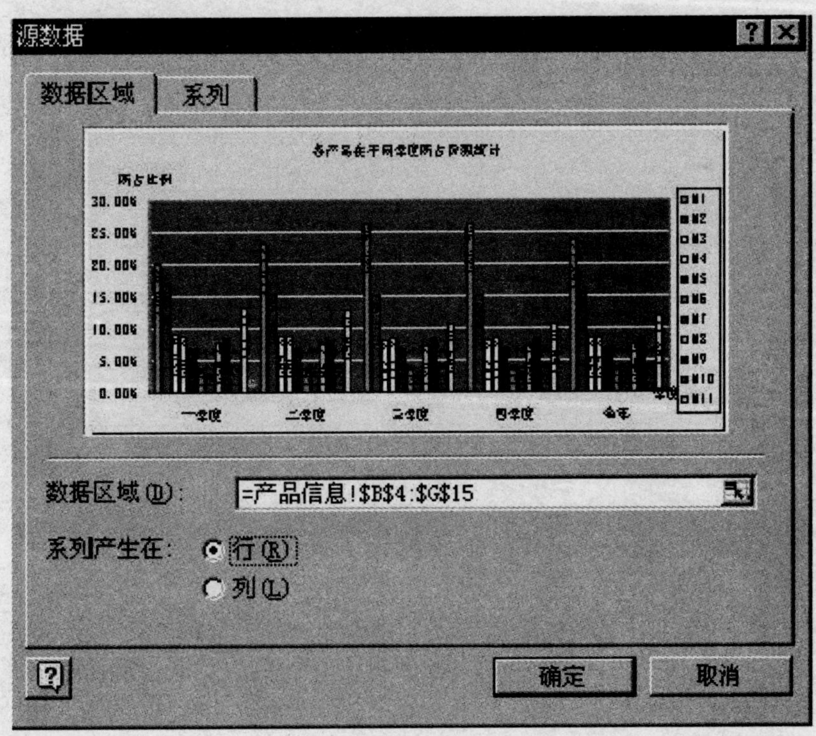

附图 30

七、几种常见的图表

通常使用柱形图和条形图来表示产品在一段时间内的生产和销售情况的变化或数量的比较，如上面的季度产品份额的柱状图就是显示各个品牌的市场份额的比较和变化。

如果要体现的是一个整体中每一部分所占的比例时，通常使用“饼图”，如各种饮料市场份额的饼图。此外比较常用的就是折线图和散点图了，折线图通常也是用来表示一段时间内某种数值的变化，常见的如股票的价格的折线图等。

散点图主要用在科学计算中。例如：有正弦和余弦曲线的数据，可以使用这些数据来绘制出正弦和余弦曲线：打开“图表向导”对话框，在“类型”列表框中选择“XY 散点图”，子图表类型选择“无数据点平滑线散点图”，然后单击“下一步”按钮，同样选择数据系列和数据，看这里的选择还是正确的，单击“下一步”按钮；现在填入合适的文字，单击“完成”按钮，就生成了一个函数曲线图；改变一下它的背景和颜色，一个漂亮的正余弦函数曲线就出现了。

参考文献

[1] 朱元举. 乙醇水溶液的表面张力模型和表面吸附量计算[J]. 河南化工,2004,21(12):26-28.

[2] 向名礼,曾小平,周旭欣,等. 用 Excel 2000 处理溶液表面张力测定实验数据的简便方案[J]. 实验科学与技术,2004,2(4):1-3,40-44.

[3] 柯以侃. 大学化学实验[M]. 北京:化学工业出版社,2001.

[4] 刘澄蕃,滕弘霓,王世权. 物理化学实验[M]. 北京:化学工业出版社,2002.

[5] 复旦大学. 物理化学实验 [M]. 3 版. 北京:高等教育出版社,2004.

[5] 侯新朴. 物理化学 [M]. 5 版. 北京:人民卫生出版社,2005.

[6] 何广平,南俊民,孙艳辉,等. 物理化学实验[M]. 北京:化学工业出版社,2007.

[7] 谢新玲. 柴油微乳液拟三元相图的研究[J]. 精细化工,2004,21(1):26-29.

[8] 罗静卿. CTAB-正丁醇-正辛烷-水和盐水的拟三元体系相图及微乳液微观结构的电导研究[J]. 高等学校化学学报,2004,25(6):1085-1089.

[9] 贾林艳. 物理化学实验教学存在的问题及对策[J]. 牡丹江师范学院学报:自然科学版,2003(2):56-57.

[10] 王立斌,续建民. 物理化学实验教学改革的基本内容[J]. 通化师范学院学报,2006,27(6):119-120.

[11] 钱维兰,袁文霞. 物理化学实验改革初探[J]. 高等理科教育. 2006(2):72-73.

[12] 侯向阳,高楼军. 物理化学实验教学改革实践与再思考[J]. 实验室研究与探索,2006,25(11):1423-1425.

[13] 蒋月秀. 物理化学实验教学改革研究[J]. 高教论坛,2005(4):40-42.

[14] 赵占芬. 物理化学实验课的改进[J]. 中国轻工教育,2006(专刊):38-40.

[15] 傅维标. 乳化油柴油机中不存在微爆现象[J]. 科学通报,2006,51(9):1117-1120.

[16] 王志明. 消烟助燃剂研究的发展[J]. 节能技术,2003(3):21-23.

[17] 任红艳,李广洲,宋心绮. 二茂铁化学的半个世纪历程[J]. 大学化学,2003,18(6):57-60.

[18] 张光澄. 非线性最优化计算方法[M]. 北京:高等教育出版社,2005.

[19] 杨会玲. 实验室乙醇-环己烷废液的回收与利用[J]. 化学工程师,2004(3):54-55.

[20] 黄汉平. 物理化学实验[M]. 北京:高等教育出版社,1995.

[21] 北京大学. 物理化学实验[M]. 修订版. 北京:北京大学出版社. 1985.

[22] 成都科技大学. 物理化学实验[M]. 3 版. 北京:高等教育出版社,1989.

[23] 东北师范大学. 物理化学实验 [M]. 2 版. 北京:高等教育出版社,1995.

[24] 刘寿长,张建民,徐顺. 物理化学实验[M]. 郑州:郑州大学出版社. 2004.

[25] 朱振中,刘俊康. 基础化学综合实验的基础与思考[J]. 中国科教创新导刊,2008,19(5):135-137.

[26] 黄彩斌,周瑞鹏,李培耀,等. 水滑石(LDH)的合成及其表征[J]. 安徽化工,2009,35(5):21-24.

[27] 崔小明.水滑石类层状化合物的生产及应用前景[J].上海化工，2009，34(3)：27－32.

[28] 淳宏，谢文磊，李会.水滑石和类水滑石在催化反应中的应用[J].精细石油化工进展，2008，9(4)：52－57.

[29] 李蕾，张春英，矫庆泽，等.与水滑石热稳定性差异的研究[J].无机化学学报，2001，17(1)：113－119.

[30] 康志强，杜宝中，陈博，等.水杨酸根插层 MgAl 水滑石的制备与表征[J].化学工程师，2007，136(1)：9－12.

[31] 沈清，杨长安.差热分析结果的影响因素研究[J].陕西科技大学学报，2007，23(5)：59－63.

[32] 王仲军，刘大成.样品粒度对差热分析影响的研究[J].中国陶瓷工业，2001，3(8)：26－28.

[33] 陈文娟，陈巍.差热分析影响因素及实验技术[J].洛阳工业高等专科学校学报，2003，13(1)：10－11.

[34] 丑华，朱宇萍.最大气泡法测定乙醇溶液表面张力[J].内江师范学院学报，2009，24(6)：72－75.

[35] 王瑞芳.最大泡压法测溶液表面张力实验数据的计算机处理[J].华南农业大学学报，2001，22(2)：92－94.

[36] 谢祖芳.用 Origin 处理溶液表面张力实验数据[J].中国现代教育装备，2007，3：50－51.